21 世纪高职高专电子信息类专业系列教材

电子产品生产工艺

主　编　李宗宝
副主编　陈国英　王久强　吕赤峰
参　编　朱建红　杜中一　唐　龙
　　　　王日龙　魏　昊
主　审　董春利

机械工业出版社

本书以培养学生的动手能力为目标，以小型电子产品为载体，把现代电子产品生产工艺相应的内容融入到工作任务中，具体直观地介绍了电子产品安装与调试的基本工艺和操作技能。内容包括常用电子元器件的识别与检测、通孔插装元器件电子产品的手工装配焊接、印制电路板的制作工艺、通孔插装元器件的自动焊接工艺、表面贴装元器件电子产品的手工装接、表面安装元器件的贴片再流焊工艺、电子产品整机装配工艺、电子产品的调试工艺及电子工艺文件的识读与编制。

本书按照基于工作过程的课程方式进行编写。全书共分9章，每一章均包含"任务驱动"、"任务资讯"、"任务实施"、"相关知识"、"任务总结"与"练习与巩固"，以完成工作任务为目标来激发学生的学习兴趣，调动学生主动学习的积极性。

本书可作为高职高专院校电子类专业及相关专业的教材，也可作为从事电子产品生产工艺的技术人员的参考书。

为方便教学，本书有电子课件、练习与巩固答案等教学资源，凡选用本书作为授课教材的学校，均可通过电话或 **QQ** 索取，咨询电话 **010-88379564** 或 **QQ2314073523**，有任何技术问题也可通过以上方式联系。

图书在版编目(CIP)数据

电子产品生产工艺/李宗宝主编. —北京：机械工业出版社，2011.9(2025.8重印)

21世纪高职高专电子信息类专业系列教材

ISBN 978-7-111-34066-9

Ⅰ.①电… Ⅱ.①李… Ⅲ.①电子产品—生产工艺—高等职业教育—教材 Ⅳ.①TN05

中国版本图书馆 CIP 数据核字(2011)第 189948 号

机械工业出版社(北京市百万庄大街22号　邮政编码100037)
策划编辑：曲世海　责任编辑：曲世海　王宗锋　裴　昱
版式设计：霍永明　责任校对：张晓蓉
封面设计：陈　沛　责任印制：常天培
河北虎彩印刷有限公司印刷
2025年8月第1版第9次印刷
184mm×260mm・16.5 印张・409 千字
标准书号：ISBN 978-7-111-34066-9
定价：49.00元

电话服务　　　　　　　　　网络服务
客服电话：010-88361066　　机 工 官 网：www.cmpbook.com
　　　　　010-88379833　　机 工 官 博：weibo.com/cmp1952
　　　　　010-68326294　　金 书 网：www.golden-book.com
封底无防伪标均为盗版　　　机工教育服务网：www.cmpedu.com

前　言

　　本书按照基于工作过程的课程方式进行编写，为培养高职高专学生的实践能力，提高其动手操作技能，以小型电子产品为载体，把现代电子产品生产工艺相应的内容融入到工作任务中，具体直观地介绍了电子产品安装与调试的基本工艺和操作技能。本书既有必要的工艺理论知识，又有实施过程中的实际动手体验，以完成工作任务为目标来激发学生的学习兴趣，调动学生主动学习的积极性。

　　本书每一章均包含"任务驱动"、"任务资讯"、"任务实施"、"相关知识"、"任务总结"、"练习与巩固"。以"任务驱动"进行引入，以完成一个实际工作任务进行驱动，对要达到的知识目标和能力目标进行描述。为了完成工作任务，引入"任务资讯"，介绍任务涉及的主要理论知识和技能知识。"任务实施"对完成的任务实施过程进行阐述。为了完善课程的知识体系，针对任务"相关知识"进行介绍。"任务总结"把本章的主要内容进行归纳总结。"练习与巩固"采用与本章内容相关的练习题进行知识与技能的巩固与提高。

　　本书由李宗宝担任主编并统稿，陈国英、王久强、吕赤峰担任副主编，朱建红、杜中一、唐龙、王日龙、魏昊参加编写。第1章由北京工业职业技术学院魏昊和大连工业大学职业技术学院王日龙编写，第2章、第3章、第7章由大连职业技术学院李宗宝编写，第4章由大连职业技术学院王久强编写，第5章由大连职业技术学院杜中一编写，第6章由大连辽无二电器有限公司吕赤峰和常州信息职业技术学院唐龙编写，第8章由大连职业技术学院朱建红编写，第9章由常州信息职业技术学院陈国英编写。本书由董春利教授担任主审。在此对书后所列参考文献的各位作者表示深深的谢意。

　　鉴于编者水平、经验有限，且编写时间仓促，书中错误和疏漏在所难免，敬请广大读者批评指正。

编　者

目　录

前言
第1章　常用电子元器件的识别与检测 ……………………………… 1
1.1　任务驱动：调幅收音机元器件的识别与检测 ………………………… 1
1.1.1　任务描述 ……………………… 1
1.1.2　任务目标 ……………………… 1
1.1.3　任务要求 ……………………… 1
1.2　任务资讯 …………………………… 2
1.2.1　电阻器的识别与检测 ………… 2
1.2.2　电容器的识别与检测 ………… 9
1.2.3　电感器的识别与检测 ………… 14
1.2.4　二极管的识别与检测 ………… 21
1.2.5　晶体管的识别与检测 ………… 23
1.2.6　电声器件的识别与检测 ……… 26
1.2.7　开关、接插件的识别与检测 ………………………………… 30
1.3　任务实施 …………………………… 36
1.4　相关知识 …………………………… 36
1.4.1　继电器 ………………………… 36
1.4.2　各种特殊二极管的识别与检测 ………………………… 38
1.4.3　半导体分立器件的命名 ……… 39
1.4.4　场效应晶体管 ………………… 41
1.5　任务总结 …………………………… 43
1.6　练习与巩固 ………………………… 44

第2章　通孔插装元器件电子产品的手工装配焊接 ……………………… 45
2.1　任务驱动：调幅收音机的手工装配焊接 …………………………… 45
2.1.1　任务描述 ……………………… 45
2.1.2　任务目标 ……………………… 45
2.1.3　任务要求 ……………………… 45
2.2　任务资讯 …………………………… 47
2.2.1　常用导线和绝缘材料 ………… 47
2.2.2　常用焊接材料与工具 ………… 53
2.2.3　通孔插装电子元器件的准备工艺 ……………………… 57
2.2.4　导线的加工处理工艺 ………… 58
2.2.5　通孔插装电子元器件的安装工艺 ……………………… 65
2.2.6　通孔插装电子元器件的手工焊接工艺 …………………… 67
2.3　任务实施 …………………………… 72
2.3.1　手工装接的工艺流程设计 ………………………… 72
2.3.2　元器件的检测与引线成形 ………………………… 73
2.3.3　元器件的插装焊接 …………… 73
2.3.4　装接后的检查试机 …………… 74
2.4　相关知识 …………………………… 74
2.4.1　焊接质量与缺陷分析 ………… 74
2.4.2　手工拆焊方法 ………………… 77
2.4.3　磁性材料与粘接材料 ………… 78
2.5　任务总结 …………………………… 80
2.6　练习与巩固 ………………………… 81

第3章　印制电路板的制作工艺 ……………………………… 82
3.1　任务驱动：直流集成稳压电源电路板的手工制作 ………………… 82
3.1.1　任务描述 ……………………… 82
3.1.2　任务目标 ……………………… 82
3.1.3　任务要求 ……………………… 82
3.2　任务资讯 …………………………… 83
3.2.1　半导体集成电路的识别与检测 ………………………… 83
3.2.2　印制电路板基础 ……………… 88
3.2.3　印制电路板的设计过程及方法 ……………………………… 90
3.2.4　手工制作印制电路板工艺 ……………………………… 98
3.3　任务实施 …………………………… 100
3.3.1　电路板手工设计 ……………… 100

3.3.2 电路板手工制作 …………… 100	5.1.3 任务要求 …………………… 132
3.3.3 电路板插装焊接 …………… 101	5.2 任务资讯 …………………………… 134
3.3.4 装接后的检查测试 ………… 101	5.2.1 表面贴装技术 ……………… 134
3.4 相关知识 ………………………… 101	5.2.2 表面贴装元器件 …………… 135
3.4.1 TTL 数字集成电路与 CMOS 数	5.2.3 表面贴装工艺的材料 ……… 147
字集成电路 …………………… 101	5.2.4 表面贴装元器件的手工装接
3.4.2 印制电路板的生产工艺 …… 104	工艺 ………………………… 150
3.4.3 印制电路板的质量检验 …… 106	5.3 任务实施 ………………………… 152
3.5 任务总结 ………………………… 107	5.3.1 装接工艺设计 ……………… 152
3.6 练习与巩固 ……………………… 108	5.3.2 元器件的检测与准备 ……… 153
第 4 章 通孔插装元器件的自动	5.3.3 印制电路板的手工装接 …… 154
焊接工艺 …………………… 109	5.3.4 装接后的检查测试 ………… 154
4.1 任务驱动：双声道音响功放电路板的	5.4 相关知识 ………………………… 155
波峰焊接 …………………………… 109	5.4.1 SMT 元器件的手工拆焊 …… 155
4.1.1 任务描述 …………………… 109	5.4.2 BGA 集成电路的修复性
4.1.2 任务目标 …………………… 109	植球 ………………………… 156
4.1.3 任务要求 …………………… 109	5.5 任务总结 ………………………… 157
4.2 任务资讯 …………………………… 111	5.6 练习与巩固 ……………………… 158
4.2.1 浸焊 ………………………… 111	**第 6 章 表面安装元器件的贴片再流焊**
4.2.2 波峰焊技术 ………………… 113	**工艺** ………………………… 159
4.2.3 波峰焊机 …………………… 118	6.1 任务驱动：调幅/调频收音机电路板
4.2.4 波峰焊接缺陷分析 ………… 121	的贴片再流焊接 ………………… 159
4.3 任务实施 ………………………… 124	6.1.1 任务描述 …………………… 159
4.3.1 电路板插装波峰焊接	6.1.2 任务目标 …………………… 159
工艺设计 …………………… 124	6.1.3 任务要求 …………………… 159
4.3.2 通孔插装元器件的检测	6.2 任务资讯 ………………………… 161
与准备 ……………………… 124	6.2.1 表面安装元器件的贴焊
4.3.3 通孔插装元器件的插装 …… 125	工艺 ………………………… 161
4.3.4 波峰焊接设备的准备 ……… 126	6.2.2 贴片机的结构与工作原理 …… 164
4.3.5 波峰焊接的实施 …………… 126	6.2.3 再流焊接机 ………………… 169
4.3.6 装接后的检查测试 ………… 126	6.3 任务实施 ………………………… 174
4.4 相关知识 ………………………… 127	6.3.1 电路板贴片再流焊接工艺
4.4.1 焊接工艺概述 ……………… 127	设计 ………………………… 174
4.4.2 新型焊接 …………………… 128	6.3.2 电子元器件检测与准备 …… 175
4.5 任务总结 ………………………… 130	6.3.3 表面贴装电子元器件的
4.6 练习与巩固 ……………………… 131	装贴 ………………………… 175
第 5 章 表面贴装元器件电子产品的	6.3.4 再流焊接设备的特点 ……… 177
手工装接 …………………… 132	6.3.5 再流焊接的实施 …………… 178
5.1 任务驱动：贴片调频收音机	6.3.6 装接后的检查测试 ………… 178
的手工装接 ……………………… 132	6.4 相关知识 ………………………… 179
5.1.1 任务描述 …………………… 132	6.4.1 表面组装涂敷技术 ………… 179
5.1.2 任务目标 …………………… 132	6.4.2 再流焊质量缺陷分析 ……… 180
	6.5 任务总结 ………………………… 180

6.6 练习与巩固 ………………… 181

第7章 电子产品整机装配工艺 ……………………… 182

7.1 任务驱动：数字万用表整机装配 ……………………… 182
    7.1.1 任务描述 ………………… 182
    7.1.2 任务目标 ………………… 182
    7.1.3 任务要求 ………………… 182
7.2 任务资讯 ……………………… 186
    7.2.1 电子产品整机装配基础 …… 186
    7.2.2 电路板组装 ……………… 187
    7.2.3 电子产品整机组装 ……… 190
    7.2.4 电子产品整机质检 ……… 196
7.3 任务实施 ……………………… 197
    7.3.1 整机装配的工艺设计 …… 197
    7.3.2 元器件的检测与准备 …… 197
    7.3.3 电路板的装配焊接 ……… 197
    7.3.4 整机装配 ………………… 199
7.4 相关知识 ……………………… 200
    7.4.1 电子产品专职检验工艺 … 200
    7.4.2 电子产品包装工艺 ……… 202
7.5 任务总结 ……………………… 204
7.6 练习与巩固 …………………… 205

第8章 电子产品的调试工艺 …… 206

8.1 任务驱动：调幅收音机的调试 … 206
    8.1.1 任务描述 ………………… 206
    8.1.2 任务目标 ………………… 206
    8.1.3 任务要求 ………………… 206
8.2 任务资讯 ……………………… 207
    8.2.1 电子产品调试设备与内容 … 207
    8.2.2 电子产品的检测方法 …… 209
    8.2.3 电子产品静态调试 ……… 211

    8.2.4 电子产品动态调试 ……… 212
8.3 任务实施 ……………………… 213
    8.3.1 整机调试的工艺设计 …… 213
    8.3.2 静态调试 ………………… 215
    8.3.3 动态调试 ………………… 215
    8.3.4 统调 ……………………… 216
8.4 相关知识 ……………………… 217
8.5 任务总结 ……………………… 218
8.6 练习与巩固 …………………… 219

第9章 电子工艺文件的识读与编制 ……………………… 220

9.1 任务驱动：电视机基板工艺文件的识读与编制 …………… 220
    9.1.1 任务描述 ………………… 220
    9.1.2 任务目标 ………………… 220
    9.1.3 任务要求 ………………… 220
9.2 任务资讯 ……………………… 228
    9.2.1 工艺文件基础 …………… 228
    9.2.2 工艺文件格式 …………… 230
    9.2.3 工艺文件内容 …………… 234
    9.2.4 工艺文件编制 …………… 234
    9.2.5 常见的工艺文件 ………… 236
9.3 任务实施 ……………………… 243
    9.3.1 识读电子产品的技术文件 ……………………… 243
    9.3.2 编制插件工艺流程和工艺文件 …………………… 244
9.4 相关知识 ……………………… 246
    9.4.1 电子产品的生产组织 …… 246
    9.4.2 电子产品的生产质量管理 … 249
9.5 任务总结 ……………………… 257
9.6 练习与巩固 …………………… 257

参考文献 ……………………………… 258

第1章 常用电子元器件的识别与检测

1.1 任务驱动：调幅收音机元器件的识别与检测

1.1.1 任务描述

电子元器件是构成电子产品最基本的要素，无论打开哪个电子产品，都会看到其内部的电路板上布满着各种电子元器件。对电子元器件的准确识别与检测是电子产品生产工艺的基础。本章通过调幅收音机这一比较常见的电子产品的元器件的识别与检测，引出电子元器件的识别与检测工艺，进而学习各种电子元器件的标注方法和检测方法。通过调幅收音机元器件的识别与检测这一工作任务的实施完成，使学生能够准确地识别各种电子元器件，掌握用万用表检测各种电子元器件的方法。

1.1.2 任务目标

1. 知识目标

1）掌握电阻(位)器、电容器、电感器的种类、作用、标志方法和检测方法。

2）掌握半导体二极管、晶体管、场效应晶体管的种类、作用、命名、标志方法与检测方法。

3）掌握电声元器件、光敏元器件、压电元器件的种类、作用、标志方法和检测方法。

2. 技能目标

1）能够用目视法对常见电子元器件进行识别，能正确说出电子元器件的名称。

2）能够正确识读电子元器件上标志的主要参数，清楚该电子元器件的作用和用途。

3）能够用万用表对常见电子元器件进行正确检测，并对其质量做出正确的评价。

1.1.3 任务要求

1）对一台调幅收音机电路板上的元器件进行识别，指出各为何种元器件，识读元器件上标志的主要参数。调幅收音机实物如图 1-1 所示。

2）从一台调幅收音机的散件中识别各种元器件并进行归类，并根据元器件上标的主要参数对照元器件清单进行正确归位，把元器件固定在元器件清单的相应位置上。1270型调幅收音机元器件清单见表 1-1。

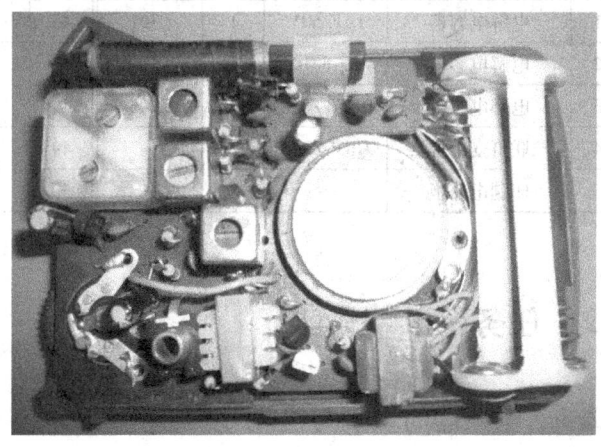

图 1-1 调幅收音机实物

3) 用万用表对元器件一一进行质量检测，判断元器件质量是否符合技术指标要求。

表1-1　1270型调幅收音机元器件清单

序号	名称	规格	数量	安装位	序号	名称	规格	数量	安装位
1	电阻器	1Ω	1	R704	26	二极管	2CK83A	2	VD301 VD701
2	电阻器	100Ω	2	R103 R702
3	电阻器	220Ω	1	R104	27	晶体管	9011F	2	VT301 VT302
4	电阻器	270Ω	1	R303
5	电阻器	470Ω	1	R305	28	晶体管	9011G	1	VT101
6	电阻器	1.2kΩ	1	R302	29	晶体管	9013F	2	VT702 VT703
7	电阻器	1.5kΩ	1	R703
8	电阻器	2.2kΩ	1	R102	30	晶体管	9014B	1	VT701
9	电阻器	5.6kΩ	1	R306	31	振荡线圈	MLL70-1 红	1	L102
10	电阻器	10kΩ	1	R304	32	中频变压器	MLT70-1 黄	1	T301
11	电阻器	12kΩ	1	R301	33	中频变压器	MLT70-3 黑	1	T302
12	电阻器	120kΩ	1	R701	34	输入变压器	小功率蓝	1	T701
13	电阻器	220kΩ	1	R101	35	输出变压器	小功率红	1	T702
14	电阻器	560kΩ	1	R705	36	耳机插座	3F-01	1	—
15	电位器	NWD5kΩ	1	VR701	37	天线线圈	12mm×32mm	1	—
16	电容器	2200pF	2	C302 C306	38	磁棒	4mm×12mm×55mm	1	—
17	电容器	3300pF	1	C101	39	扬声器	0.25W/8Ω	1	—
18	电容器	6800pF	1	C102	40	螺钉	M26×4	2	—
19	电容器	0.01μF	1	C702	41	螺钉	M26×6	1	—
20	电容器	0.022μF	5	C303 C304 C305 C703 C704	42	螺钉	M26×5	1	—
					43	电池夹	—	1	—
					44	导线	—	4	连扬声器电池
					45	磁棒架	—	1	—
21	电解电容器	1μF/50V	1	C701	46	度盘	—	1	前壳内
22	电解电容器	4.7μF/10V	1	C301	47	装饰条	—	1	镜片外
23	电解电容器	100μF/63V	1	C705	48	镜片	—	1	度盘外
24	双联可变电容器	CBM-223P	1	—	49	旋钮	—	2	音量调谐
25	印制电路板	—	1	—	50	前后壳(套)	—	1	—

1.2 任务资讯

1.2.1 电阻器的识别与检测

电阻器是电路中应用最为广泛的元件之一，是具有电阻特性的电子元件，通常称为电阻,在电路中起分压、分流和限流等作用,用字母 R 表示。

电阻的基本单位为欧姆,简称欧,用希腊字母 Ω 表示。除欧姆外,电阻的单位还有千欧(kΩ)和兆欧(MΩ)等,其换算关系为

$$1\text{M}\Omega = 1000\text{k}\Omega = 10^6 \Omega,\ 1\text{k}\Omega = 10^3 \Omega$$

常用的级数单位见表 1-2。

表 1-2 常用的级数单位

数量级	10^{12}	10^9	10^6	10^3	1	10^{-3}	10^{-6}	10^{-9}	10^{-12}	10^{-15}
单位	太	吉	兆	千		毫	微	纳	皮	飞
字母	T	G	M	k		m	μ	n	p	f

1. 电阻器的分类

电阻器分为固定电阻器和可变电阻器(电位器)。常见的有碳膜电阻器、金属膜电阻器、合成膜电阻器、线绕电阻器、熔断电阻器、热敏电阻器、压敏电阻器、可变电阻器等。

常见电阻器的电路符号和外形如图 1-2 和图 1-3 所示。

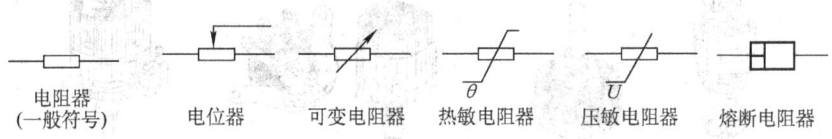

图 1-2 常见电阻器的电路符号

2. 电阻器的主要技术参数

(1) 标称阻值　标称阻值是指在电阻器表面所标识的阻值。为了生产和选购方便,国家标准规定了阻值系列,目前电阻器标称阻值系列有 E6、E12、E24 系列,其中 E24 系列最全。电阻器标称阻值系列取值见表 1-3。

表 1-3 电阻器标称阻值系列

标称阻值系列	允许误差	电阻器标称阻值							
E24	Ⅰ级(±5%)	1.0	1.1	1.2	1.3	1.5	1.6	1.8	2.0
		2.2	2.4	2.7	3.0	3.3	3.6	3.9	4.3
		4.7	5.1	5.6	6.2	6.8	7.5	8.2	9.1
E12	Ⅱ级(±10%)	1.0	1.2	1.5	1.8	2.2	2.7	3.3	3.9
		4.7	5.6	6.8	8.2	—	—	—	—
E6	Ⅲ级(±20%)	1.0	1.5	2.2	3.3	4.7	6.8		

(2) 阻值允许误差　实际阻值与标称阻值的相对误差为电阻精度,允许相对误差的范围叫做允许误差。普通电阻的允许误差可分为 ±5%、±10%、±20% 等,精密电阻的允许误差可分为 ±2%、±1%、±0.5%、…、±0.001% 等十多个等级。电阻的精度等级可以用符号标明,见表 1-4。

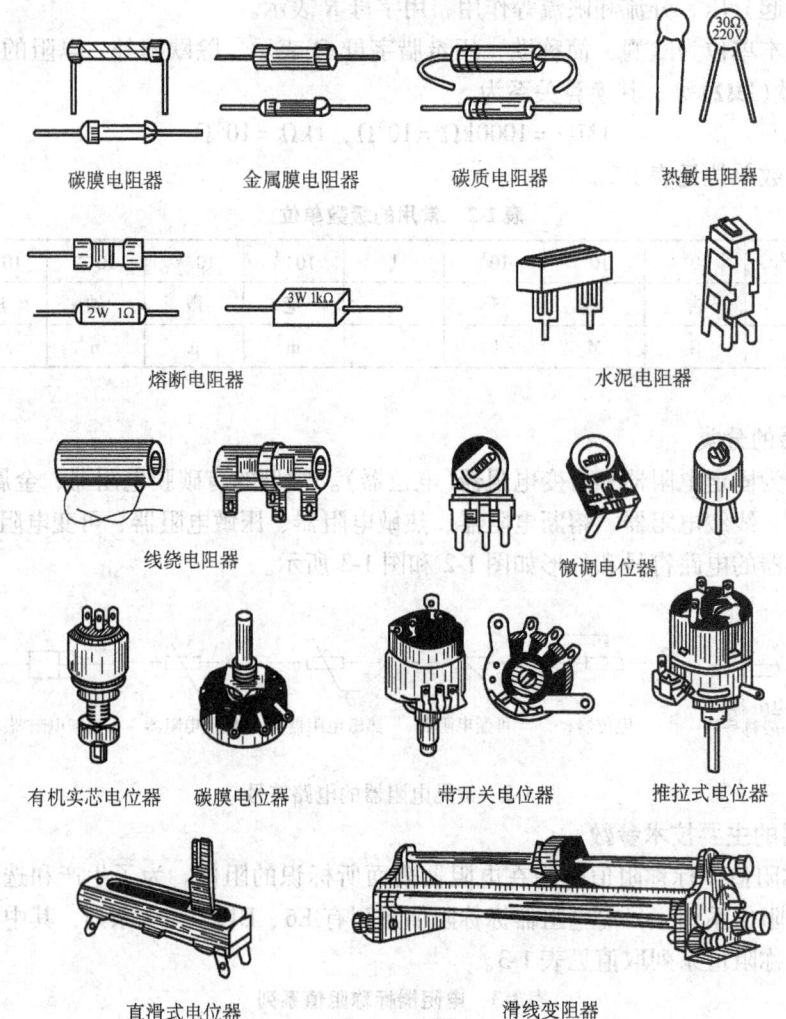

图1-3 常见电阻器的外形

表1-4 电阻的精度等级符号

%	±0.001	±0.002	±0.005	±0.01	±0.02	±0.05	±0.1
符号	E	X	Y	H	U	W	B
%	±0.2	±0.5	±1	±2	±5	±10	±20
符号	C	D	F	G	J	K	M

（3）额定功率　额定功率是指电阻器在正常大气压力及额定温度条件下，长期安全使用所能允许消耗的最大功率。电阻器的额定功率系列见表1-5。电阻的额定功率共分为19个等级，常用的有1/20W、1/8W、1/4W、1/2W、1W、2W、5W、10W、20W等。

表1-5 电阻器的额定功率系列

种 类	电阻器额定功率系列/W
线绕电阻	0.05 0.125 0.25 0.5 1 2 3 4 8 10 16 25 40 50 75 100 150 250 500
非线绕电阻	0.05 0.125 0.25 0.5 1 2 5 10 25 50 100

在电路图中,各种额定功率的电阻器采用不同的符号表示,如图1-4所示。

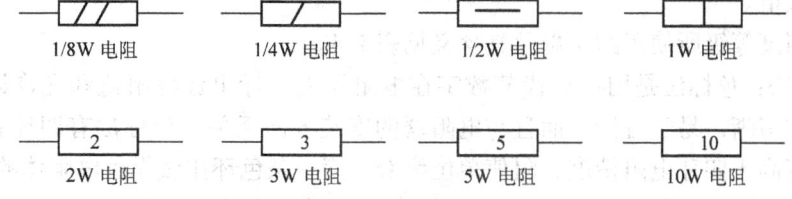

图1-4 各种额定功率的电阻器在电路图中的表示方法

3. 电阻器的识别

(1) 电阻器的型号　我国电阻器的型号由四部分组成:第一部分是产品的主称,用字母R表示;第二部分是产品的主要材料,用一个字母表示;第三部分是产品的分类,用一个数字或字母表示;第四部分是生产序号,一般用数字表示。

各部分的字母和数字的意义见表1-6。如RJ71,为精密型金属膜电阻器;RYG1,为功率型金属氧化膜电阻;RS11,为通用型实芯电阻。

表1-6 电阻器型号中各部分的意义

第一部分		第二部分		第三部分		第四部分
用字母表示主称		用字母表示材料		用数字或字母表示特征		用数字表示序号
符号	意义	符号	意义	符号	意义	意义
R	电阻器	T	碳膜	1	普通	包括:
		H	合成膜	2	普通	额定功率
		P	硼碳膜	3	超高频	阻值
		U	硅碳膜	4	高阻	允许误差
		C	沉积膜	5	高温	精度等级等
		I	玻璃釉膜	7	精密	
		J	金属膜	8	电阻器—高压	
		Y	氧化膜	9	电位器—特殊	
		S	有机实芯	G	高功率	
		N	无机实芯	T	可调	
		X	线绕	X	小型	
		R	热敏	L	测量用	
		G	光敏	W	微调	
		M	压敏	D	多圈	

(2) 电阻器的标志

1) 直标法:直标法是用阿拉伯数字和单位符号在电阻器的表面直接标出标称阻值和允许误差的方法。对小于1000Ω的阻值只标出数值,不标单位;对kΩ、MΩ只标注k、M。精度等级标Ⅰ级或Ⅱ级，Ⅲ级不标明。其优点是直观，易于认读。但数字标注中的小数点不易辨识，因此又采用文字符号法。

2) 文字符号法：文字符号法是将阿拉伯数字和字母符号按一定规律组合，来表示标称阻值及允许误差的方法。其优点是认读方便、直观，多用在大功率电阻器上。

如 5R1 表示 5.1Ω，R 表示欧姆（Ω）；56k 表示 56kΩ；5k6 表示 5.6kΩ。k、M、G、T 表示阻值单位和小数点的位置，k、M、G、T 之前的数字表示阻值的整数值，之后的数字表示阻值的小数值。

电阻的精度等级所使用的字母及其含义见表 1-4。

3) 色标法：色标法是用色环代替数字在电阻器表面标出标称阻值和允许误差的方法。其优点是标志清晰，易于看清，而且与电阻器的安装方向无关。色标法有四环和五环两种，五环电阻精度高于四环电阻精度，阻值单位为 Ω。第一条色环比较靠近电阻体的端头，最后一条与前一条的距离比前几条间的距离稍远些。色环电阻如图 1-5 所示。

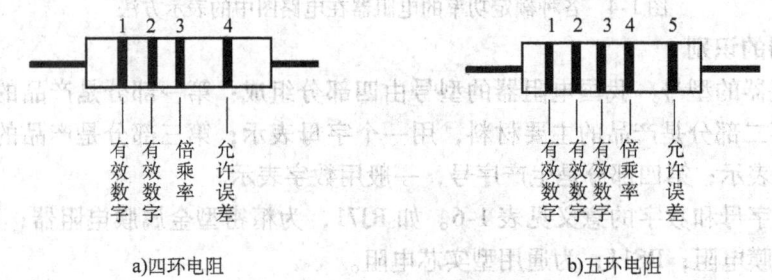

a) 四环电阻　　　　b) 五环电阻

图 1-5　色环电阻

① 四环电阻：第一、二条色环表示阻值的有效数字，第三条色环表示阻值的倍乘率，第四条色环表示阻值允许误差。

② 五环电阻：第一、二、三条色环表示阻值的有效数字，第四条色环表示阻值的倍乘率，第五条色环表示阻值允许误差。

色环一般采用棕、红、橙、黄、绿、蓝、紫、灰、白、黑、金、银、无色表示，它们的意义见表 1-7。

表 1-7　色环电阻上各色环的意义

四环电阻					五环电阻					
颜色	第一位有效数字	第二位有效数字	倍乘率	允许误差	颜色	第一位有效数字	第二位有效数字	第三位有效数字	倍乘率	允许误差
棕色	1	1	10^1	—	棕色	1	1	1	10^1	±1%
红色	2	2	10^2	—	红色	2	2	2	10^2	±2%
橙色	3	3	10^3	—	橙色	3	3	3	10^3	—
黄色	4	4	10^4	—	黄色	4	4	4	10^4	—
绿色	5	5	10^5	—	绿色	5	5	5	10^5	±0.5%
蓝色	6	6	10^6	—	蓝色	6	6	6	10^6	±0.2%
紫色	7	7	10^7	—	紫色	7	7	7	10^7	±0.1%
灰色	8	8	10^8	—	灰色	8	8	8	10^8	—
白色	9	9	10^9	—	白色	9	9	9	10^9	±50%~±20%
黑色	0	0	10^0	—	黑色	0	0	0	10^0	—

(续)

颜色	四环电阻				颜色	五环电阻				
	第一位有效数字	第二位有效数字	倍乘率	允许误差		第一位有效数字	第二位有效数字	第三位有效数字	倍乘率	允许误差
金色	—	—	10^{-1}	±5%	金色	—	—	—	10^{-1}	±5%
银色	—	—	10^{-2}	±10%	银色	—	—	—	10^{-2}	—
无色	—	—	—	±20%						

如：

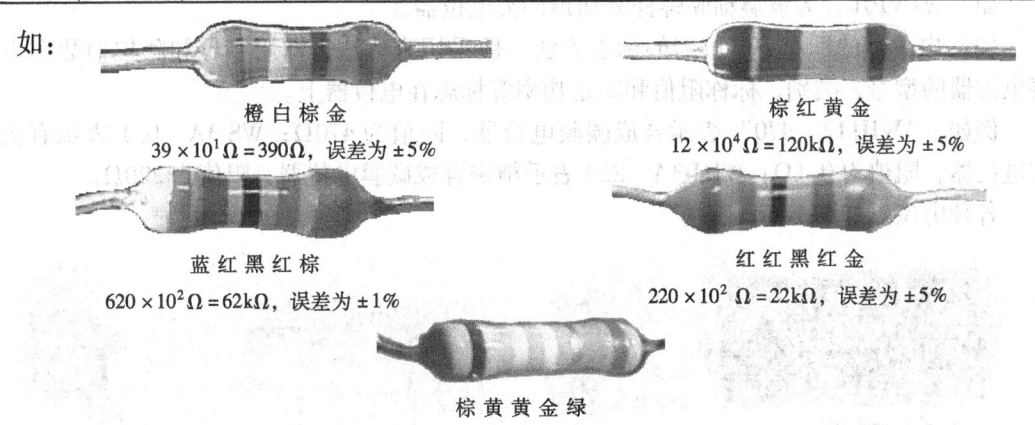

橙白棕金　　　　　　　　　　　　　　　棕红黄金
$39 \times 10^1 \Omega = 390\Omega$，误差为 ±5%　　　　$12 \times 10^4 \Omega = 120k\Omega$，误差为 ±5%

蓝红黑红棕　　　　　　　　　　　　　　红红黑红金
$620 \times 10^2 \Omega = 62k\Omega$，误差为 ±1%　　　$220 \times 10^2 \Omega = 22k\Omega$，误差为 ±5%

棕黄黄金绿
$144 \times 10^{-1} \pm 0.5\% = 14.4\Omega \pm 0.5\%$

4）数字标志法：用三位阿拉伯数字表示电阻器标称阻值的形式，一般多用于片状电阻器。因为片状电阻器体积较小，一般标在电阻器表面，其他参数通常省略。该方法的前两位数字表示电阻值的有效数字，第三位数字表示有效数字后面零的个数，或10的幂数。但当第三位数字为9时，表示倍率为0.1，即10^{-1}。

如"121"表示$12 \times 10^1 = 120\Omega$；"202"表示$20 \times 10^2 = 2000\Omega$；"100"表示$10 \times 10^0 = 10\Omega$；"759"表示$75 \times 10^{-1} = 7.5\Omega$。

此外，还有少数片状电阻器用四位数字标志电阻值。例如电阻器的标志符号为6801，表示6.8kΩ。四位数标志比三位数标志多了一位有效数字，第四位表示有效数字后面零的个数，即倍率，其余位为三位有效数字。

4. 电位器的识别

(1) 电位器的概念　电位器是一种连续可调的电子元件，它靠电刷在电阻体上的滑动，取得与电刷位移成一定关系的输出电压。对外有三个引出端，其中两个为固定端，一个为滑动端(亦称中间抽头)，滑动端在两个固定端之间的电阻体上做机械运动，使其与固定端之间的电阻发生变化。

(2) 电位器的型号　电位器的型号由四部分组成：第一部分为电位器的代号，用一个字母W表示；第二部分为电位器的电阻体材料代号，用一个字母表示；第三部分为电位器的类别代号，用一个字母表示；第四部分为电位器的序号，用阿拉伯数字表示。

电位器的电阻体材料代号及表示的意义见表1-8。

表1-8　电位器的电阻体材料代号及表示的意义

代号	H	S	N	I	X	J	Y	D	F	P	M	G
材料	合成碳膜	有机实芯	无机实芯	玻璃釉膜	线绕	金属膜	氧化膜	导电塑料	复合膜	硼碳膜	压敏	光敏

电位器的类别代号及表示的意义见表1-9。

表1-9 电位器的类别代号及表示的意义

代号	G	H	B	W	Y	J	D	M	X	Z	P	T
类别	高压类	组合类	片式类	螺杆驱动预调类	旋转预调类	单圈旋转精密类	多圈旋转精密类	直滑式精密类	旋转低功率类	直滑式低功率类	旋转功率类	特殊类

如"WIW101"为玻璃釉膜螺杆驱动预调类电位器。

(3) 电位器的标志　电位器的标志方法一般采用直标法，即用字母和阿拉伯数字直接将电位器的型号、类别、标称阻值和额定功率等标志在电位器上。

例如，"WH112　470"表示合成碳膜电位器，阻值为470Ω；WS-3A　0.1表示有机实芯电位器，阻值为0.1Ω；WHJ-3A　220表示精密合成碳膜电位器，阻值为220Ω。

各种电位器如图1-6所示。

图1-6　各种电位器

(4) 电位器阻值变化规律　调整滑动端，电位器的电阻值将按照一定的规律变化。常见的电位器阻值变化规律有线性变化和非线性变化两种。

线性电位器(X式)是指输出比U_o/U_i与行程比θ/H(θ为转角，H为总转角)成线性关系的电位器，即其阻值变化与转角成线性关系。电阻体上导电物质的分布是均匀的，故单位长度的阻值相等，每单位面积能承受的功率也相等，适用于要求调节均匀的场合。

非线性电位器是指输出比与行程比不成线性关系的电位器，它包括指数式电位器(Z式)、对数式电位器(D式)和其他函数规律变化(如正弦)的电位器。

指数式电位器在开始旋转时，阻值变化较小，而在转角接近最大转角一端时，阻值变化则较陡。这种电位器每单位面积允许承受的功率不同，阻值较小一端，承受功率较大，适用于音量控制电路。

对数式电位器在开始旋转时，阻值变化较陡，而在转角接近最大转角一端时，阻值变化较缓。这种电位器适用于音调控制电路和对比度控制电路。

电位器阻值变化规律如图1-7所示。

5. 电阻(位)器的检测方法

电阻(位)器的检测一般用万用表进行，万用表有指针式万用表和数字万用表，通常使用数字万用表较多，现在就以数字万用表的测试方法加以介绍。

(1) 电阻器的检测 根据电阻器的标称阻值将数字万用表档位旋钮转到适当的"Ω"档位,选择测量档位时尽量使显示屏显示较多的有效数字。黑表笔插在"COM"插孔,红表笔插在"VΩ"插孔,两表笔不分正负分别接在被测电阻器的两端,显示屏显示出被测电阻器的阻值。如果显示"000"则表示电阻器已经短路;如果仅最高位显示"1"则说明电阻器开路;如果显示值与电阻器上标称阻值相差很大,超过允许误差,则说明该电阻器质量不合格。

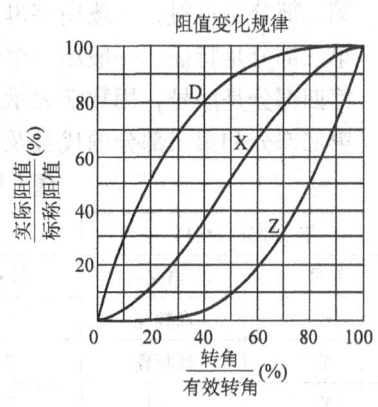

图1-7 电位器阻值变化规律

(2) 电位器的检测

1) 检测标称阻值。根据电位器标称阻值的大小,将数字万用表置于适当的"Ω"档位,检测方法同电阻器。

2) 检测动端与电阻体的接触是否良好。将数字万用表的一表笔与电位器的动端相接,另一表笔与任一定端相接,慢慢旋转电位器的旋钮,从一个极端位置旋转到另一个极端位置,观察阻值是否从零(或标称阻值)连续变化到标称阻值(或零),中间是否有断路的现象。如果显示数值中间有不变或有显示"1"的情况,则说明该电位器动端接触不良。

1.2.2 电容器的识别与检测

1. 电容器的概念

电容器是各类电路中必不可少的一种基本元件,它是一种储能元件,简单讲就是存储电荷的容器,两个彼此绝缘的金属极板就构成了一个最简单的电容器。其特性为隔直流,通交流。在电路中常用作隔直流、交流信号的耦合、交流旁路、电源滤波及谐振选频等。

电容器用字母 C 表示。电容的单位是法拉(F),常用的单位还有微法(μF)、纳法(nF)、皮法(pF)。它们之间的换算关系为:$1F = 10^6 \mu F = 10^9 nF = 10^{12} pF$。

2. 电容器的型号命名与分类

根据国家标准 GB/T 2470—1995 的规定,电容器的型号一般由四部分组成,如图1-8所示:

第一部分是主称,一般用字母 C 表示;

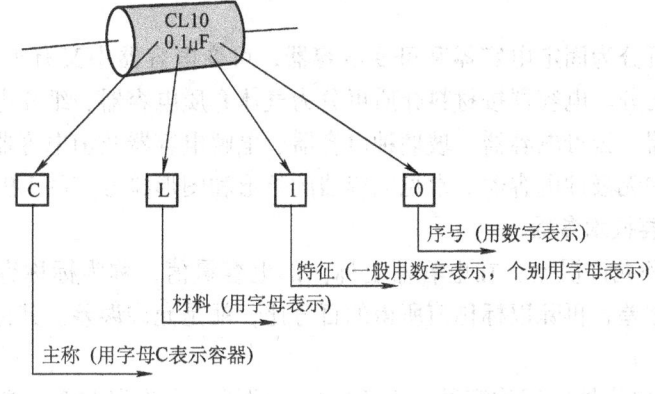

图1-8 电容器型号命名示意图

第二部分是材料，一般用字母表示；
第三部分是特征，一般用一个数字或一个字母表示；
第四部分是序号，用数字表示。
第二部分和第三部分的代号及其意义见表1-10。

表1-10 电容器的分类代号及其意义

第二部分(材料)		第三部分(特征,依种类不同而含义不同)				
符号	含义	符号	瓷介	云母	有机	电解
C	高频瓷	1	圆形	非密封	非密封	箔式
T	低频瓷	2	管形	非密封	非密封	箔式
Y	云母	3	叠片	密封	密封	烧结粉液体
V	云母纸	4	独石	密封	密封	烧结粉固体
I	玻璃釉	5	穿心	—	穿心	—
O	玻璃膜	6	支柱形	—	—	—
B	聚苯乙烯	7	—	—	—	无极性
F	聚四氟乙烯	8	高压	高压	高压	—
L	聚酯(涤纶)	9	—	—	特殊	特殊
S	聚碳酸酯	G				高功率
Q	漆膜	T				叠片式
Z	纸介	W				微调
J	金属化纸介	D				低压
H	复合介质	X				小型
G	合金电解质	Y				高压
E	其他电解质	M				密封
D	铝电解	J				金属化
A	钽电解	C				穿心式
N	铌电解	S				独石
T	钛电解					

电容器按结构可分为固定电容器和可变电容器，可变电容器中又有半可变(微调)电容器和全可变电容器之分。电容器按材料介质可分为气体介质电容器、纸介电容器、有机薄膜电容器、瓷介电容器、云母电容器、玻璃釉电容器、电解电容器及钽电容器等。电容器还可分为有极性电容器和无极性电容器。常见电容器的外形和图形符号如图1-9所示。

3. 电容器的主要技术参数

（1）标称容量和允许误差　在电容器上标注的电容量值，称为标称容量。电容器的标称容量与实际容量之差，再除以标称值所得的百分比，就是允许误差。其标注方法与电阻器一样，有如下几种：

1) 直标法。将电容器的标称容量、正负极性、耐压、允许误差等参数直接标注在电容体上，主要用于体积较大的元件的标注，如电解电容器、瓷介质电容器等。

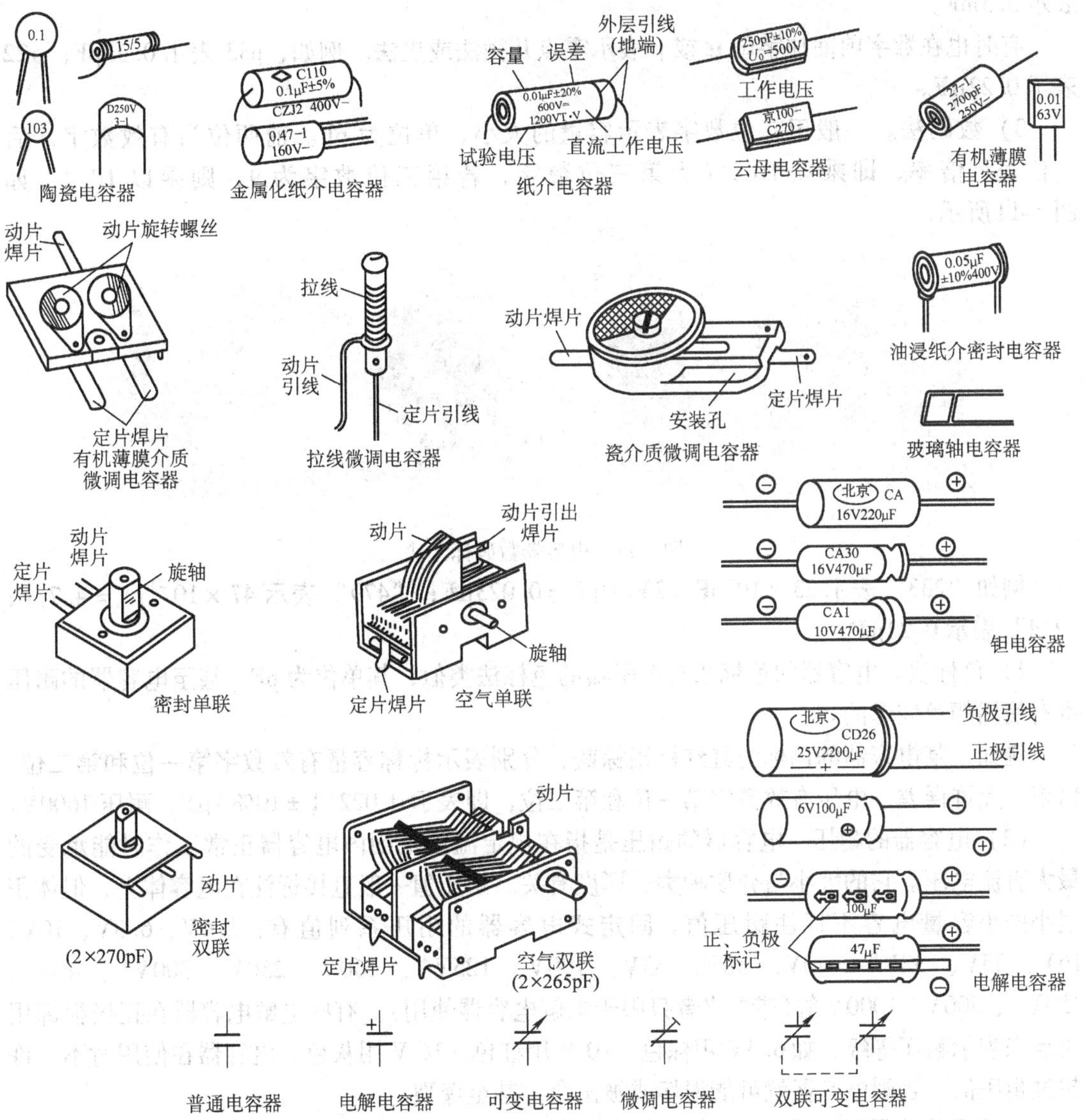

图 1-9 常见电容器的外形和图形符号

例如"CCG1-63V-0.1μFⅢ"表示Ⅰ类陶瓷介质高功率圆形电容器、耐压63V、标称容量为0.1μF、允许误差为Ⅲ级即±20%。

2) 文字符号法。文字符号法是用特定符号和数字表示电容器的标称容量、耐压、允许误差的方法。一般用数字表示有效数值,字母表示数值的量级。

常用的字母有 m、μ、n、p 等,字母 m 表示毫法(mF)、μ 表示微法(μF)、n 表示纳法(nF)、p 表示皮法(pF),如图 1-10 所示。

例如"10μ"表示标称容量为 10μF,"10p"表示标称容量为 10pF 等。

字母有时也表示小数点。例如"2p2"表示 2.2pF;"3μ3"

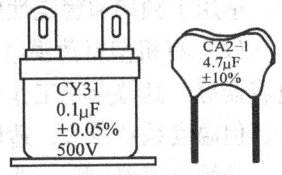

图 1-10 电容器文字符号标注法

表示 3.3mF。

有时也在数字前面加字母 μ 或 p 表示零点几微法或皮法。例如，p33 表示 0.33pF；μ22 表示 0.22μF。

3）数码法。一般用三位数字表示容量的大小，单位为 pF。前两位为有效数字，后一位表示倍率，即乘以 10^i，i 为第三位数字，若第三位数字为 9，则乘以 10^{-1}，如图 1-11 所示。

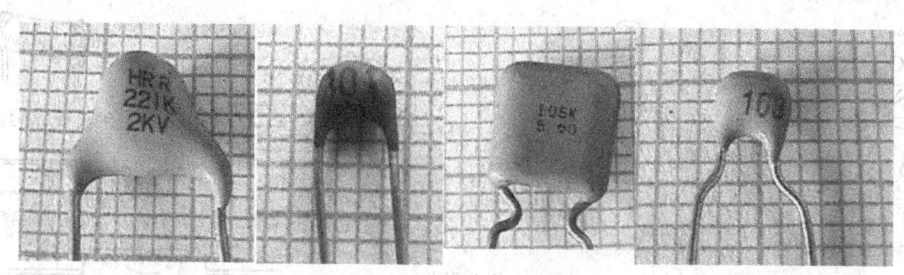

图 1-11 电容器数码标注法

例如 "233" 表示 23×10^3 pF = 23000pF = 0.023μF；"479" 表示 47×10^{-1} pF = 4.7pF；"224" 表示 0.22μF。

4）色标法。电容器的色标法与电阻器的色标法类似，其单位为 pF。甚至电容器的耐压也有使用颜色表示的。

例如，某电容器的色标为红红橙银棕蓝，分别表示标称容量有效数字第一位和第二位、倍率、允许误差、电压有效数字第一位和第二位，即表示 0.022(1±10%)μF，耐压 1600V。

(2) 电容器的耐压　电容器的耐压是指在规定温度范围内电容器正常工作时能承受的最大直流电压。它的大小与介质种类、厚度有关。耐压值一般直接标注在电容体上，但体积很小的小容量电容不标注耐压值。固定式电容器的耐压系列值有：1.6V、6.3V、10V、16V、25V、32V*、40V、50V、63V、100V、125V*、160V、250V、300V*、400V、450V*、500V、1000V 等（带"*"者只限于电解电容器使用）。有些电解电容器在正极根部用色点来表示耐压等级，如 6.3V 用棕色，10V 用红色，16V 用灰色。电容器在使用时不允许超过耐压值，否则电容器就可能损坏或被击穿，甚至爆裂。

4. 常用电容器的特点

(1) 纸介电容器（型号 CZ）　纸介电容器的特点是容量和耐压范围宽（1~20μF，36V~3kV）、成本低、体积大、化学稳定性差、易老化、纸介质耐热性差、工作温度范围为 -60~+70℃，限制了在高频中的应用，主要用于直流和低频旁路及隔直。

金属化纸介电容器（型号 CJ）的特点是体积小、容量大、成本低、寿命长、具有自愈能力，适用于频率和稳定性要求不高的电路。

(2) 有机塑料薄膜电容器　它包括涤纶、聚苯乙烯、聚碳酸酯、聚丙烯、聚四氟乙烯电容器等。其特点是工作温度高、损耗小、耐压高、绝缘电阻大、在很大频率范围内稳定性好，但温度系数较大，适用于高压电路、谐振回路、滤波电路。

涤纶电容器（型号 CL）的介质为涤纶薄膜，其电容量和耐压范围宽、体积小、容量大、耐高温、成本低，多用于稳定性和损耗要求不高的场合，如直流及脉动电路中。

(3) 瓷介电容器（型号高频 CC）　其特点是介电常数 ε 很大、体积很小，稳定性好、耐热性高,绝缘性能良好、温度系数范围宽,但机械强度低,易碎易裂,适用于高频电路、高压电路、温度补偿电路。

(4) 云母电容器(型号 CY) 其特点是介电常数大、稳定性好、损耗小、可靠性高、分布电感小、耐热性好;但来源有限,成本高、生产工艺复杂、体积大;适用于高频和高压电路。

(5) 玻璃釉电容器(型号 CI) 其特点是介电常数大、体积小、高温性能好,在200℃下可长期稳定工作,抗湿性好,在相对湿度为90%的条件下能正常工作,适用于交直流电路和脉冲电路。

(6) 电解电容器 以金属氧化物膜为介质,以金属和电解质为电极,金属为阳极,电解质为阴极的电容器称为电解电容器。

电解电容器的优点是电容量大,具有一定自愈作用。其缺点是有极性要求,使用时必须注意极性;具有工作电压上限,如铝电解电容器的耐压为500V,钽电解电容器为160V,固体钽电容器只有63V;绝缘质量是所有电容器中最差的,损耗角正切值较大,电性能变化大;电解液易外漏。固体钽电解电容器承受大电流冲击的能力差,而铝电解电容器长期搁置不用易变质。铝电解电容器(型号 CD)价格便宜,适用于滤波电路、旁路电路。钽电解电容器(型号 CA)可靠性高、性能好,但价格贵,适用于高性能指标的电子设备。

5. 可变电容器

(1) 可变电容器(型号 CB)的结构 可变电容器是由很多半圆形动片和定片组成的平行板式结构,动片和定片之间用介质(空气、云母或聚苯乙烯薄膜)隔开,动片组可绕轴相对于定片组旋转0~180°,从而改变电容量的大小。可变电容器按结构可分为单联、双联和多联可变电容器几种;主要用在需要经常调整电容量的场合,如收音机的频率调谐电路中。常见小型可变电容器的外形如图1-12所示。双联可变电容器又分成两种,一种是两组最大容量相同的等容双联,另一种是两组最大容量不同的差容双联。目前最常见的小型密封薄膜介质可变电容器(型号 CBM)采用聚苯乙烯薄膜作为片间介质。

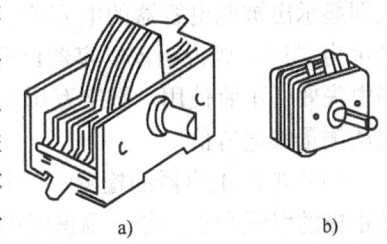

图1-12 小型可变电容器的外形

(2) 可变电容器的特点 单联可变电容器是由一组动片和一组定片以及旋轴等组成,可用空气或薄膜作介质。当转动旋轴时,就改变了动片和定片的相对位置,即可调整容量;当动片组全部旋出时,电容量最小。单联可变电容器的容量范围通常是7~270pF。

双联可变电容器由两组动片和两组定片以及旋轴等组成,双联电容器的动片安装在同一根旋轴上,当转动旋轴时,双联动片组同步转动。如果两联最大电容量相同,则称等容双联,容量一般为2×270pF、2×365pF;如果两联最大电容量不同,则称差容双联,容量一般为60/170pF、250/290pF等。

(3) 微调电容器(型号 CCW) 微调电容器的结构是在两块同轴的陶瓷片上分别镀有半圆形的银层,定片固定不动,旋转动片就可以改变两块银片的相对位置,从而在较小的范围内改变电容量(几十皮法),如图1-13所示。其特点是电容量较小,调整范围小。其最小/最大电容量一般是5/20pF、7/30pF等,一般在高频回路中用于不经常进行的频率微调。

6. 电容器的质量检测

（1）电容量大于 5000pF 的电容器的检测　可用指针式万用表"R×10k"、"R×1k"档测量电容器的两引线。正常情况下，表针先向 R 为零的方向摆去，然后向 R→∞ 的方向退回（充放电）。如果退不到 ∞，而停留在某一数值上，指针稳定后的阻值就是电容器的绝缘电阻（也称漏电电阻）。一般电容器的绝缘电阻在几十兆欧以

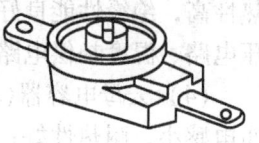

图 1-13　微调电容器

上，电解电容器在几兆欧以上。若所测电容器的绝缘电阻小于上述值，则表示电容器漏电。若表针不动，则表明电容器内部开路。

（2）电容量小于 5000pF 的电容器的检测　由于充电时间很快，充电电流很小，看不出表针摆动。故可借助一个 NPN 型晶体管的放大作用来测量。测量电路如图 1-14 所示。电容器接到 A、B 两端，由于晶体管的放大作用，就可以测量到电容器的绝缘电阻。判断方法同上。

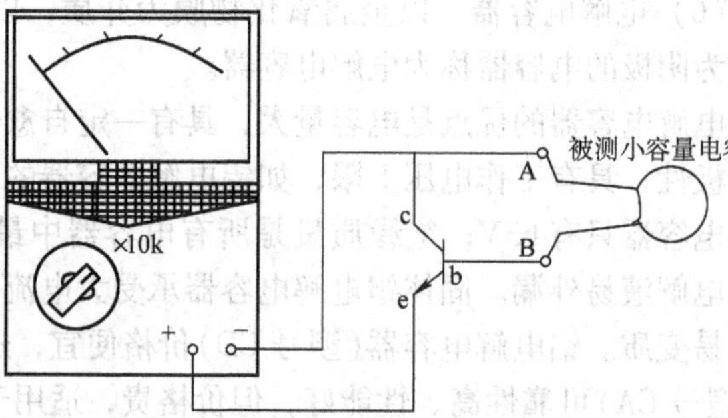

利用数字万用表可以直接测出小容量电容器的电容值。根据被测电容的标

图 1-14　小容量电容器的简易测量方法

称电容值，选择合适的电容量程，将被测电容器插入数字万用表的"Cx"插孔中，万用表立即显示出被测电容器的电容值。如果显示为"000"，则说明该电容器已短路损坏；如果显示为"1"，则说明该电容器已断路损坏；如果显示值与标称值相差很大，也说明电容器漏电失效，不宜使用。数字万用表测量电容的最大量程为 20μF，对于大于 20μF 的电容器，无法测量其电容值。

（3）电解电容器的检测　测量电解电容器时，应该注意它的极性。一般情况下，电容器正极的引线会长一些。测量时电源的正极与电容器的正极相接，电源的负极与电容器的负极相接，称为电容器的正接。电容器正接时比反接时绝缘电阻大。当电解电容器引线的极性无法辨别时，可以根据电解电容器正向连接时绝缘电阻大、反向连接时绝缘电阻小的特征来判别。用数字万用表红、黑表笔交换来测量电容器的绝缘电阻，绝缘电阻大的一次，连接表内电源正极的表笔所接的就是电容器的正极，另一极为负极。此法对漏电小的电容器则不易区别极性。注意：数字万用表的红表笔内接电源正极，而指针式万用表的黑表笔内接电源正极。

（4）可变电容器的检测　可变电容器漏电或碰片短路，可用万用表的欧姆档来检测。将万用表的两只表笔分别与可变电容器的定片和动片引出端相连，同时将电容器来回旋转几下，阻值读数应该极大且无变化。如果读数为零或某一较小的数值，则说明可变电容器已发生碰片短路或漏电严重，不能使用。对于双联可变电容器，要对每一联分别进行检测。

1.2.3　电感器的识别与检测

电感器俗称电感或电感线圈，它是用导线在绝缘骨架上（也有不用骨架的）绕制而成的，也是构成电路的基本元件，在电路中有阻碍交流电通过的特性。电感器在电路中常用作扼

流、变压、谐振、传送信号等。在电路中用字母 L 表示。电感器的基本单位为亨利（H），常用的还有毫亨（mH）、微亨（μH）。它们之间的换算关系是 $1H = 10^3 mH = 10^6 μH$。电感器的应用范围很广，它在调谐、振荡、耦合、匹配、滤波、陷波、延迟、补偿及偏转聚焦等电路中都是必不可少的。

1. 电感器的型号命名、标志和分类

（1）电感器的型号命名方法 电感器的型号一般由四部分组成，如图 1-15 所示：
第一部分是主称，用字母表示，其中 L 代表电感线圈，ZL 代表阻流圈；
第二部分是特征，用字母表示，其中 G 代表高频；
第三部分是型号，用字母表示，其中 X 代表小型；
第四部分是区别代号，用字母表示。
例如，"LGX" 表示小型高频电感线圈。

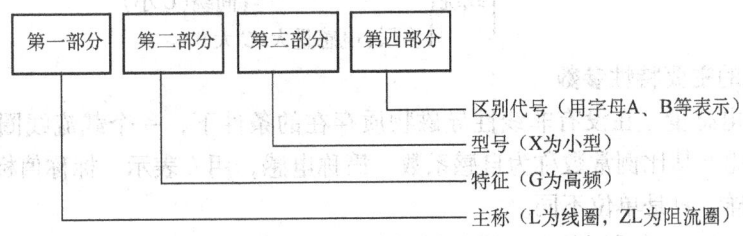

图 1-15 电感器的型号命名方法

（2）电感器的标志方法

1）直标法。直标法是在小型固定电感器的外壳上直接用文字符号标出其电感量、允许误差和最大直流工作电流等主要参数。其中允许误差常用Ⅰ、Ⅱ、Ⅲ来表示，分别代表允许误差为 ±5%、±10%、±20%；其最大直流工作电流常用字母 A、B、C、D、E 等标志。

例如，固定电感器外壳上标有 150μH、A、Ⅱ 的标志，则表明电感器的电感量为 150μH，允许误差为Ⅱ级（±10%），最大直流工作电流为 50mA（A 档），如图 1-16 所示。

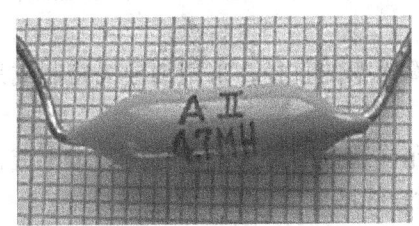
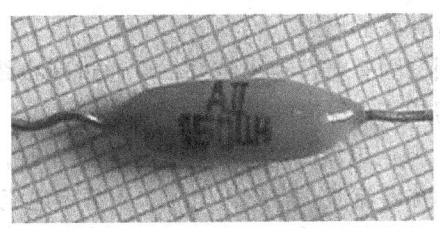

图 1-16 电感器的直标法

2）色标法。色标法是指在电感器的外壳上涂上四条不同颜色的环，来反映电感器的主要参数。前两条色环表示电感器电感量的有效数字，第三条色环表示倍率（即 10^n），第四条色环表示允许误差。数字与颜色的对应关系同色环电阻（见表 1-7），单位为微亨（μH），如图 1-17 所示。

例如，电感器的色标为棕绿黑银，则表示电感量为 15μH，允许偏差为 ±10%。

（3）电感器的分类 由于电感器的用途、工作频率、功率、工作环境不同，所以对电感器的基本参数和结构就有不同的要求，导致电感器类型和结构的多样化。

电感器按工作特征分成电感量固定的和电感量可变的两种；按磁导体性质分成空心电感器、磁心电感器和铜心电感器；按绕制方式及其结构分成单层、多层、蜂房式、有骨架式和无骨架式电感器；按工作性质分为天线线圈、振荡线圈、扼流线圈、陷波线圈、偏转线圈；按用途可分为高频扼流线圈、低频扼流线圈、调谐线圈、退耦线圈、提升线圈和稳频线圈等。

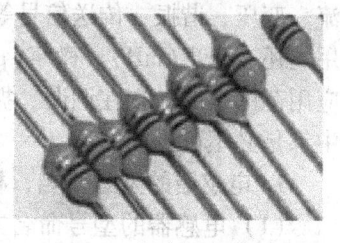

图1-17 电感器的色标法

电感器按照形状分类如下：

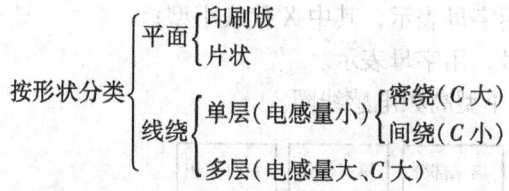

2. 电感器的主要特性参数

（1）标称电感量 在没有非线性导磁物质存在的条件下，一个载流线圈的磁通与线圈中的电流成正比，其比例常数称为自感系数，简称电感，用 L 表示。标称值标志方法同电阻器、电容器一样，只是单位不同。

（2）品质因数 品质因数是表示线圈质量的一个参数，用 Q 表示。它是指线圈在某一频率的交流电压工作时，线圈所呈现的感抗和线圈的总损耗电阻之比。

在谐振回路中，线圈的 Q 值越高，回路的损耗就越小，效率就越高，滤波性能就越好。但 Q 值的提高，要受到一些因素的限制，如导线的直流电阻，线圈骨架的介质损耗，屏蔽和铁心引起的损耗以及高频工作时的集肤效应等。因此，Q 值一般不能做得很高，通常为几十至一百，最高为四五百。

（3）固有电容 线圈的匝与匝之间、线圈与地之间、线圈与屏蔽盒之间、多层绕组的层与层之间均存在分布电容。一个实际的电感器可等效为一个电感和一个电阻的串联、再与一个电容并联的形式。

线圈的固有电容越小越好，可通过减小线圈骨架的直径，采用细导线绕制或采用间绕法、蜂房式绕法等措施减小。

（4）额定电流 电感线圈在正常工作时，允许通过的最大电流称为额定电流，也称为线圈的标称电流值。当工作电流大于额定电流时，线圈就会发热，甚至被烧坏。

（5）稳定性 稳定性表示线圈参数随外界条件变化而改变的程度，通常用电感温度系数和不稳定系数两个量来衡量，它们越大，表示稳定性越差。

3. 常见电感器的类型

（1）小型固定电感器 有卧式和立式两种，其电感量一般为 $0.1\sim3000\mu H$，允许误差分为Ⅰ、Ⅱ、Ⅲ三档，即±5%、±10%、±20%，工作频率为10kHz~200MHz。其电流等级分别用A、B、C、D、E表示（即分别表示工作电流不小于50mA、150mA、300mA、700mA、1600mA）。小型固定电感器具有体积小、重量轻、结构牢固、耐振动、耐冲击、防潮性好、安装方便等优点，因而广泛用于收录机、电视机等电子设备中，一般用于滤波、扼流、延迟、振荡、陷波等电路中。

（2）平面电感器　平面电感器是在陶瓷或微晶玻璃基片上沉积金属导线而成，主要采用真空蒸发、光刻电镀及塑料包封等工艺。平面电感器在稳定性、精度、可靠性方面较好，可用于几十兆赫到几百兆赫的高频电路中。

（3）单层电感器　单层电感器的电感量较小，约在几微亨至几十微亨之间。单层电感器通常使用在高频电路中。为了提高电感器的 Q 值，单层电感器的骨架常使用介质损耗小的陶瓷和聚苯乙烯材料制作，如图1-18所示。

单层电感器线圈的绕制又分为密绕和间绕：密绕匝间电容较大，使 Q 值和稳定性有所降低。间绕高 Q 值（150～400）和高稳定性，但电感量不能做得很大，如图1-19所示。

图1-18　单层电感器

图1-19　单层电感器的密绕与间绕

（4）多层电感器　多层电感器的电感量较大，通常大于300μH。多层电感器的缺点就在于固有电容较大，因为匝与匝、层与层之间都存在分布电容。同时，线圈层与层之间的电压相差较大，当电感器两端具有较高电压时，易发生跳火、绝缘击穿等，如图1-20所示。

（5）蜂房式线圈　多层线圈的缺点之一就是分布电容较大。采用蜂房式绕制方法，可以减少线圈的固有电容。所谓的蜂房式，就是将被绕制的导线以一定的偏转角（约19°～26°）在骨架上缠绕，如图1-21所示。通常缠绕是由自动或半自动的蜂房式绕线机进行的。

 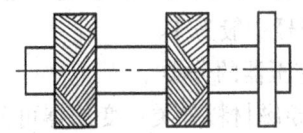

图1-20　多层线圈　　　　　图1-21　蜂房式线圈

（6）铁氧体磁心线圈　线圈的电感量大小与有无磁心有关。在空心线圈中插入铁氧体磁心，可增加电感量和提高线圈的品质因数。加装磁心后还可以减小线圈的体积，减少损耗和分布电容，如图1-22所示。

（7）可变电感线圈　在有些场合需对电感量进行调节，用以改变谐振频率或电路耦合的松紧。当需要电感量均匀改变时，可采用三种方法：①是在线圈中插入磁心或铁心。②在线圈上安装一滑动的触点。③将两个线圈串联，均匀改变两线圈之间的

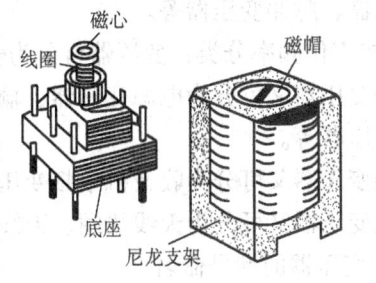

图1-22　磁心线圈

相对位置，以达到互感量的变化，从而使线圈的总电感量随之变化。可变电感线圈的符号如图 1-23 所示。

（8）扼流圈（阻流圈）　扼流圈分高频扼流圈和低频扼流圈。低频扼流圈用于电源和音频滤波，它通常有很大的电感量，可达几亨到几十亨，因而对于交变电流具有很大的阻抗。扼流圈只有一个绕组，在绕组中对插硅钢片组成铁心，硅钢片中留有气隙，以减少磁饱和，如图 1-24 所示。

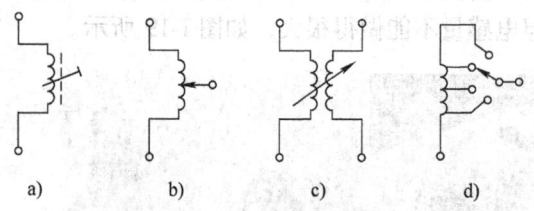

图 1-23　可变电感线圈符号

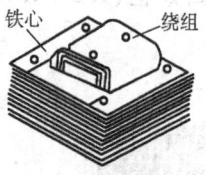

图 1-24　扼流圈

4. 电感器的检测

用万用表可以大致判断电感器的好坏，即用万用表测量一下电感器的阻值。将万用表置于"R×1"档，测得的直流电阻为零或很小（零点几欧到几欧），说明电感器未断；当测量的直流电阻为无穷大时，表明电感器内部或引出线已经断开。在测量时要将电感器与外电路断开，以免外电路对电感器的并联作用造成错误的判断。如果用万用表测得电感器的电阻远小于标称阻值，则说明电感器内部有短路现象。

用数字万用表也可以对电感器进行通断测试。将数字式万用表的量程开关拨到"通断蜂鸣"符号处，用红、黑表笔接触电感器的两端，如果阻值较小，表内蜂鸣器鸣叫，则表明该电感器可以正常使用。

5. 变压器

变压器也是一种电感器，它是由一次绕组、二次绕组、铁心或磁心等组成，利用两个电感线圈在靠近时产生的互感应现象进行工作，在电路中常用作电压变换器、阻抗变换器等。变压器的符号一般为 T。

（1）变压器的分类

1）按导磁材料分类：变压器可分为硅钢片变压器、低频磁心变压器、高频磁心变压器三种。

2）按用途分类：变压器可分为电源变压器、隔离变压器、调压变压器、输入变压器、输出变压器、脉冲变压器等。

3）按工作频率分类：变压器可分为低频变压器、中频变压器和高频变压器三大类。

低频变压器又可分为电源变压器、输入变压器、输出变压器、线间变压器、用户变压器和耦合变压器等。

中频变压器又可分为收音机中频变压器、电视机中频变压器等。

高频变压器又可分为天线线圈、天线阻抗变换器和脉冲变压器等。

（2）变压器的型号命名

1）变压器的型号命名方法。变压器的型号由三部分组成：第一部分是主称，用字母表示;第二部分是功率,用数字表示,计量单位用伏安(VA)或瓦(W)表示,但 RB 型变压器除外;第三部分是序号,用数字表示。变压器主称字母及意义见表 1-11。

表 1-11 变压器主称字母及意义

字 母	意 义	字 母	意 义
DB	电源变压器	GB	高频变压器
CB	音频输出变压器	SB 或 ZB	音频(定阻式)输出变压器
RB	音频输入变压器	SB 或 EB	音频(定压式)输出变压器

2)中频变压器的型号命名方法。中频变压器的型号由三部分组成:第一部分为主称,用字母表示;第二部分为外形尺寸,用数字表示;第三部分为级数,用数字表示。各部分所表示的意义见表 1-12。

表 1-12 中频变压器型号各部分所表示的意义

主 称		外 形 尺 寸		级 数	
字母	名称、特征、用途	数字	外形尺寸/mm	数字	中频级数
I	中频变压器	1	7×7×12	1	第一级中频变压器
L	线圈或振荡线圈	2	10×10×14	2	第二级中频变压器
T	磁性瓷心式	3	12×12×16	3	第三级中频变压器
F	调幅收音机用	4	20×25×36		
S	短波段				

(3)变压器的主要特征参数

1)电压比。电压比又称变阻比、圈数比。它是指变压器的一次绕组的电压(阻抗)与二次绕组的电压(阻抗)之比。定义为

$$n = \frac{U_1}{U_2} = \frac{N_1}{N_2}$$

若 $n \geq 1$,则该变压器称为降压变压器。

若 $n \leq 1$,则该变压器称为升压变压器。

2)额定功率。变压器在特定频率和电压条件下,能长时间连续稳定地工作,而未超过规定温升的输出功率称为额定功率。其单位为瓦或千瓦。电子产品中常用变压器的额定功率一般为几百瓦。

3)效率。变压器输出功率与输入功率之比称为效率,常用百分数表示。其大小与设计参数、材料、工艺以及功率有关。对于 20W 以下的变压器,其效率为 70%~80%;对于 100W 以上的变压器,其效率可大于 95%。

4)空载电流。空载电流是指变压器在工作电压下二次侧空载时一次绕组流过的电流。空载电流越大,变压器的损耗越大,效率越低。

5)绝缘电阻和抗电强度。它们产生于变压器绕组之间、绕组与铁心之间以及引线之间。小型电源变压器的绝缘电阻要求不小于 500MΩ,抗电强度应大于 2000V。

(4) 常用变压器

1) 低频变压器。低频变压器可分为音频变压器与电源变压器两种,在电路中又可以分为输入变压器、输出变压器、级间耦合变压器、推动变压器及线间变压器等。

① 音频变压器。音频变压器在放大电路中的主要作用是耦合、倒相、阻抗匹配等。要求音频变压器频率特性好、漏感小、分布电容小。

输入变压器是接在晶体管放大器的低放和功放之间的耦合变压器;输出变压器是接在放大器输出端和负载端(扬声器等)的变压器。输入、输出变压器有标记,包有绿色纸的表示输入,包有红色纸的表示输出。

当产品上无标记时,应根据输入、输出变压器直流电阻的不同来判断。输出变压器二次侧的两根引线较粗,直流电阻较小。输入变压器二次侧的两根引线直流电阻较大。

② 电源变压器。电源变压器是将工频市电(交流220V)转换为各种额定功率和额定电压的变压器,如图1-25所示。电源变压器均是由铁心、绕组等组成。

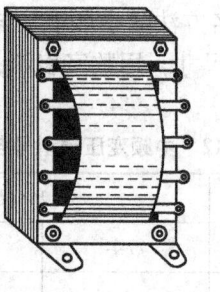 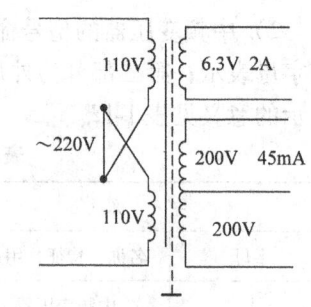

图1-25 电源变压器

2) 中频变压器。中频变压器又称为中周,是超外差式无线电接收设备中的主要器件之一,广泛用于调幅、调频收音机,电视接收机,通信接收机等电子设备中,适用范围从几千赫兹至几十兆赫兹,如图1-26所示。

图1-26 中频变压器

3) 高频变压器。高频变压器即高频线圈,通常是指工作于射频范围的变压器。如收音机的磁性天线,就是将线圈绕制在磁棒上,并和一只可变电容器组成调谐回路,如图1-27所示。磁棒一般由铁氧体制成,磁棒的长度对收音机的灵敏度影响较大,磁棒越长,灵敏度越高。

图1-27 高频线圈

(5) 变压器的质量检测 变压器的质量检测首先从两方面考虑,即开路和短路。开路检查用万用表欧姆档很容易完成,可将万用表置于"R×1"档,分别测量变压器各绕组的阻值,一次绕组的阻值大约为几十欧到几百欧。变压器功率越大,使用的导线越粗,阻值越小;变压器功率越小,使用的导线越细,阻值越大。二次绕组由于绕制匝数少,绕组阻值大约为几欧到几十欧。如果测量中电阻为零,说明此绕组有短路现象;如果阻值无穷大,说明有开路故障。但需要注意的是,测试时应切断变压器与其他元器件的连接。另外,变压器各绕组之间以及绕组和铁心之间的绝缘电阻应为无穷大。

1.2.4 二极管的识别与检测

一个 PN 结加上外面的封壳就构成了一个二极管,二极管具有单向导电性,主要的作用是整流、检波等。

1. 二极管的分类

按照不同的分类方式,二极管的种类也不同。

(1) 按材料分 可分为锗二极管和硅二极管。锗二极管比硅二极管正向压降低(锗管为 0.2~0.3V,硅管为 0.5~0.7V)。

(2) 按结构分 可分为点接触型二极管、面接触型二极管和平面型二极管三类。点接触型二极管的结电容小,正向电流和允许加的反向电压小,常用于检波、变频等电路中;面接触型二极管的 PN 结的接触面积大,结电容比较大,不适合在高频电路中使用,但它可以通过较大的正向电流和允许加较大的反向电压,多用于频率较低的整流电路中;平面型二极管可以通过更大的电流,在脉冲数字电路中用作开关管。

(3) 按特性分 普通二极管分为整流二极管、检波二极管、稳压二极管、恒流二极管、开关二极管等;特殊二极管分为微波二极管、变容二极管、雪崩二极管、隧道二极管、PIN 管等;敏感二极管分为光敏二极管、热敏二极管、压敏二极管、磁敏二极管。

常用二极管的符号与外形如图 1-28 所示。

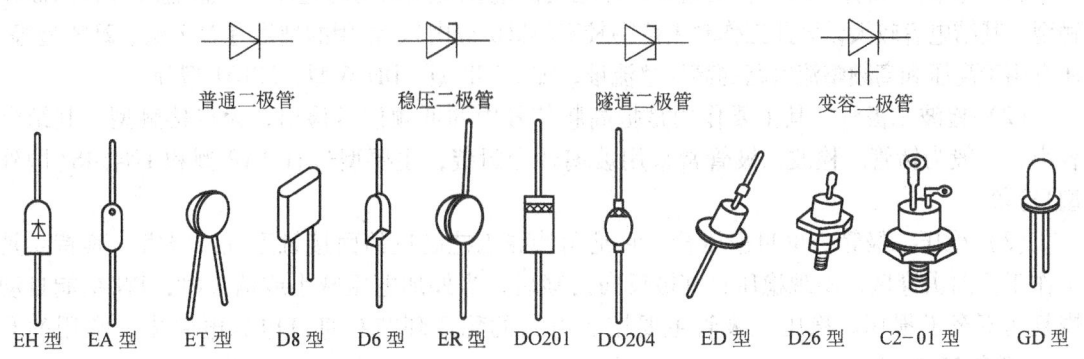

图 1-28 常用二极管的符号与外形

2. 二极管型号的命名方法

我国对半导体元器件的型号进行统一命名。国产二极管的型号由 5 部分组成,如图 1-29 所示。其中第二、三部分各字母含义见表 1-13。

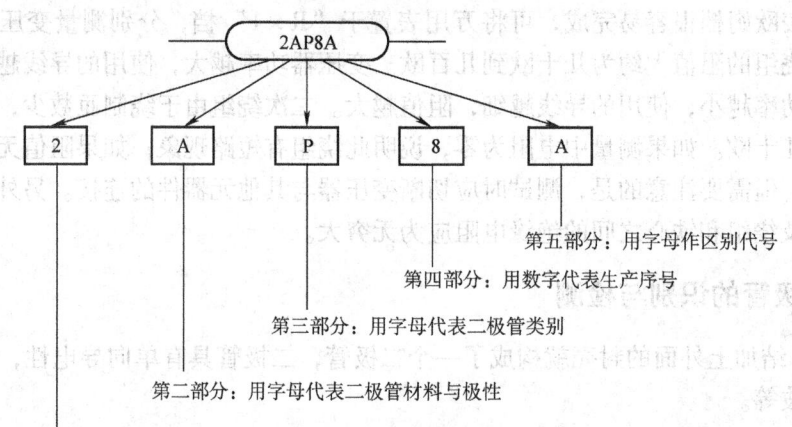

图1-29 二极管型号的命名方法

表1-13 二极管型号中第二、三部分各字母含义

第二部分		第三部分			
字母	意义	字母	意义	字母	意义
A	N型锗材料	P	普通二极管	S	隧道二极管
B	P型锗材料	W	稳压二极管	U	光敏二极管
C	N型硅材料	Z	整流二极管	N	阻尼二极管
D	P型硅材料	K	开关二极管	L	整流堆

例如，某二极管的型号为2CW15，其含义为N型硅材料稳压二极管，序号为15；某二极管的型号为2BS21，其含义为P型锗材料隧道二极管，序号为21。

3. 常用二极管

（1）整流二极管 用于整流电路，即把交流电转换成脉动的直流电。整流二极管为面接触型，其结电容较大，因此工作频率范围较窄（3kHz以内）。常用的型号有2CZ型、2DZ型等，还有用于高压和高频整流电路的高压整流堆，如2CGL型、DH26型、2CL51型等。

（2）检波二极管 其主要作用是把高频信号中的低频信号检出，为点接触型，其结电容小，一般为锗管。检波二极管常采用玻璃外壳封装，主要型号有2AP型和1N4148（国外型号）等。

（3）稳压二极管 也叫稳压管。它是用特殊工艺制造的面接触型硅二极管，其特点是工作于反向击穿区，实现稳压；其被反向击穿后，当外加电压减小或消失时，PN结能自动恢复而不至于损坏。稳压二极管主要用于电路的稳压环节和直流电源电路中，常用的有2CW型和2DW型。

（4）变容二极管 变容二极管是利用外加电压可以改变二极管的空间电荷区宽度，从而改变电容量大小的特性而制成的非线性电容元件。反偏电压越大，PN结的绝缘层越宽，其结电容越小。如2CB14型变容二极管，当反向电压在3~25V区间变化时，其结电容在20~30pF之间变化。它主要在高频电路中用于自动调谐、调频、调相等，如在彩色电视机的高频头中用于电视频道的选择。

4. 二极管极性的识别

（1）根据标志识别　二极管外壳上均印有型号和标志。标志方法有箭头、色点、色环三种。箭头所指方向为二极管的负极，另一端为正极；有白色标志线一端为负极，另一端为正极；一般印有红色点一端为正极，印有白色点一端为负极。

（2）根据正反向电阻识别　直接用指针式万用表"R×100"或"R×1k"档测量二极管的直流电阻，表上显示的阻值很小时，表示二极管处于正向连接，黑表笔所接为二极管正极（黑表笔与万用表内电池正极相连），而红表笔所接为二极管负极。如果表上显示的阻值很大，那么红表笔所接为二极管正极，黑表笔所接为二极管负极。若两次测量的阻值都很大或很小，则表明二极管已损坏。

用数字万用表测量：用二极管档测量，正向压降小，反向溢出（显示1），红表笔与万用表内电池正极相连。

5. 二极管的检测

（1）普通二极管的测量

1）好坏的判断。万用表置于"R×100"或"R×1k"档，黑表笔接二极管正极，红表笔接二极管负极，这时正向电阻的阻值一般应在几十欧到几百欧之间，当红黑表笔对调后，反向电阻的阻值应在几百千欧以上，则可初步判定该二极管是好的。

如果测量结果阻值都很小，接近零欧姆时，说明二极管内部PN结击穿或已短路。如果阻值均很大，接近无穷大时，则说明该管子内部已断路。

用数字万用表测量：用二极管档测量，正向压降小，反向溢出则正常。

2）硅管和锗管的判断。若不知道被测的二极管是硅管还是锗管，可根据硅管、锗管的导通压降不同来判别。将二极管接在电路中，当其导通时，用万用表测其正向压降，若为 0.6~0.7V，则为硅管；若为 0.1~0.3V，则为锗管。

（2）稳压管的测试

1）极性的判别。与上述普通二极管的判别方法相同。

2）检查好坏。万用表置于"R×10k"档，黑表笔接稳压管的"－"极，红表笔接"＋"极，若此时的反向电阻很小（与使用"R×1k"档时的测试值相比较），说明该稳压管正常。因为万用表"R×10k"档的内部电压都在9V以上，可达到被测稳压管的击穿电压，使其阻值大大减小。

1.2.5　晶体管的识别与检测

晶体管由两个PN结组成，有三个电极，分别为发射极、基极、集电极。发射极、基极之间为发射结（E结），集电极、基极之间为集电结（C结）。晶体管主要用于放大电路中。

1. 晶体管的分类

晶体管的种类很多，按材料可分为锗晶体管、硅晶体管；按PN结组合方式分为NPN型晶体管、PNP型晶体管；从结构上分为点接触型和面结合型；按工作频率分为高频管（$f_a>$ 3MHz）、低频管（$f_a<$3MHz）；按功率分为大功率管（$P_C>$1W）、中功率管（P_C为0.7~1W）、小功率管（$P_C<$0.7W）。常见晶体管的外形和封装形式如图1-30所示。

2. 晶体管型号的命名方法

国产普通晶体管的型号由五部分组成：第一部分用数字"3"表示主称和晶体管；第二

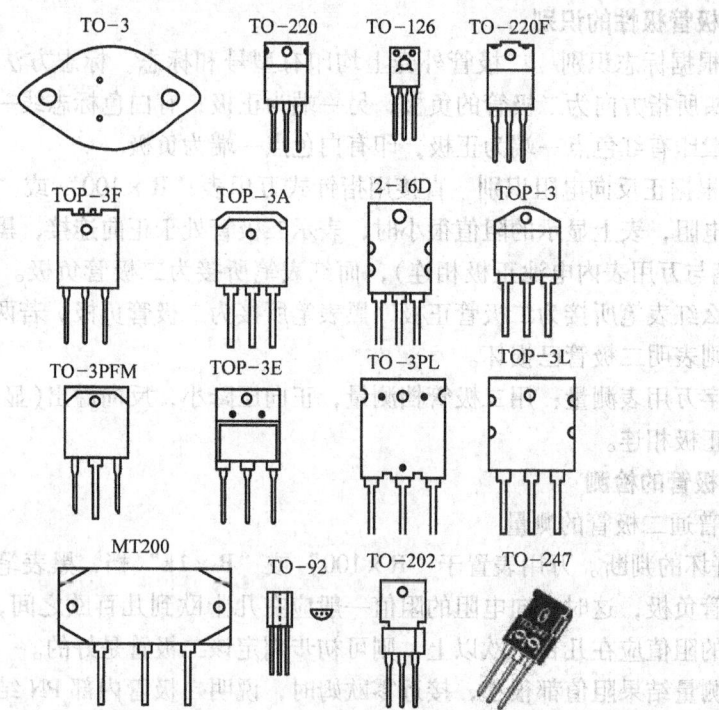

图 1-30 常见晶体管的外形和封装形式

部分用字母表示晶体管的材料和极性;第三部分用字母表示晶体管的类别;第四部分用数字表示同一类型产品的序号;第五部分用字母表示规格号。晶体管型号中第二、三部分各字母的含义见表 1-14。

表 1-14 晶体管型号中第二、三部分各字母的含义

第二部分		第三部分		第二部分		第三部分	
字母	意义	字母	意义	字母	意义	字母	意义
A	PNP 型锗材料	X	低频小功率晶体管 ($f_a<3\text{MHz}, P_C<1\text{W}$)	D	NPN 型硅材料	A	高频大功率晶体管 ($f_a\geq3\text{MHz}, P_C\geq1\text{W}$)
B	NPN 型锗材料	G	高频小功率晶体管 ($f_a\geq3\text{MHz}, P_C<1\text{W}$)	—	—	K	开关晶体管
C	PNP 型硅材料	D	低频大功率晶体管 ($f_a<3\text{MHz}, P_C\geq1\text{W}$)				

例如某晶体管的型号为 3DG6,表示它是 NPN 型硅材料高频小功率晶体管,序号为 6;某晶体管的型号为 3CX701A,表示它是 PNP 型硅材料低频小功率晶体管,序号为 701,A 是区别代号。

3. 常见晶体管

(1) 塑料封装大功率晶体管　塑料封装大功率晶体管的体积较大,输出功率较大,常用来对信号进行功率放大,要放置散热片,如图 1-31 所示。

(2) 金属封装大功率晶体管　金属封装大功率晶体管的体积较大,金属外壳本身就是

一个散热部件，这种封装的晶体管只有基极和发射极两只管脚，集电极就是晶体管的金属外壳，如图1-32所示。

图1-31 塑料封装大功率晶体管　　　　　图1-32 金属封装大功率晶体管

（3）塑料封装小功率晶体管　三只管脚的分布规律有多种，如图1-33所示。

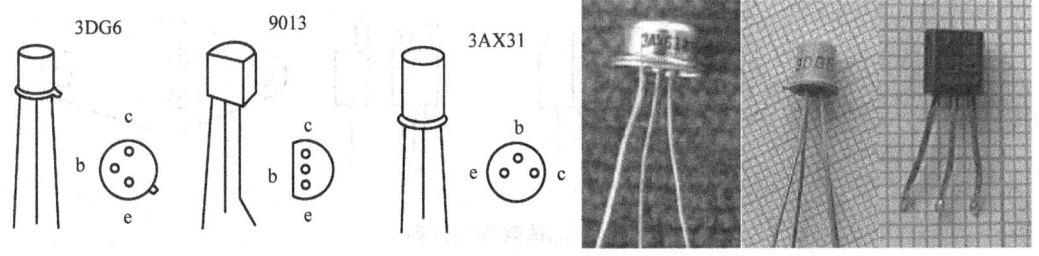

图1-33 塑料封装小功率晶体管

有些晶体管的壳顶上标有色点，作为电流放大倍数值的色点标志，为选用晶体管带来了很大的方便。其分档标志如下：

0～15～25～40～55～80～120～180～270～400～600
　棕　红　橙　黄　绿　蓝　紫　灰　白　黑

常用小功率晶体管与国内型号代换见表1-15。

表1-15 常用小功率晶体管与国内型号代换表

型号	材料与极性	f_T/MHz	国内代换	型号	材料与极性	f_T/MHz	国内代换
9011	硅NPN	370	3DG112	9016	硅NPN	620	3DG12
9012	硅PNP	—	3CK10B	9018	硅NPN	1100	3DG82A
9013	硅NPN		3DK4B	8050	硅NPN	190	3DK30B
9014	硅NPN	270	3DG6	8550	硅PNP	200	3CK30B
9015	硅PNP	190	3CG6				

4. 晶体管的检测

常用的小功率晶体管有金属外壳封装和塑料封装两种，可直接观测出三个电极e、b、c。但仍需进一步判断管型和管子的好坏，一般可用万用表的"R×100"和"R×1k"档来进行判别。

（1）晶体管管脚的识别

1）根据管脚排列规律进行识别：

① 等腰三角形排列，识别时管脚向上，使三角形正好在上半个圆内，从左角起，按顺

时针方向分别为 e、b、c。

② 在管壳外延上有一个突出部，由此突出部按顺时针方向分别为 e、b、c。

③ 个别超高频管为4脚，从突出部按顺时针方向分别为 e、b、c、d。d 与管壳相通，供高频屏蔽用。

④ 管脚为等距一字形排列，从外壳色点起，按顺序分别为 c、b、e。管脚为非等距一字形排列，管脚之间距离较远的第一只脚为 c，接下来是 b、e。

⑤ 若外壳为半圆形状，管脚一字形排列，则切面向上，管脚向里，从左到右依次为 e、b、c。

⑥ 大功率晶体管的两个引脚为 b、e，c 是基面。

晶体管各管脚排列如图 1-34 所示。

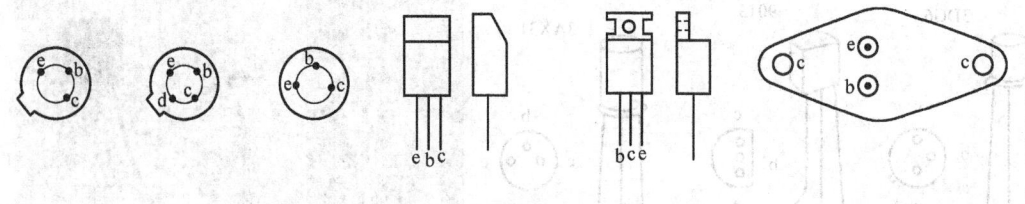

图 1-34　晶体管管脚排列

2）利用万用表进行识别：

① 基极与管型的判别。将万用表置于"R×100"或"R×1k"档，将黑表笔任接一极，红表笔分别依次接另外两极。若在两次测量中表针均偏转很大（说明管子的 PN 结已通，电阻较小），则黑表笔接的电极为 b 极，而且该管为 NPN 型；反之，将表笔对调（红表笔任接一极），重复以上操作，则也可确定红表笔接的电极为 b 极，其管型为 PNP 型。

② 发射极 e 和集电极 c 的判别。一种方法就是若已判明晶体管的基极和类型，任意设另外两个电极为 c、e。判别 c、e 时，以 PNP 型晶体管为例，将万用表红表笔接假设的 c 极，黑表笔接 e 极，用潮湿的手指捏住基极 b 和假设的集电极 c，但两极不能相碰，记下此时万用表欧姆档读数；然后调换万用表表笔，再将假设的 c、e 电极互换，重复上面步骤，比较两次测得的电阻大小。测得电阻小的那次，红表笔所接的是集电极 c，另一端是发射极 e。如果是 NPN 型管，则正好相反。另一种方法是用数字万用表的"h_{FE}"档，有放大倍数的对应的管脚是正确的，同时电流放大倍数 β 也测量出来了。

（2）管子好坏的判断　若在以上操作中无一电极满足上述现象，则说明管子已坏。也可用数字万用表的"h_{FE}"档来进行判别。当管型确定后，将晶体管插入"NPN"或"PNP"插孔，将数字万用表置于"h_{FE}"档，若 $h_{FE}(\beta)$ 值不正常（如为零或大于300），则说明管子已坏。

1.2.6　电声器件的识别与检测

电声器件通常是指能将音频电信号转换为声音信号或者将声音信号转换成音频电信号的换能器件。如扬声器就是把音频电信号转变为声音信号的电声器件，而传声器则是把声音信号转变为音频电信号的电声器件。常用的电声器件有传声器、扬声器和耳机。

1. 传声器

传声器是把声音变成与之对应的电信号的一种电声器件。传声器又叫话筒或微音器，俗称麦克风。传声器的功能是把声能变成电信号。各种传声器示意图及符号如图 1-35 所示。

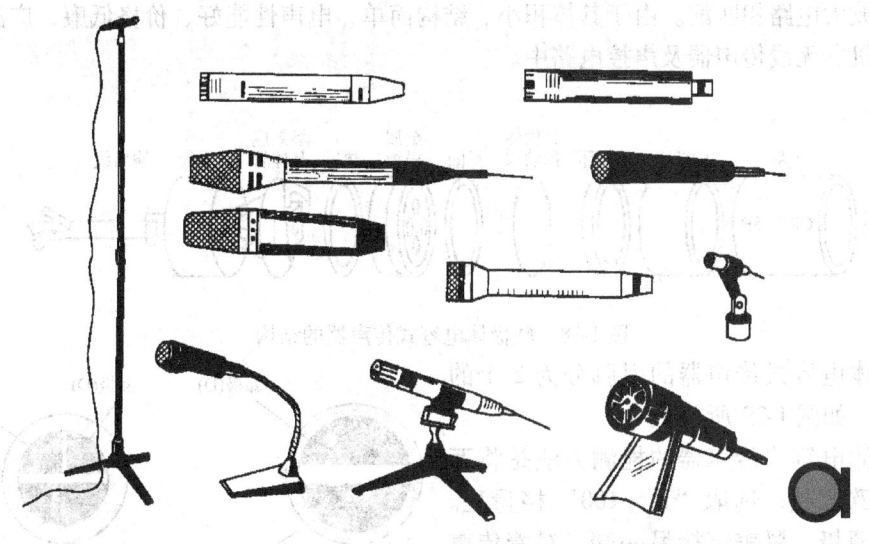

图 1-35　各种传声器示意图及符号

传声器按换能方式结构和声学工作原理分为动圈式传声器、普通电容式传声器、驻极体电容式传声器，其中动圈式和驻极体电容式传声器的应用最广泛。

（1）动圈式传声器　动圈式传声器由永久磁铁、音圈、音膜和输出变压器等组成，其结构如图 1-36 所示。当声音传到传声器膜片后，声压使传声器的音膜振动，带动音圈在磁场里前后运动，切割磁力线产生感应电动势，把感受到的声音转换为电信号。输出变压器进行阻抗变换并实现输出匹配。这种传声器有低阻（200～600Ω）和高阻（10～20kΩ）两类，以阻抗为 600Ω 的最常用，频率响应一般在 200～5000Hz。动圈式传声器结构坚固、性能稳定，由于其频率响应特性好、噪声失真度小，在录音、演讲、娱乐中应用广泛。

（2）普通电容式传声器　普通电容式传声器由一个固定电极和一个膜片组成，其结构与接线如图 1-37 所示。声压使膜片振动引起电容量改变，电路中充电电流随之变化，此电流在电阻上转换成电压输出。普通电容式传声器带有电源和放大器，给电容振膜提供极化电压并将微弱的电信号放大。这种传声器的频率响应好，输出阻抗极高，但结构复杂、体积大，又需要供电系统，使用不够方便，适合在对音质要求高的固定录音室内使用。

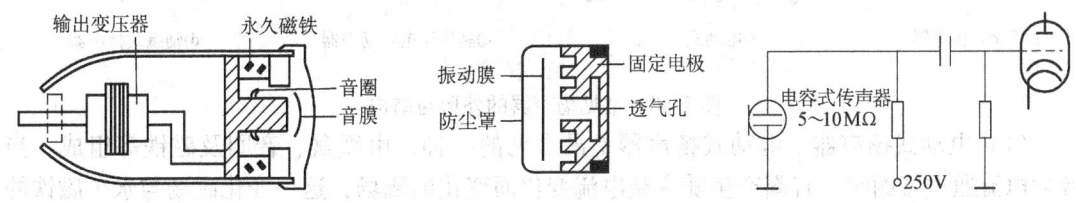

图 1-36　动圈式传声器结构图　　　　图 1-37　普通电容式传声器的结构与接线

（3）驻极体电容式传声器　驻极体电容式传声器除了具有普通电容式传声器的优良性能以外，还因为驻极体振动膜不需要外加直流极化电压就能够永久保持表面的电荷，所以结构简单、体积小、重量轻、耐振动、价格低廉、使用方便，得到广泛的应用。但驻极体电容式传声器在高温高湿的工作条件下寿命较短。这种传声器的结构如图 1-38 所示。驻极体电容的输出阻抗很高,可达到几十兆欧,所以传声器内一般用场效应晶体管进行阻抗变换,以便与音频放大电路相匹配。由于其体积小、结构简单、电声性能好、价格低廉,广泛应用于盒式录音机、无线传声器及声控电路中。

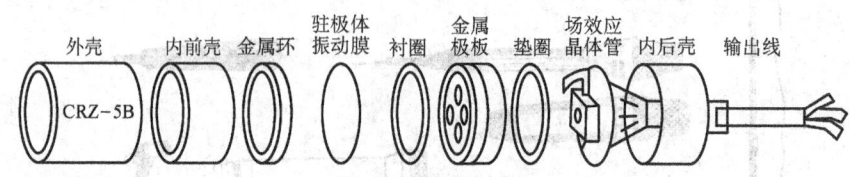

图1-38 驻极体电容式传声器的结构

驻极体电容式传声器的引脚分为2个的和3个的,如图1-39所示。

驻极体电容式传声器的检测方法是将万用表置于欧姆档,选取"R×100"档量程。红表笔接源极,黑表笔接另一端。对着传声器吹气,如果质量好,万用表的指针应摆动。比较同类传声器,摆动幅度越大,传声器灵敏度也越高。在吹气时指针不动或用劲吹气时指针才有微小摆动,则表明传声器已经失效或灵敏度很低。

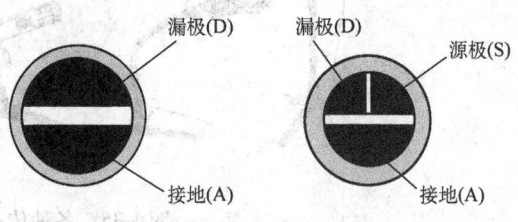

图1-39 驻极体电容式传声器的引脚

2. 扬声器

扬声器俗称为喇叭,也是一种电声转换器件,它将模拟的语音电信号转化成声波,是收音机、录音机、电视机和音响设备中的重要器件,它的质量直接影响着音质和音响效果。扬声器的种类很多,现在多见的是电动式、励磁式和晶体压电式扬声器,图1-40是常见扬声器的外形与结构。

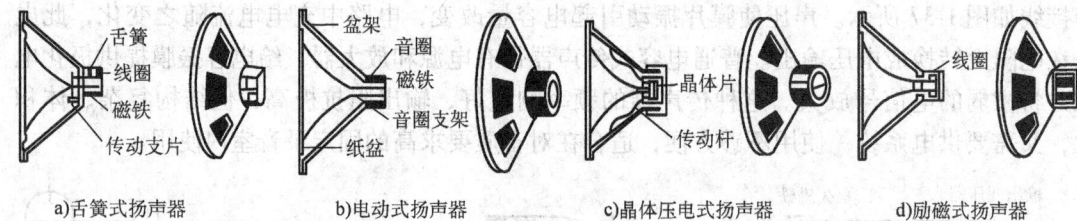

a)舌簧式扬声器　　b)电动式扬声器　　c)晶体压电式扬声器　　d)励磁式扬声器

图1-40 常见扬声器的外形与结构

(1)电动式扬声器 电动式扬声器是最常见的一种,由纸盆、音圈及磁铁等组成。当音频电流通过音圈时,音圈产生随音频电流变化而变化的磁场,这一变化磁场与永久磁铁的磁场发生相吸或相斥作用,导致音圈产生机械运动并带动纸盆振动,从而发出声音。电动式扬声器的结构如图1-41所示。电动式扬声器的频率响应宽、结构简单、经济,是使用最广泛的一种扬声器。

1)号筒式扬声器:号筒式扬声器转换率高、低频响应差,号筒式扬声器的外形及结构如图1-42所示。

2）球顶扬声器：球顶扬声器是电动式扬声器的代表，用途最为广泛。球顶扬声器的外形及结构如图1-43所示。

图1-41　电动式扬声器的结构

图1-42　号筒式扬声器的外形及结构

3）平板扬声器：平板扬声器结构简单，应用也比较广泛。平板扬声器的外形及结构如图1-44所示。

（2）压电陶瓷扬声器　压电陶瓷扬声器也叫蜂鸣器，它由两块圆形金属片及压电陶瓷片构成。压电陶瓷片随两端所加交变电压产生机械振动的性质叫做压电效应，为压电陶瓷片配上纸盆就能制成压电陶瓷扬声器。这种扬声器的特点是体积小、厚度薄、重量轻，但频率特性差、输出功率小。压电陶瓷扬声器广泛用于电子产品中输出音频提示、报警信号，如电话、门铃、报警器电路中的发声器件。

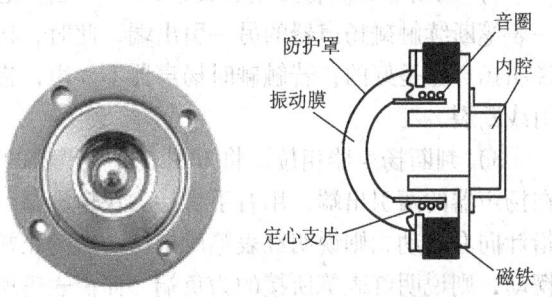

图1-43　球顶扬声器的外形及结构

（3）耳机和耳塞　耳机和耳塞在电子产品的放音系统中代替扬声器播放声音，是一种小型的电声器件，它可以把音频电信号转换成声音信号。常用的耳机和耳塞按结构分为两类，一类是电磁式，另一类是动圈式。耳塞体积小，携带方便，一般应用在袖珍收、放音机中。耳机的音膜面积较大，能够还原的音域较宽，音质、音色更好一些，一般价格也比耳塞更贵。常用耳机和耳塞的外形如图1-45所示。

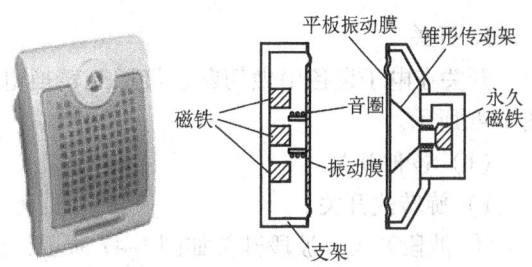

图1-44　平板扬声器的外形及结构

耳机的特点是左、右声道的相互干扰小，其电声性能指标明显优于扬声器，输出声音信号的失真很小，使用不受场所、环境的影响；缺点是长时间使用耳机收听，会造成耳鸣、耳痛的情况，且只限于单人使用。

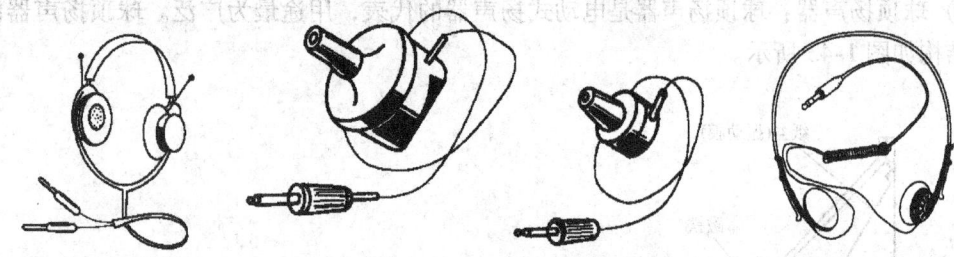

图 1-45 常用耳机和耳塞的外形

(4) 扬声器的检测

1) 估测扬声器阻抗。一般在扬声器磁体的标牌上都标有阻抗值,但有时也可能遇到标记不清或标记脱落的情况。因为一般电动扬声器的实测电阻值约为其标称阻抗的 80%~90%,可将万用表置"R×1"档,测出扬声器音圈的直流电阻 R,然后用估算公式 $Z = 1.17R$,即可估算出扬声器的阻抗。例如测得一只无标记扬声器的直流电阻为 6.8Ω,则阻抗 $Z = 1.17 \times 6.8Ω = 8Ω$。

2) 判断好坏。将万用表置"R×1"档,把任一表笔与扬声器的任一引出端相接,用另一表笔断续触碰扬声器的另一引出端,此时,扬声器应发出"喀喀"声,指针也相应摆动,说明扬声器是好的;若触碰时扬声器不发声,指针也不摆动,则说明扬声器内部音圈断路或引线断裂。

3) 判断扬声器相位。将万用表置于最低的直流电流档,用左手持红、黑表笔分别跨接在扬声器的两引出端,用右手食指尖快速地弹一下纸盆,同时仔细观察指针的摆动方向。若指针向右摆动,则说明红表笔所接的一端为正端,而黑表笔所接的一端为负端;若指针向左摆动,则说明红表笔所接的为负端,而黑表笔所接的为正端。

1.2.7 开关、接插件的识别与检测

1. 开关

开关在电子设备中做切断、接通或转换电路用,常用的各种开关的电路符号及外形如图 1-46 所示。

(1) 各种开关

1) 旋转式开关。

① 波段开关。波段开关如图 1-47 所示,分为大、中、小型三种。波段开关靠切入或咬合实现触点的闭合,可有多刀位、多层型等不同规格,绝缘基体有纸质、瓷质或玻璃布环氧树脂板等几种。旋转波段开关的中轴,带动各层的触点联动,同时接通或切断电路。波段开关的额定工作电流一般为 0.05~0.3A,额定工作电压为 50~300V。

② 刷形开关。刷形开关如图 1-48 所示,它靠多层簧片实现触点的摩擦接触,额定工作电流可达 1A 以上,也可分为多刀位、多层型等不同规格。

2) 按动式开关。

① 按钮开关。按钮开关如图 1-49 所示,分为大、小型,形状多为圆柱体或长方体,其结构主要有簧片式、组合式、带指示灯和不带指示灯的几种。按下或松开按钮开关,电路则接通或断开,常用于控制电子设备中的电源或交流接触器。

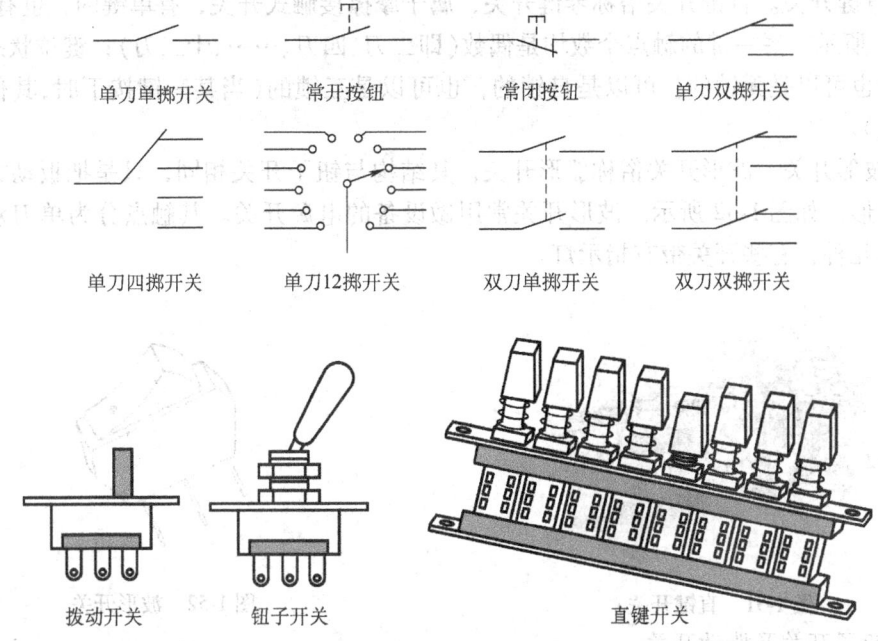

图 1-46 常用的各种开关的电路符号及外形

图 1-47 波段开关

图 1-48 刷形开关

② 键盘开关。键盘开关如图 1-50 所示，多用于计算机(或计算器)中数字式电信号的快速通断。键盘有数码键、字母键、符号键及功能键，或是它们的组合。触点的接触形式有簧片式、导电橡胶式和电容式等多种。

图 1-49 按钮开关

图 1-50 键盘开关

③ 直键开关。直键开关俗称琴键开关,属于摩擦接触式开关,有单键的,也有多键的,如图 1-51 所示。每一键的触点个数均是偶数(即二刀、四刀、……、十二刀);键位状态可以是锁定的,也可以是无锁的;可以是自锁的,也可以是互锁的(当某一键按下时,其他键就会弹开复位)。

④ 波形开关。波形开关俗称船形开关,其结构与钮子开关相同,只是把扳动方式的钮柄换成波形,如图 1-52 所示。波形开关常用做设备的电源开关。其触点分为单刀双掷和双刀双掷等几种,有些开关带有指示灯。

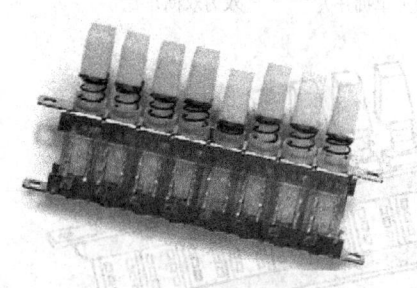

图 1-51 直键开关

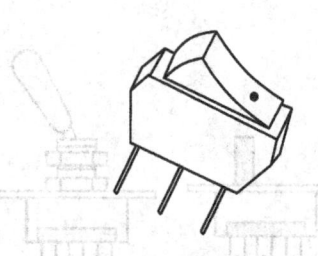

图 1-52 波形开关

3) 钮子开关及拨动开关。

① 钮子开关。钮子开关如图 1-53 所示,钮子开关是电子设备中最常用的一种开关,有大、中、小型和超小型等多种,触点有单刀、双刀及三刀等几种,接通状态有单掷和双掷两种,额定工作电压一般为 250V,额定工作电流在 0.5~5A 范围内有多种类型。

② 拨动开关。拨动开关如图 1-54 所示,一般是水平滑动式换位,切入咬合式接触,常用于计算器、收录机等民用电子产品中。

图 1-53 钮子开关

图 1-54 拨动开关

(2) 开关件的检测

1) 机械开关的检测。使用万用表的欧姆档对开关的绝缘电阻和接触电阻进行测量。若测得绝缘电阻小于几百千欧时,则说明此开关存在漏电现象;若测得接触电阻大于 0.5Ω,则说明此开关存在接触不良的故障。

2) 电磁开关的检测。使用万用表的欧姆档对开关的线圈、开关的绝缘电阻和接触电阻进行测量。继电器的线圈电阻一般在几十欧至几千欧之间,其绝缘电阻和接触电阻与机械开关基本相同。

3) 电子开关的检测。通过检测二极管的单向导电性和晶体管的好坏来初步判断电子开关的好坏。

2. 接插件

接插件又称连接器，它是用在机器与机器之间、电路板与电路板之间、元器件与电路板之间进行电气连接的器件。

接插件的种类很多，按其工作频率不同分为低频接插件和高频接插件，按照外形结构特征分为音视频接插件、直流电源接插件、圆形接插件、矩形接插件、印制电路板接插件、同轴接插件及带状电缆接插件等。

（1）音视频接插件　这种接插件也称 AV 连接器，用于连接各种音响设备、摄录像设备、视频播放设备，传输音频、视频信号。音视频接插件有很多种，常见的有耳机/传声器插头、插座和莲花插头、插座。

耳机/传声器插头、插座比较小，常用来连接便携式、袖珍型音响电子产品，如图 1-55a 所示。插头直径 $\phi2.5mm$ 的用于微型收录机耳机，$\phi3.5mm$ 的用于计算机多媒体系统输入/输出音频信号，$\phi6.35mm$ 的用于台式音响设备，大多是话筒插头。这种接插件的额定电压为 30V，额定电流为 30mA，不宜用来连接电源。一般使用屏蔽线作为音频信号线与插头连接，可以传送单声道或双声道信号。

莲花插头、插座也叫同心连接器，它的尺寸要大一些，如图 1-55b 所示。插座常被安装在声像设备的后面板上，插头用屏蔽线连接，传输音频和视频信号。选用视频屏蔽线要注意导线的传输阻抗与设备的传输阻抗相匹配。这种接插件的额定电压为 50V（AC），额定电流为 0.5A，插拔次数约 100 次。

a) 耳机/传声器插头、插座

b) 莲花插头、插座

图 1-55　音视频接插件

（2）直流电源接插件　如图 1-56 所示，这种接插件用于连接小型电子产品的便携式直流电源，例如"随身听"收录机（Walkman）的小电源和笔记本电脑的电源适配器（AC Adaptor）都

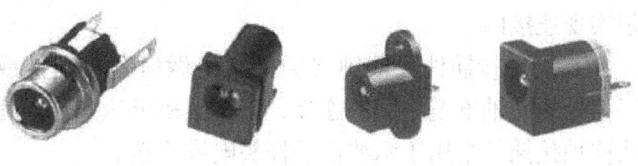

图 1-56　直流电源接插件

是使用这类接插件连接。插头的额定电流一般为 2~5A，尺寸有三种规格，外圆直径×内孔直径为 3.4mm×1.3mm、5.5mm×2.1mm、5.5mm×2.5mm。

（3）圆形接插件　圆形接插件的插头是圆筒状外形，插座焊接在印制电路板上或紧固在金属机箱上，插头与插座之间有插接和螺纹联接两类连接方式，广泛用于系统内各种设备之间的电气连接。插接方式的圆形接插件用于插拔次数较多、连接点数量少且电流不超过

1A 的电路连接，常见的台式计算机键盘、鼠标插头（PS/2 端口）就属于这一种。螺纹联接方式的圆形接插件俗称航空插头、插座，如图 1-57 所示。它有一个标准的螺旋锁紧机构，特点是接点多、插拔力较大、连通电流大、连接较方便、抗振性极好，容易实现防水密封及电磁屏蔽等特殊要求。

（4）矩形接插件 矩形接插件如图 1-58 所示。矩形接插件的体积较大，电流容量也较大，并且矩形排列能够充分利用空间，所以这种接插件被广泛用于印制电路板上安培级电流信号的互相连接。有些矩形接插件带有金属外壳及锁紧装置，可以用于机外的电缆之间和电路板与面板之间的电气连接。

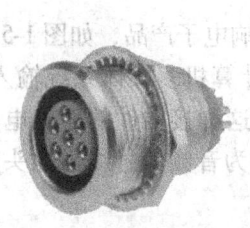

图 1-57 圆形接插件

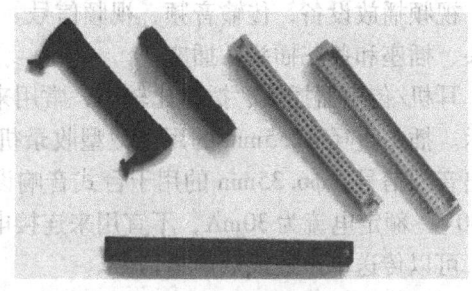

图 1-58 矩形接插件

（5）印制电路板接插件 印制电路板接插件如图 1-59 所示，常用于印制电路板之间的直接连接，外形是长条形，结构有直接型、绕接型、间接型等。插头由印制电路板（"子"板）边缘上镀金的排状铜箔条（俗称"金手指"）构成；插座焊接在"母"板上。"子"板上的插头插入"母"板上的插座，就连接了两个电路。印制电路板插座的型号很多，主要规格有排数（单排、双排）、针数（引线数目，从 7 线到近 200 线不等）、针间距（相邻触点簧片之间的距离）以及有无定位装置、有无锁定装置等。从台式计算机的主板上最容易

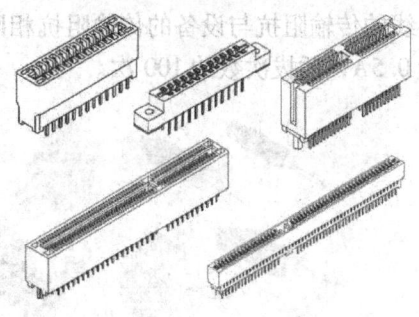

图 1-59 印制电路板接插件

见到符合不同的总线规范的印制电路板插座，用户选择的显卡、声卡等就是通过这种插座与主板实现连接的。

（6）同轴接插件 同轴接插件又叫做射频接插件或微波接插件，用于传输射频信号、数字信号的同轴电缆之间的连接，工作频率可达到数千兆赫以上，如图 1-60 所示。Q9 型卡口式同轴接插件常用于示波器的探头电缆连接。

（7）带状电缆接插件 带状电缆是一种扁平电缆，从外观看像是几十根塑料导线并排粘合在一起。带状电缆占用空间小，轻巧柔韧，布线方便，不易混淆。带状电缆插头是电缆两端的连接器，它与电缆的连接不用焊接，而是靠压力使连接端内的刀口刺破电缆的绝缘层实现电气连接，工艺简单可靠，如图 1-61 所示。带状电缆插座直接装配焊接在印制电路板上。

带状电缆接插件用于低电压、小电流的场合，能够可靠地同时传输几路到几十路数字信号，但不适合用在高频电路中。在高密度的印制电路板之间已经越来越多地使用带状电缆接

图 1-60 同轴接插件

插件,特别是在微型计算机中,主板与硬盘、软盘驱动器等外部设备之间的电气连接几乎全部使用这种接插件。

(8) 插针式接插件 插针式接插件常见的有两类,如图 1-62 所示。图 1-62a 为民用消费电子产品常用的插针式接插件,插座可以装配焊接在印制电路板上,插头压接(或焊接)导线,连接印制电路板外部的电路部件。例如,电视机里可以使用这种接插件连接开关电源、偏转线圈和视放输出电路。图 1-62b 所示接插件为数字电路常用,插头、插座分别装配焊接在两块印制电路板上,用来连接两者。这种接插件比标准的印制电路板体积小,连接更加灵活。

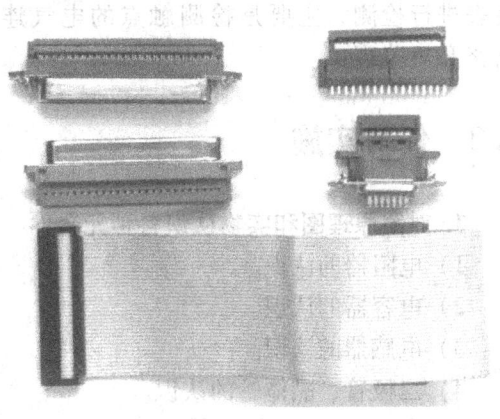

图 1-61 带状电缆接插件

(9) D 形接插件 这种接插件的端面很像

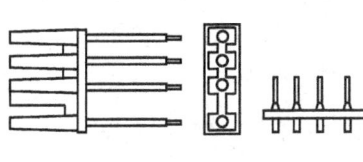

a)

b)

图 1-62 插针式接插件

字母 D,具有非对称定位和连接锁紧机构,如图 1-63 所示。常见的接点数有 9、15、25、37 等几种,连接可靠,定位准确,用于电气设备之间的连接。典型的应用有计算机的 RS-232 串行数据接口和 LPT 并行数据接口(打印机接口)。

(10) 条形接插件 条形接插件如图 1-64 所示,广泛应用于印制电路板与导线的连接。接插件的插针间距有 2.54mm(额定电流为 1.2A)和 3.96mm(额定电流为 3A)两种,工作电压为 250V,接触电阻约为 0.01Ω。插座焊接在电路板上,导线压接在插头上,压接质量对连接可靠性的影响很大。这种接插件插拔次数约为 30 次。

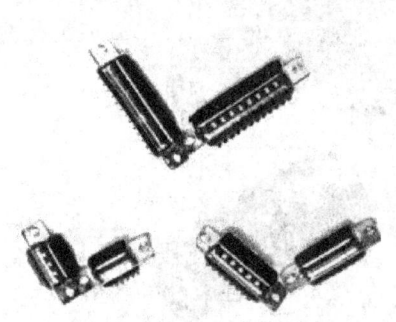 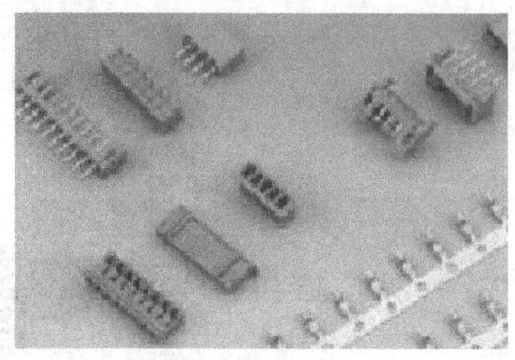

图1-63　D形接插件　　　　　　　　　图1-64　条形接插件

（11）接插件的检测　对接插件的检测，一般采用外表直观检查和万用表测量检查两种方法。通常的做法是先进行外表直观检查，看有无机械损坏和变形；然后再用万用表进行检测，主要是检测触点的电气连接是否可靠，接触点的表面是否清洁，有无断路和短路现象。

1.3　任务实施

1. 对照原理图和实物认识各种元器件

1）电阻器的认识。
2）电容器的认识。
3）电感器的认识。
4）二极管、晶体管的认识。
5）电声器件、接插件的认识。

2. 用万用表检测各种元器件

1）电阻器的检测。
2）电容器的检测。
3）电感器的检测。
4）二极管、晶体管的检测。
5）电声器件、接插件的检测。

1.4　相关知识

1.4.1　继电器

从广义的角度说，继电器是一种由电、磁、声、光、热等输入物理参量控制的开关，当输入量（电、磁、声、光、热）达到一定值时，输出量将发生跳跃变化而接通或断开控制电路，实现自动控制和保护。继电器起到操作、调节、安全保护及监督设备工作状态等作用，外形如图1-65所示。

继电器的种类很多，常用的有电磁继电器、舌簧继电器和固态继电器。

1. 电磁继电器

电磁继电器是各种继电器中应用最广泛的一种，它以电磁系统为主体，是用小电流控制大电流的低压电器，分直流和交流两大类。电磁继电器结构示意图如图1-66所示。

电磁继电器一般由铁心、线圈、衔铁、触点、板簧等部分组成。当继

图1-65 继电器的外形

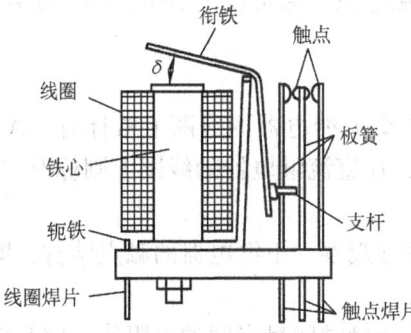

图1-66 电磁继电器结构示意图

电器线圈通过电流时，在铁心、轭铁、衔铁和工作气隙δ中形成磁通回路，使衔铁受到电磁力的作用被吸向铁心，此时衔铁带动支杆将板簧推开，断开常闭触点（或接通常开触点）。当切断继电器线圈的电流时，电磁力消失，衔铁在板簧的作用下恢复至原位，触点又闭合。

电磁继电器的特点是触点接触电阻小，结构简单，工作可靠；缺点是动作时间较长，触点寿命较短，体积较大。

2. 舌簧继电器

舌簧继电器是一种结构新颖、简单的小型继电器，其结构示意图如图1-67所示。常见的有干簧继电器和湿簧继电器两类。它们具有动作速度快、工作稳定、寿命长以及体积小等优点。

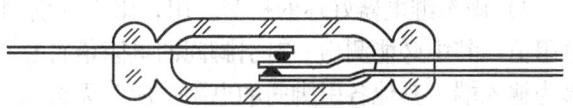

图1-67 舌簧继电器结构示意图

3. 固态继电器

固态继电器是由固体电子元器件组成的无触点开关，简称SSR（Solid State Relay）。它是能将电子控制电路和电气执行电路进行良好电隔离的功率开关器件，一般为四端有源器件，其中有两个输入控制端，两个输出端，输入端与输出端之间有一个光耦合隔离器件，只要在输入端加上直流或脉冲信号，输出端就能进行开关的通断转换，实现了类似电磁继电器的功能。

按使用场合不同，固态继电器（SSR）可以分为交流型和直流型两大类，它们的外形如图1-68所示。固态继电器并不属于机电器件，但它能在很多应用场合作为一种高性能的继电器替代品。对被控电路优异独特的通断能力和显著延长的工作寿命，让它的使用范围迅速从继电器的范畴扩大到电源开关的范畴，即直接利用它控制灵活、工作可靠、防爆耐振、无声运行等特点来通断电气设备中的电源。

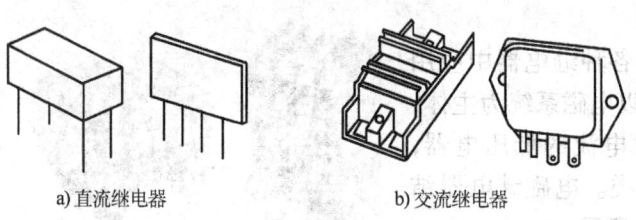

a) 直流继电器　　　　　　b) 交流继电器

图 1-68　固态继电器的外形

4. 继电器检测

对继电器的检测主要是测量触点接触电阻、测量线圈电阻、测量吸合电压和吸合电流、测量释放电压和释放电流。

（1）电磁继电器的检测

1）判别交流或直流电磁继电器。在交流继电器的线圈上常标有"AC"字样，并且在其铁心顶端，都嵌有一个铜制的短路环；在直流继电器的线圈上则标有"DC"字样，其铁心顶端没有铜环。

2）判别触点的数量和类别。只要仔细观察一下继电器的触点结构，即可知道该继电器有几对触点。

3）测量触点接触电阻。用万用表先测量常闭触点间的电阻值，应为零，常开触点间的电阻值应为无穷大。然后，按下衔铁，动静触点应转换正常，且接触点间电阻为零。

4）测量线圈电阻。根据继电器标称的直流电阻值，用万用表直接测量继电器线圈的两引脚，看是否符合继电器标称的直流电阻值，如果有开路现象，看是否有线头开焊。

（2）固态继电器（SSR）的检测

1）输入、输出端的判别。交流固态继电器的输入端一般标有"＋"、"－"字样，而输出端则不分正、负。直流固态继电器的输入端和输出端均标有"＋"、"－"，并注有"DC输入"、"DC输出"字样。

2）固态继电器好坏的检测。用万用表分别测量交流固态继电器四个引脚间的正、反向电阻值，其中必能测出一对引脚间的电阻值符合正向导通、反向截止，据此可判断这两个引脚为输入端，其他各引脚间的电阻值应为无穷大。对于直流固态继电器，输入端和输出端电阻值均应符合正向导通、反向截止，而输入端和输出端间阻值应为无穷大。

1.4.2　各种特殊二极管的识别与检测

1. 发光二极管（LED）

与普通二极管一样，发光二极管也具有一个单向导电的 PN 结，只要通过正向电流，发光二极管就发光，将电能转换成光能。发光颜色以红、绿、黄、橙、蓝等单色为主，也有一些能发出双色或三色光的发光二极管。发光二极管具有体积小、工作电压低、工作电流小、发光均匀稳定、响应速度快以及使用寿命长等特点，广泛应用于收音机、电视机、音响设备及有关仪器仪表中。交通红绿灯采用的即为高亮度发光二极管。

发光二极管的检测方法与普通二极管的相似，只是正向导通压降比普通二极管的高，一般在 1.8~2.2V 之间。用指针式万用表检测无法使二极管导通发光，可用数字万用表的二极管测量档位，正向测量应导通发光，万用表显示导通压降在 1.8V 左右，反向测量应开路。新的发光二极管引脚长的一端为正极，短的一端为负极，如图1-69所示。

2. 光敏二极管（PD）

光敏二极管是一种光电转换器件，其结构与普通二极管类似，只是在接收光照的部分加上了一个透明窗口。光敏二极管一般工作在反偏状态，当光敏二极管加上反向电压时，管子的反向电流将随光照强度的改变而改变，且光照强度越大，反向电流越大。光敏二极管广泛用于红外遥控接收、光纤通信、光电转换仪器等方面。

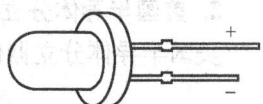

图1-69　发光二极管

3. 激光二极管（LD）

激光二极管是一种能将电能转换成激光束的器件，是由铝砷化镓材料制成的半导体，它是激光影音设备中不可缺少的重要器件。条形码阅读器、激光打印机、CD机、VCD机、DVD机以及计算机CD驱动器中的激光头就是由激光二极管构成的，但为便于控制激光二极管的功率，其内部还设置了光敏二极管。激光二极管的额定功率是3～5W。

1.4.3　半导体分立器件的命名

1. 国产半导体分立器件的命名

按照国家标准规定，国产半导体分立器件的型号命名见表1-16。

表1-16　国产半导体分立器件的型号命名

第一部分		第二部分		第三部分		第四部分	第五部分
用阿拉伯数字表示器件的电极数目		用汉语拼音字母表示器件的材料和极性		用汉语拼音字母表示器件的类别		用阿拉伯数字表示序号	用汉语拼音字母表示规格号
符号	意义	符号	意义	符号	意义		
2	二极管	A	N型，锗材料	P	小信号管		
		B	P型，锗材料	V	混频检波管		
		C	N型，硅材料	W	电压调整管和电压基准管		
		D	P型，硅材料	C	变容管		
3	三极管	A	PNP型，锗材料	Z	整流管		
		B	NPN型，锗材料	L	整流堆		
		C	PNP型，硅材料	S	隧道管		
		D	NPN型，硅材料	K	开关管		
		E	化合物材料	X	低频小功率晶体管 ($f_a<3\text{MHz}, P_C<1\text{W}$)		
				U	光电器件		
				G	高频小功率晶体管 ($f_a\geq3\text{MHz}, P_C<1\text{W}$)		
				D	低频大功率晶体管 ($f_a<3\text{MHz}, P_C\geq1\text{W}$)		
				A	高频大功率晶体管 ($f_a\geq3\text{MHz}, P_C\geq1\text{W}$)		
				T	闸流管		
				Y	体效应管		
				B	雪崩管		
				J	阶跃恢复管		

2. 美国半导体分立器件的型号命名

美国半导体分立器件的型号命名见表1-17。

表1-17　美国半导体分立器件的型号命名

第一部分		第二部分		第三部分		第四部分		第五部分	
用符号表示器件的类别		用数字表示PN结的数目		登记标志		用多位数字表示登记号		用字母表示器件分档	
符号	意义	符号	意义	符号	意义	符号	意义	符号	意义
JAN 或 J	军用品	1	二极管	N	已经在美国电子工业协会（EIA）注册登记		在美国电子工业协会的注册登记号		同一型号的不同档次
		2	晶体管						
		3	3个PN结器件						
—	非军用品	n	n个PN结器件						

例如1N 4007，1表示二极管，N表示已经在美国电子工业协会（EIA）注册登记，4007表示在美国电子工业协会的注册登记号。

3. 日本半导体分立器件的型号命名

日本半导体分立器件的型号命名见表1-18。

表1-18　日本半导体分立器件的型号命名

第一部分		第二部分		第三部分		第四部分		第五部分	
用数字表示器件的有效电极数目或类型		注册标志		用字母表示器件的使用材料及类别		用多位数字表示登记号		用字母表示改进型标志	
符号	意义	符号	意义	符号	意义	符号	意义	符号	意义
0	光敏二极管或晶体管或包括上述器件的组合管	S	已经在日本电子工业协会（JEIA）注册登记的半导体器件	A	PNP型高频晶体管		此器件在日本电子工业协会的注册登记号，不同厂家生产的性能相同的器件可以使用同一登记号		此器件是原型号产品的改进型
				B	PNP型低频晶体管				
				C	NPN型高频晶体管				
1	二极管			D	NPN型低频晶体管				
2	晶体管或具有三个电极的器件			E	P型门极晶闸管				
				G	N型门极晶闸管				
3	具有四个有效电极的器件			H	基极单结晶体管				
				J	P型沟道场效应晶体管				
n−1	具有n个有效电极的器件			K					
				M	N型沟道场效应晶体管				
					双向晶闸管				

例如2SC58，2表示晶体管，S表示日本电子工业协会（JEIA）的注册产品，C表示NPN型高频晶体管，58表示JEIA登记号。

4. 欧洲半导体分立器件的型号命名

欧洲半导体分立器件的型号命名见表1-19。

表1-19 欧洲半导体分立器件的型号命名

第一部分		第二部分		第三部分		第四部分
用字母表示材料		用字母表示类型及主要特性		用数字或字母加数字表示登记号		用字母对同一型号分档
符号	意义	符号	意义	符号	意义	意义
A	锗材料,禁带 0.6~1.0eV	A	检波、开关、混频二极管	三位数字	通用半导体器件的登记号	同一型号的半导体器件按某个参数分档
		B	变容二极管			
		C	低频小功率晶体管($R_{Tj}>15℃/W$)			
B	硅材料,禁带 1.0~1.3eV	D	低频大功率晶体管($R_{Tj}≤15℃/W$)			
		E	隧道二极管			
		F	高频小功率晶体管($R_{Tj}>15℃/W$)	字母加两位数字	专用半导体器件的登记号	
C	砷化镓材料,禁带>1.3eV	G	复合器件及其他器件			
		H	磁敏二极管			
		K	开放磁路中的霍尔器件			
D	锑化铟材料,禁带<1.3eV	L	高频大功率晶体管($R_{Tj}≤15℃/W$)			
		M	封闭磁路中的霍尔器件			
		P	光敏器件			
R	复合材料	Q	发光器件			
		R	小功率晶闸管($R_{Tj}>15℃/W$)			
		S	小功率开关管($R_{Tj}>15℃/W$)			
		T	大功率晶闸管($R_{Tj}>15℃/W$)			
		U	大功率开关管($R_{Tj}>15℃/W$)			
		X	倍增二极管			
		Y	整流二极管			
		Z	稳压二极管			

例如BZY88C,B表示硅材料,Z表示稳压二极管,Y88表示专用半导体器件登记号,C表示允许误差为±5%;又如BU208,B表示硅材料,U表示大功率开关管,208表示通用半导体器件登记号;又如BC87表示硅低频小功率晶体管,器件登记号为87。

1.4.4 场效应晶体管

1. 认识场效应晶体管

场效应晶体管简称场效应管(FET),又称单极型晶体管,是利用电场效应来控制PN结中载流子的运动,从而实现用电压控制电流的半导体器件。它有三个极,分别为栅极(G)、源极(S)及漏极(D)。场效应晶体管的特点是输入电阻很高(10^7~$10^{15}Ω$)、噪声低、功耗小、温度稳定性好、动态范围大、易于集成,特别适用于要求高灵敏度和低噪声的电路。场效应晶体管和晶体管一样都能实现信号的控制和放大,在某些特殊应用方面,场效应晶体管优于晶体管,是晶体管所无法替代的。场效应晶体管主要应用于数字电路、通信设备和仪器仪表等方面,作为混频、开关、阻抗变换等重要器件。

(1) 场效应晶体管的分类 根据不同的材料、结构和导电沟道,可分为结型场效应晶体管(JFET)和绝缘栅型场效应晶体管(MOS)两大类。

结型场效应晶体管(JFET)是利用PN结之间形成的耗尽区的宽窄控制导电沟道,以实现对电流的控制。结型场效应晶体管又分为N沟道和P沟道。结型场效应晶体管的符号如图1-70所示。

绝缘栅型场效应晶体管(MOS)是利用覆盖在P型或N型半导体上面的金属栅极(两者之间用氧化物绝缘)来控制导电沟道,以实现对电流的控制,故又称为金属氧化物半导体场效应晶体管,简称MOS管。绝缘栅型场效应晶体管可分为N沟道耗尽型、N沟道增强型、P沟道耗尽型、P沟道增强型四种。对于MOS管,则要多出一个衬底B的管脚,通常它与源极接在一起。绝缘栅型场效应晶体管的符号如图1-71所示。

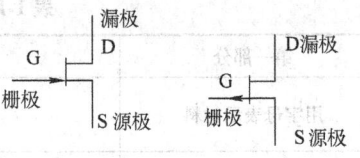

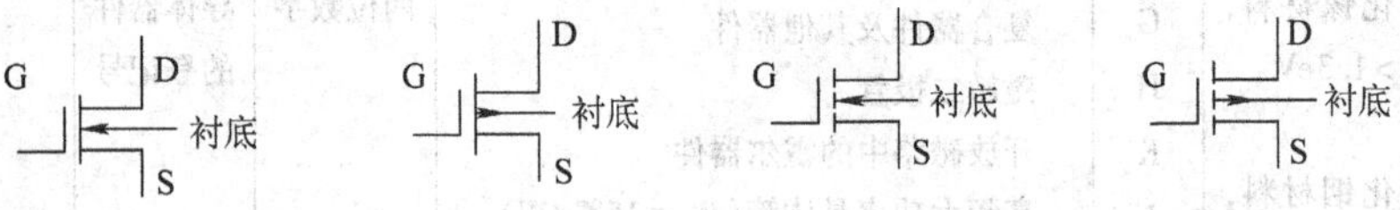

图1-70 结型场效应晶体管的符号

a) N沟道耗尽型　　b) P沟道耗尽型　　c) N沟道增强型　　d) P沟道增强型

图1-71 绝缘栅型场效应晶体管的符号

(2) 场效应晶体管的型号命名方法　第一种命名方法与双极型晶体管相同。第一位字母代表电极个数,用3表示;第二位字母代表材料,D是P型硅N沟道;C是N型硅P沟道;第三位字母J代表结型场效应晶体管,O代表绝缘栅型场效应晶体管。例如3DJ6D是结型N沟道场效应晶体管,3DO6C是绝缘栅型N沟道场效应晶体管。

第二种命名方法是CS××#,同国产半导体分立器件的型号命名方法。CS代表场效应晶体管,××以数字代表型号的序号,#用字母代表同一型号中的不同规格。

(3) 常见场效应晶体管

1) 小功率场效应晶体管。小功率场效应晶体管具有输入阻抗极高、驱动电流小、噪声低等特点,适用于前置电压放大电路、阻抗变换电路、振荡电路及高速开关电路。

2) 双栅场效应晶体管。双栅场效应晶体管有一个源极、一个漏极和两个栅极,其中两个栅极是相互独立的,使得它们可以用做高频放大器、混频器、解调器及增益控制放大器等。

2. 场效应晶体管的检测

(1) 判别结型场效应晶体管的电极　根据场效应晶体管的PN结正、反向电阻值不一样的特点,可以判别出结型场效应晶体管的三个电极。具体方法如下。

1) 选择万用表的欧姆档,量程选用"R×1k"档位,任选两个电极,分别测出其正、反向电阻值。当某两个电极的正、反向电阻值相等,且为几千欧姆时,则这两个电极分别是漏极D和源极S。因为对结型场效应晶体管而言,漏极和源极可互换,剩下的电极肯定是栅极G。

2) 选择万用表的欧姆档,量程选用"R×1k"档位,将万用表的黑表笔(红表笔也行)任意接触一个电极,另一只表笔依次去接触其余两个电极,测其电阻值。当出现两次测得的电阻值近似相等时,则黑表笔所接触的电极为栅极,其余两个电极分别为漏极和源极。

若两次测出的电阻值均很大,则说明是PN结反向,即都是反向电阻,可以判定是N沟道场效应晶体管,且黑表笔接的是栅极;若两次测出的电阻值均很小,则说明是 PN 结正向,即都是正向电阻,可以判定为 P 沟道场效应晶体管,黑表笔接的也是栅极。

(2) 判别场效应晶体管的好坏 用测电阻法来测量场效应晶体管的源极与漏极、栅极与源极、栅极与漏极、栅极 G_1 与栅极 G_2 之间的电阻值,同场效应晶体管手册标明的电阻值比较看是否相符来判别场效应晶体管的好坏。

具体方法为选择万用表的欧姆档,量程选用"R×10"或"R×100"档位,将万用表的两个表笔接触源极和漏极,测量源极 S 与漏极 D 之间的电阻。测出的阻值通常在几十欧到几千欧范围内(从手册中可知,各种不同型号的场效应晶体管,其电阻值是不相同的)。如果测得阻值大于正常值,则可能是由于内部接触不良;如果测得阻值是无穷大,则可能是内部断极。然后把万用表置于"R×10k"档,再测栅极 G_1 与栅极 G_2 之间、栅极与源极、栅极与漏极之间的电阻值。若测得各项电阻值均为无穷大,则说明场效应晶体管是正常的;若测得上述各项电阻值太小或为短路,则说明场效应晶体管是坏的。

3. 场效应晶体管的使用常识

结型场效应晶体管的栅极、源极间电压极性不能反接,否则 PN 结将正偏而不能正常工作,但可以在开路状态下保存。绝缘栅型场效应晶体管在不使用时,必须将各电极引线短接。焊接时,应将电烙铁外壳接地,以防止由于电烙铁带电而损坏管子。不允许在电源接通的情况下拆装场效应晶体管。在输入电阻较高的场合使用场效应晶体管时应采取防潮措施,以免受潮使输入电阻降低。

1.5 任务总结

1)电阻器包括固定电阻器和电位器。电阻器标志方法有直标法、文字符号法、色标法和数字标志法。电位器阻值变化规律有线性、指数式和对数式。用万用表欧姆档测量其阻值,并与标称阻值比较可判断其质量。

2)电容器的标称容量和允许误差的标志方法有直标法、文字符号法、色标法、数码法。电容器有固定电容器和可变电容器之分。电容器的质量判别可用万用表,电解电容器在使用时应注意正、负极不要接错。

3)电感器的标志方法有直标法和色标法。用万用表可以大致判断电感器的好坏。可用万用表的欧姆档测量线圈的直流电阻,若为无穷大,则说明线圈(或与引出线之间)有断路;若为零,则说明线圈被完全短路。

4)半导体分立器件各国命名方法不同,有些可以替代。二极管的单向导电性是二极管检测的理论基础;晶体管的检测一般可用万用表的欧姆档来判别基极和管型,并可以用数字万用表测量其放大倍数。场效应晶体管分结型场效应晶体管和绝缘栅型场效应晶体管两大类,是单极性电压控制器件,保存时要防静电。

5)电声器件有传声器和扬声器,对扬声器的检测可估测阻抗和听"喀喀"声判断好坏;对驻极体送话器可用吹气观察万用表指针摆动大小来判断其好坏。

6)各种开关、接插件的识别与检测,用万用表测试其两个极,通过电阻值的大小、短路及开路情况来判断其质量。

7)常用的继电器有电磁继电器、舌簧继电器和固态继电器。普通电磁继电器的检测可判别交流或直流电磁继电器，判别触点的数量和类别，测量触点接触电阻，测量线圈电阻。

1.6 练习与巩固

1. 常用电阻器有哪些类型？它们分别有哪些特点？
2. 根据标称阻值及允许误差写出下列电阻器的色环。
   （1）用四环表示：
   ① 3.6kΩ±5%　　② 47MΩ±10%
   （2）用五环表示：
   ① 820Ω±1%　　② 325kΩ±2%　　③ 1Ω±0.1%
3. 根据色环读出下列电阻器的标称阻值及允许误差。
   ① 红红棕金　　② 橙白橙银　　③ 蓝灰棕金　　④ 绿蓝黑黑绿　　⑤ 紫绿黑红棕
4. 电位器的阻值变化有哪几种形式？每种形式适用于何种场合？
5. 写出下列符号所表示的电容量。
   ① p33　　② 0.033　　③ 223　　④ 109　　⑤ 6n8
6. 电感器有何作用？怎样用万用表测量电感器的好坏？
7. 怎样对变压器进行质量检测？
8. 写出下列二极管型号的含义。
   ① 2CU52　　② 2BP102　　③ 2CK5　　④ 2DW8　　⑤ 2AW18
9. 写出下列晶体管型号的含义。
   ① 3BG201　　② 3CG15A　　③ 3AA31　　④ 3BG12　　⑤ 3DD108
10. 如何用万用表测量二极管的好坏和电极？
11. 晶体管的作用和种类有哪些？如何用万用表检测晶体管的电极、管型、放大能力及好坏？
12. 如何用万用表检测驻极体传声器的质量？
13. 怎样用万用表对扬声器进行检测？
14. 如何用万用表检测开关和接插件的好坏？

第 2 章 通孔插装元器件电子产品的手工装配焊接

2.1 任务驱动：调幅收音机的手工装配焊接

2.1.1 任务描述

电子元器件是组成电子产品的基本单元，把电子元器件牢固可靠地焊接到印制电路板上，是电子产品装配的重要环节。焊接是电子产品组装的重要工艺，焊接质量的好坏直接影响电子产品的性能。掌握焊接的基本知识和焊接的基本技能是保证焊接质量、获得性能稳定可靠的电子产品的重要前提。目前，虽然电子产品生产大都采用自动焊接技术，但在产品研制、设备维修，以及一些小规模、小型电子产品的生产中，仍广泛应用手工焊接。对于通孔插装元器件的手工焊接，更是从事电子技术工作人员所必须掌握的技能。本章通过六管超外差调幅收音机的装配焊接这一工作任务，引出通孔插装电子元器件电子产品的手工装配焊接工艺。通过六管超外差调幅收音机装配焊接任务的实施完成，使学生掌握焊接的基本理论知识和技能知识，能够熟练规范地进行通孔插装元器件的手工装配焊接，掌握手工焊接的技巧和方法。

2.1.2 任务目标

1. 知识目标

1）掌握常用导线和绝缘材料的种类和性能。
2）掌握常用焊接材料与焊接工具的特点。
3）掌握电子元器件准备工艺和导线加工处理工艺的要求。
4）掌握通孔插装元器件装配和手工焊接工艺的要求。
5）掌握焊接质量要求及焊接缺陷种类分析。

2. 技能目标

1）能正确使用工具进行导线加工和元器件成形，熟练操作元器件自动成形设备。
2）能根据装配图正确进行元器件的插装。
3）能遵守焊接安全操作规范，正确选择手工焊接工具和焊料，能进行手工焊接与拆焊，掌握焊接与拆焊技巧。

2.1.3 任务要求

1）根据印制电路板及元器件装配图对照原理图和材料清单，对已经检测好的元器件进行成形加工处理。

2）对照印制电路板及元器件装配图按照正确的装配顺序进行元器件的插装，用 20W 内热式电烙铁进行手工焊接。

3）装配焊接后进行检查，无误后装入机壳通电试机。
4）六管超外差调幅收音机的原理图和装配图：
① 1270型六管超外差调幅收音机的原理图如图2-1所示。
② 印制电路板及元器件装配图（焊接面）如图2-2所示。

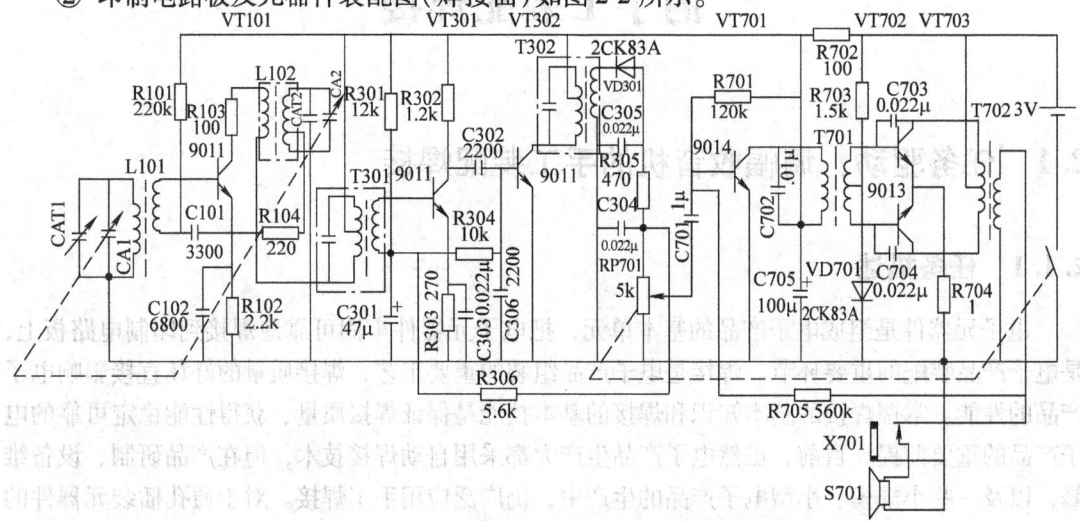

图2-1　1270型六管超外差调幅收音机的原理图

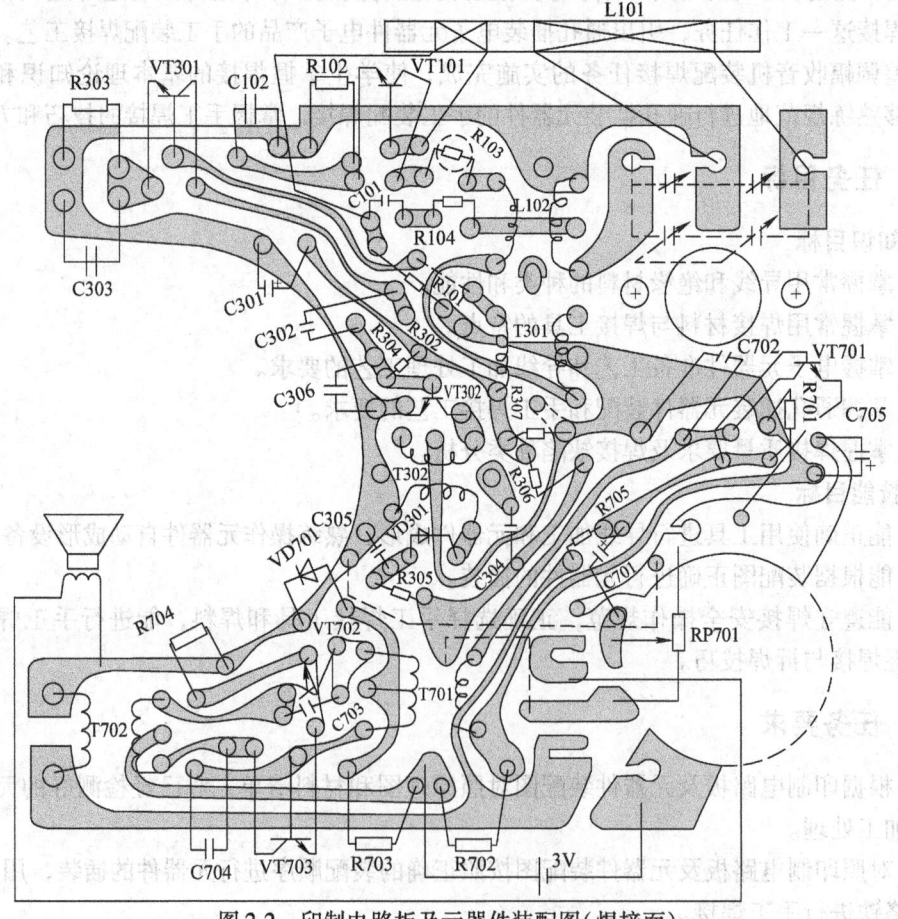

图2-2　印制电路板及元器件装配图（焊接面）

③ 材料清单见表2-1。

表 2-1 1270 型六管超外差调幅收音机的材料清单

序号	名称	规格	数量	安装位	序号	名称	规格	数量	安装位
1	电阻器	1Ω	1	R704	25	印制电路板	—	1	—
2	电阻器	100Ω	2	R103 R702	26	二极管	2CK83A	2	VD301 VD701
3	电阻器	220Ω	1	R104	27	晶体管	9011F	2	VT301 VT302
4	电阻器	270Ω	1	R303	28	晶体管	9011G	1	VT101
5	电阻器	470Ω	1	R305	29	晶体管	9013F	2	VT702 VT703
6	电阻器	1.2kΩ	1	R302	30	晶体管	9014B	1	VT701
7	电阻器	1.5kΩ	1	R703	31	振荡线圈	MLL 70—1 红	1	L102
8	电阻器	2.2kΩ	1	R102	32	中频变压器	MLT 70—1 黄	1	T301
9	电阻器	5.6kΩ	1	R306	33	中频变压器	MLT 70—3 黑	1	T302
10	电阻器	10kΩ	1	R304	34	输入变压器	小功率蓝	1	T701
11	电阻器	12kΩ	1	R301	35	输出变压器	小功率红	1	T702
12	电阻器	120kΩ	1	R701	36	耳机插座	3F—01	1	
13	电阻器	220kΩ	1	R101	37	天线线圈	ϕ12mm×32mm	1	
14	电阻器	560kΩ	1	R705	38	磁棒	4mm×12mm×55mm	1	
15	电位器	NWD5kΩ	1	RP701	39	扬声器	0.25W/8Ω	1	
16	电容器	2200pF	2	C302 C306	40	螺钉	M26×4	2	
17	电容器	3300pF	1	C101	41	螺钉	M26×6	1	
18	电容器	6800pF	1	C102	42	螺钉	M26×5	1	
19	电容器	0.01μF	1	C702	43	电池夹	—	1	
20	电容器	0.022μF	5	C303 C304 C305 C703 C704	44	导线		4	连扬声器电池
					45	磁棒架		1	
					46	度盘		1	前壳内
21	电解电容器	1μF/50V	1	C701	47	装饰条		1	镜片外
22	电解电容器	4.7μF/10V	1	C301	48	镜片		1	度盘外
23	电解电容器	100μF/63V	1	C705	49	旋钮		2	音量 调谐
24	双联可变电容器	CBM—223P	1	—	50	前后壳(套)	—	1	—

2.2 任务资讯

2.2.1 常用导线和绝缘材料

电子产品整机装配中除元器件、零部件等以外，还要用到各种线材和绝缘材料。

电子产品中常用线材包括电线和电缆,它们是电能或电磁信号的传输导线。

构成电线与电缆的核心材料是导线。按材料可分为单金属丝(如铜丝、铝丝)、双金属丝(如镀银铜线)和合金线;按有无绝缘层可分为裸导线和绝缘电线。

1. 电线类

(1) 裸导线 裸导线(又称裸线)是表面没有绝缘层的金属导线,可分为圆单线、绞线、软接线和其他特殊导线。裸导线可作为电线和电缆的导电线芯,也可直接使用,如电子元器件的连接线。

(2) 绝缘电线 绝缘电线是在裸导线表面裹上绝缘材料层。按用途和导线结构,绝缘电线分为固定敷设电线、绝缘软电线(橡胶绝缘编织软线、聚氯乙烯绝缘电线、铜芯聚氯乙烯绝缘安装电线、铝芯绝缘塑料护套电线)和屏蔽线。屏蔽线是用来防止因导线周围磁场的干扰而影响电路正常工作的绝缘电线,是在绝缘电线绝缘层的外面再包上一层用金属材料编织构成的一个金属屏蔽层。

(3) 电磁线 电磁线是由涂漆或包缠纤维做成的绝缘导线,它的导电线芯有圆线、扁线等。电磁线主要用于绕制电机、变压器等的绕组,其作用是通过电流产生磁场或切割磁力线产生电流,以实现电能和磁能的相互转换。按绝缘层的特点和用途,电磁线分为绕包线(丝包、玻璃丝包、薄膜包、纱包)、漆包线、无机绝缘电磁线及特种电磁线(如高温、高湿低温等环境用电磁线)。

2. 电缆类

电缆是在单根或多根绞合而相互绝缘的芯线外面再包上金属壳层或绝缘护套而组成的,按照用途不同,分为绝缘电线电缆和通信电缆。

电缆的结构如图2-3所示,由导体、绝缘层、屏蔽层及护套组成。导体的主要材料是铜或铝,采用多股细线绞合而成,以增加电缆的柔软性。为了减少集肤效应,也常采用铜管或皱皮铜管作为导体材料。

图2-3 电缆的结构

1)绝缘层。它由橡胶、塑料、油纸、绝缘漆或无机绝缘材料等组成,有良好的电气性能和力学性能。绝缘层的作用是防止通信电缆漏电和电力电缆放电。

2)屏蔽层。屏蔽层是用导电或导磁材料制成的盒、壳、屏、板等,它可将电磁能限制在一定的范围内,使电磁能从屏蔽体的一面传到另一面时受到很大的衰减。屏蔽层一般用金属丝包或用细金属丝编织而成,也有采用双金属和多层复合屏蔽的。

3)护套。电缆绝缘层或导体上包裹的物质称为护套。它主要起机械保护和防潮的作用,有金属和非金属两种。

3. 常用导线

(1) 安装导线 安装导线是指用于电子产品装配的导线。常用的安装导线分为裸导线和塑胶绝缘电线。

1)裸导线。常用裸导线的种类、型号和用途见表2-2。

2)塑胶绝缘电线。塑胶绝缘电线(塑胶线)是在裸导线的基础上,外加塑胶绝缘层的电线,由导电的线芯、绝缘层和保护层组成,广泛用于电子产品的各部分、各组件之间的各种连接。

表2-2 常用裸导线的种类、型号和用途

分 类	名 称	型 号	主要用途
裸单线	硬圆铜单线	TY	用作电线、电缆的芯线和电器制品(如电机、变压器等)的绕组线，硬圆铜单线也可用作电力及通信架空线
	软圆铜单线	TR	
	镀锡软铜单线	TRX	用于电线电缆的内外导体制造及电器制品的电气连接
	裸铜软天线	TTR	适用于通信的架空天线
裸型线	软铜扁线	TBR	适用于电机、电器、配电线路及其他电工制品
	硬铜扁线	TBY	
	裸铜电刷线	TS、TSR	用于电机及电气线路上连接电刷
电阻合金线	镍铬丝	Cr20 Ni80	供制造发热元件及电阻元件用，正常工作温度为1000℃
	康铜丝	KX	供制造普通线绕电阻器及电位器用，能在500℃条件下使用

塑胶绝缘电线型号命名的意义见表2-3。

表2-3 塑胶绝缘电线型号命名的意义

分类代号或用途		绝 缘 层		护 套		派 生 特 性	
符号	意义	符号	意义	符号	意义	符号	意义
A	安装线缆	V	聚氯乙烯	V	聚氯乙烯	P	屏蔽
B	布电缆	F	氟塑料	H	橡胶套	R	软线
F	飞机用低压线	Y	聚乙烯	B	编织套	S	双绞
R	日用电器用软线	X	橡胶	L	腊克	B	平行
Y	工业移动电器用线	ST	天然丝	N	尼龙套	D	带形
T	天线	B	聚丙烯	SK	尼龙丝	T	特种
		SE	双丝包				

(2) 电磁线 常用电磁线的型号、名称、主要特性及用途见表2-4。

表2-4 常用电磁线的型号、名称、主要特性及用途

型 号	名 称	主要特性及用途
QZ—1	聚酯漆包圆铜线	电气性能好，机械强度较高，抗溶剂性能好，耐温在130℃以下，常用于制作中小型电机、电气仪表等的绕组
QST	单丝漆包圆钢线	用于制作电机、电气仪表的绕组
QZB	高强度漆包扁铜线	主要性能同QZ—1，主要用于制作大型线圈的绕组
QJST	高频绕组线	高频性能好，用作绕制高频绕组

(3) 扁平电缆 扁平电缆(排线或带状电缆)是由许多根导线结合在一起，相互之间绝缘的一种扁平带状软电缆。这种电缆造价低、重量轻、韧性强，是电子产品中常用的导线之一，如图2-4所示，可用作插座间的连接线，印制电路板之间的连接线及各种信息传递的输入、输出柔性连接。

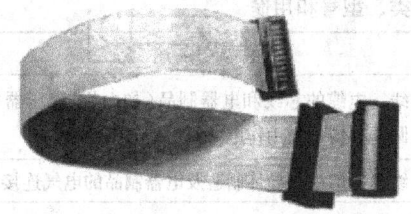
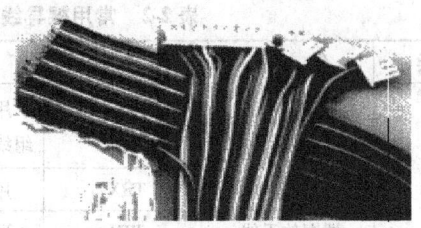

图 2-4 扁平电缆

(4) 屏蔽线 屏蔽线是在塑胶绝缘电线的基础上,外加导电的金属屏蔽层和外护套而制成的信号连接线,如图 2-5 所示。

屏蔽线具有静电屏蔽、电磁屏蔽和磁屏蔽的作用,它能防止或减少线外信号与线内信号之间的相互干扰。屏蔽线主要用于 1MHz 以下频率的信号连接。

(5) 电缆 电子产品装配中的电缆主要包括射频同轴电缆、馈线和高压电缆等。

1) 射频同轴电缆。射频同轴电缆(高频同轴电缆)的结构与单芯屏蔽线基本相同,不同的是两者使用的材料不同,其电性能也不同。射频同轴电缆如图 2-6a 所示。射频同轴电缆主要用于传送高频电信号,具有衰减小、抗干扰能力强、天线效应小、便于匹配的优点,其阻抗一般有 50Ω 或 75Ω 两种。

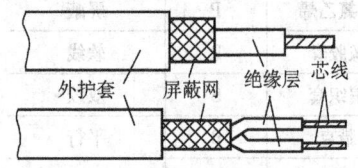

图 2-5 屏蔽线

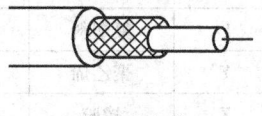

a) 射频同轴电缆

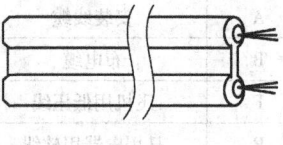

b) 馈线

图 2-6 电缆示意图

2) 馈线。馈线是由两根平行的导线和扁平状的绝缘介质组成的,专用于将信号从天线传到接收机或由发射机传给天线。馈线如图 2-6b 所示。其特性阻抗为 300Ω,传送信号属平衡对称型。

3) 高压电缆。高压电缆的结构与普通的带外护套的塑胶绝缘软线相似,只是要求绝缘体有很高的耐压特性和阻燃性,故一般用阻燃型聚乙烯作为绝缘材料,且绝缘体比较厚实。

高压电缆的耐压与绝缘体厚度的关系见表 2-5。

表 2-5 高压电缆的耐压与绝缘体厚度的关系

耐压/kV	绝缘体厚度/mm	耐压/kV	绝缘体厚度/mm
6	约 0.7	30	约 2.1
10	约 1.2	40	约 2.5
20	约 1.7		

(6) 电源软导线 电源软导线的主要作用是连接电源插座与电气设备。选用电源软导线时,除导线的耐压要符合安全要求外,还应根据产品的功耗,合格选择不同线径的导线。

电器用聚氯乙烯软导线的参数见表2-6。

表2-6 电器用聚氯乙烯软导线参数表

导体			外径/mm	成品外径/mm						导体电阻/(Ω/km)	容许电流/A
截面积/mm²	结构			单芯	双根绞合	平行	圆形双芯	圆形3芯	长圆形		
	根数/根	直径/mm									
0.5	20	0.18	1.0	2.6	5.2	2.6×5.2	7.2	7.6	7.2	36.7	6
0.75	30	0.18	1.2	2.8	5.6	2.8×5.6	7.6	8.0	7.6	24.6	10
1.25	50	0.18	1.5	3.1	6.2	3.1×6.2	8.2	8.7	8.2	14.7	14
2.0	37	0.26	1.8	3.4	6.8	3.4×6.8	8.8	9.3	8.8	9.50	20

(7) 导线颜色的选用 为了整机装配及维修方便,导线和绝缘套管的颜色通常按一定的规定选用,见表2-7。

表2-7 导线和绝缘套管的颜色

电路种类		导线颜色
一般交流线路		①白 ②灰
三相AC电源线	L1相	黄
	L2相	绿
	L3相	红
	工作零线(中性线)	淡蓝
	保护零线(安全地线)	黄和绿双色线
直流(DC)线路	+	①红 ②棕
	0(GND)	①黑 ②紫
	-	①蓝 ②白底青纹
晶体管	E(发射极)	①红 ②棕
	B(基极)	①黄 ②橙
	C(集电极)	①青 ②绿
立体声电路	R(右声道)	①红 ②橙 ③无花纹
	L(左声道)	①白 ②灰 ③有花纹
指示灯		青

4. 电子产品中的绝缘材料

绝缘材料又称电介质,是指具有高电阻率,电流难以通过的材料。通常情况下,可认为绝缘材料是不导电的。

绝缘材料的作用是将电子产品中电位不同的带电部分隔离开。

(1) 绝缘材料的分类

1) 无机绝缘材料:主要用作电机、电器的绕组绝缘以及用于制作开关板、骨架和绝缘子等。

2) 有机绝缘材料:主要用于电子元器件的制造和制成复合绝缘材料。

3）复合绝缘材料：主要用作电器的底座、支架及外壳等。
常用绝缘材料的型号、特性与用途见表 2-8。

表 2-8 常用绝缘材料的型号、特性与用途

名 称	牌 号	特性与用途
电缆纸	K—08，12，17	用作 35kV 的电力电缆、控制电缆、通信电缆及其他电器的绝缘用纸
电容器纸	DR—Ⅱ	在电子设备中用作变压器的层间绝缘
电话纸	DH—40，50，75	用作多股电信电缆的绝缘体用纸
电绝缘纸板	DK—100/00	具有较高的抗电强度，适用于低压系统中的各种电器设备。在电机、仪表、电气开关上用作槽缝、卷线、部件、垫片及保护层
粉末树脂		涂敷温度低，涂层坚韧、光亮、美观，机械强度高，可进行车削加工。用在不宜高温烘焙的电气元器件及有关零件、部件的绝缘、密封、防腐等的表面涂敷
厚片云母	3#，4#	厚片云母为工业原料云母，是制作电容器介质薄片、电机绝缘片及大功率管与散热器中绝缘用薄片的原料
黄漆布与黄漆绸		适用于一般电机、电器的衬垫或线圈绝缘
醇酸玻璃漆布	2432	耐热、耐潮及介电性能均优于黄漆布与黄漆绸，耐温性也好，用于在较高温度下工作的电机、电气设备的衬垫或线圈绝缘，以及在油中工作的变压器线圈的绝缘
黄漆管	2710	有一定的弹性，适用于电机、电气仪表、无线电器件和其他电器装置的导线连接时的保护和绝缘
醇酸玻璃漆管	2730	由编织的无碱玻璃丝管浸以醇酸清漆经加热烘干而成。在电子设备中用作绝缘和导线连接端的保护，耐热等级为 B 级（130℃）
硅有机玻璃漆布		耐热性较高，可用于电机、电器中的衬垫或线圈绝缘
环氧玻璃漆布		适用于包扎环氧树脂浇注的特种电器线圈
软聚氯乙烯管（带）HG2-64-65		用作电气绝缘及保护，颜色有灰、白、天蓝、紫、红、橙、棕、黄、绿色等
特种软聚氯乙烯管	5111	供低温下使用
聚四氟乙烯管 HG2-536-67	SFG-1　SFG-2	用来制造在温度为 -180～+250℃ 的各种腐蚀介质中工作的密封、减摩和绝缘零件
聚四氟乙烯电容器薄膜	SFM-1	用于电容器及电气仪表中的绝缘，适用温度为 -60～+250℃
聚四氟乙烯电器绝缘薄膜	SFM-3	
酚醛层压纸板	3021，3023	3023 具有低的介质损耗，适用于电信和高频设备中做绝缘结构零部件。由 3201 制造的零件可在变压器油中使用
酚醛层压布板	3025	有较高的力学性能和一定的介电性能。适用于电气设备中做绝缘结构零部件，可在变压器油中使用
酚醛层压布板	3220	有较高的介电性能及一定的力学性能，耐油性好，可在变压器油中使用

(续)

名 称	牌 号	特性与用途
有机硅环氧层压玻璃布板	3250	有较高的机械强度、耐热性和介电性能，可在电机、电器中用作槽楔、垫块和其他绝缘零件
硬聚氟乙烯板 HG2-62-65		具有优良的电气绝缘性能，耐酸、碱、油，可在 -10 ~ +50℃环境中使用
有机玻璃板棒 HG2-343-66		用作仪器仪表部件、电气绝缘材料及光学镜片等
有机玻璃管 YHG-62-66		是无色、透光、清晰的圆柱管，可用于各种工业设备、装置、仪器中，如离子交换树脂柱流体观察管

(2) 常用绝缘材料的主要参数

1) 耐压强度：每毫米厚度的材料所能承受的电压。

2) 机械强度：每平方厘米所能承受的压力。

3) 耐热等级：绝缘材料允许的最高工作温度。耐热等级分为七级，见表2-9。

表2-9 耐热等级及温度

级别代号	最高温度/℃	主要绝缘材料
Y	90	未浸渍的棉纱、丝、纸等制品
A	105	浸渍后的棉纱、丝、纸等制品
E	120	有机薄膜、有机瓷漆
B	130	用树脂粘合或浸渍的云母、玻璃纤维、石棉
F	155	用相应树脂粘合或浸渍的无机材料
H	180	耐热有机硅、树脂、漆或其他浸渍的无机物
C	>200	硅塑料、聚氟乙烯、聚酰亚胺及与玻璃、云母、陶瓷等材料的组合

2.2.2 常用焊接材料与工具

焊接材料包括焊料(焊锡)和焊剂(助焊剂与阻焊剂)，手工焊接时用的焊接工具是电烙铁，还有五金工具。

1. 常用焊接材料

(1) 常用焊料 焊料是易熔金属，熔点应低于被焊金属。焊料熔化时，在被焊金属表面形成合金与被焊金属连接在一起。

焊料按成分可分为锡铅焊料、银焊料及铜焊料等。在一般电子产品装配中，主要采用锡铅焊料，俗称焊锡。

1) 焊料的作用：把被焊物连接起来，对电路来说构成一个通路。

2) 焊料具备的条件：①焊料的熔点要低于被焊工件。②易于与被焊工件连成一体，具有一定的抗压能力。③有良好的导电性能。④有较快的结晶速度。

3) 常用焊料的种类：

① 锡铅焊料。在锡焊工艺中常用的是锡与铅以不同比例熔合形成的锡铅合金焊料,具有一系列锡和铅不具备的优点:

a. 熔点低,易焊接,各种不同成分的锡铅焊料的熔点均低于锡和铅的熔点,有利于焊接。

b. 机械强度高,各种不同成分的锡铅焊料的机械强度均优于纯锡和铅。

c. 表面张力小,粘度下降,增大了液态流动性,有利于焊接时形成可靠接头。

d. 抗氧化性好,使焊料在熔化时减小氧化量。

② 共晶焊锡。锡铅含量为:锡是61.9%、铅是38.1%,称为共晶合金。它的熔点最低,为183℃,是锡铅焊料中性能最好的一种,它有如下特点:

a. 熔点低,焊接时加热温度降低,可防止元器件被损坏。

b. 熔点和凝固点一致,可使焊点快速凝固,不会因时间间隔而造成焊点结晶疏松,强度降低。

c. 流动性好,表面张力小,有利于提高焊点质量。

d. 强度高,导电性好。

4)常用焊料的形状。在手工电烙铁焊接中,一般使用管状焊锡丝。它是将焊锡制成管状,在其内部充加了助焊剂。助焊剂常用添加一定活化剂的优质松香。焊料一般是含锡量为60%~65%的锡铅焊料。焊锡丝直径有0.5mm、0.8mm、0.9mm、1.0mm、1.2mm、1.5mm、2.0mm、2.3mm、2.5mm、3.0mm、4.0mm及5.0mm多种。

(2)常用助焊剂

1)助焊剂的作用:

① 除去氧化膜。助焊剂中的氯化物、酸类同氧化物发生还原反应,从而除去氧化膜,使金属与焊料之间接合良好。

② 防止加热时氧化。助焊剂在熔化后,悬浮在焊料表面,形成隔离层,故防止了焊接面的氧化。

③ 减小表面张力。增加了焊料流动性,有助于焊料浸润。

④ 使焊点美观。合适的助焊剂能够整理焊点形状,保持焊点表面光泽。

2)助焊剂应具备的条件:

① 熔点低于焊料。在焊料熔化之前,助焊剂就应熔化。

② 表面张力、粘度、比重均应小于焊料。助焊剂表面张力必须小于焊料,因为它要先于焊料在金属表面扩散浸润。

③ 残渣容易清除。助焊剂或多或少都带有酸性,如不清除,就会腐蚀母材,同时也影响美观。

④ 不能腐蚀母材。酸性强的助焊剂,不单单清除氧化层,而且还会腐蚀母材金属,成为发生二次故障的潜在原因。

⑤ 不会产生有毒气体和臭味。从安全卫生角度讲,应避免使用毒性强或会产生臭味的化学物质。

3)常用助焊剂。在电子产品中,使用的最多、最普遍的是以松香为主体的树脂系列助焊剂。松香助焊剂属于天然产物。

目前,在使用过程中通常将松香溶于酒精中制成"松香水",松香同酒精的比例一般为

1:3。也可根据使用经验增减,但不能过浓,否则流动性能变差。

4)使用助焊剂的注意事项:常用的松香助焊剂在超过60℃时,绝缘性能会下降,焊接后的残渣对发热元器件有较大的危害,所以要在焊接后清除助焊剂残留物。另外,存放时间过长的助焊剂不宜使用。因为助焊剂存放时间过长时,其成分会发生变化,活性变差,影响焊接质量。

(3)常用阻焊剂 在焊接时,尤其是在浸焊和波峰焊中,为提高焊接质量,需采用耐高温的阻焊涂料,使焊料只在需要的焊点上进行焊接,而把不需要焊接的部位保护起来,起到一定的阻焊作用,这种阻焊涂料称为阻焊剂。

1)阻焊剂的主要功能:

① 防止桥接、拉尖、短路以及虚焊等情况的发生,提高焊接质量,减小印制电路板的返修率。

② 印制电路板板面被阻焊剂所涂覆,焊接时受到的热冲击小,降低了印制电路板的温度,使板面不易起泡、分层。同时,也起到了保护元器件和集成电路的作用。

③ 除了焊盘外,其他部分均不上锡,节省了大量的焊料。

④ 使用带有颜色的阻焊剂,如深绿色和浅绿色等,可使印制电路板的板面显得整洁美观。按成膜材料不同可分为热固化型阻焊剂、紫外线光固化型阻焊剂和电子辐射光固化型阻焊剂。

2)常用的阻焊剂是紫外线光固化型阻焊剂,呈深绿或浅绿色。

2. 常用焊接工具

电烙铁是手工焊接时使用的主要工具。合理选择、使用电烙铁是保证焊接质量的基础。

(1)电烙铁的分类

1)按加热方式分:电烙铁可分为直热式、感应式、气体燃烧式等多种。目前最常用的是单一焊接用的直热式电烙铁,它又分为内热式和外热式两种。

2)按功率分:电烙铁可分为20W、30W、35W、45W、50W、75W、100W、150W、200W、300W等多种。

3)按功能分:电烙铁可分为单用式、两用式、恒温式、吸锡式等,如图2-7所示。

(2)电烙铁的选用 电烙铁在选用时重点考虑加热形式、功率大小及烙铁头形状。

1)加热形式的选择:

内热式和外热式的选择。相同功率情况下,内热式电烙铁比外热式电烙铁的温度高。

2)电烙铁功率的选择:

① 焊接小瓦数的阻容元件、晶体管、集成电路、印制电路板的焊盘或塑料导线时,宜采用30~45W的外热式或20W的内热式电烙铁。应用中选20W的内热式电烙铁最好。

② 焊接一般结构产品的焊点,如线环、线爪、散热片、接地焊片等时,宜采用75~100W的电烙铁。

③ 对于大型焊点,如金属机架接片、焊片等,宜采用100~200W的电烙铁。

3)烙铁头形状的选择:烙铁头可以加工成不同形状,如图2-8所示。凿式和尖锥形烙铁头的角度较大时,热量比较集中,温度下降较慢,适用于焊接一般焊点。当烙铁头的角度较小时,温度下降快,适用于焊接对温度比较敏感的元器件。斜面烙铁头,由于表面大,传热较快,适用于焊接布线不很拥挤的单面印制电路板焊点。圆锥形烙铁头适用于焊接高密度

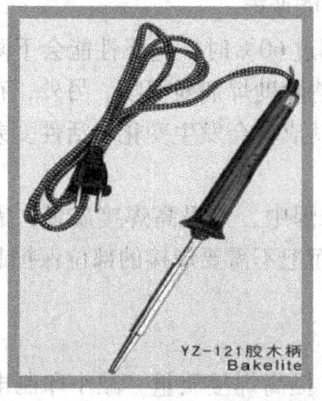 

a) 普通内热式电烙铁　　　　　　b) 外热式电烙铁

c) 吸锡式电烙铁

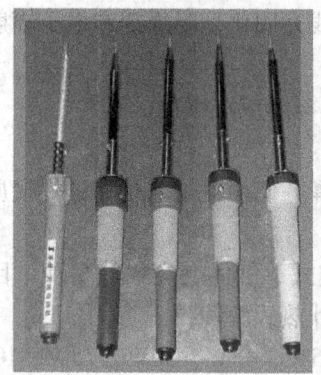 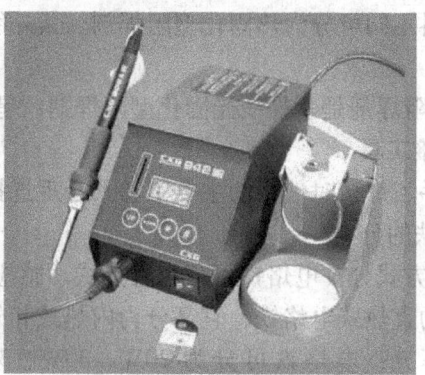

d) 长寿命烙铁头电烙铁　　　　　　e) 温控式电烙铁

图 2-7　各种电烙铁

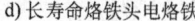

凿式（短嘴）	圆锥凿式
凿式（长嘴）	圆斜面
半凿式（宽）	圆锥斜面
半凿式（狭窄）	圆尖锥
尖锥形	半圆沟
弯凿式	

图 2-8　烙铁头的各种形状

的线头、小孔及小而怕热的元器件。

对于有镀层的烙铁头，一般不要锉或打磨。因为镀层的目的就是保护烙铁头不易腐蚀。

4）普通烙铁头的修整和镀锡。烙铁头在使用一段时间后，表面会变得凹凸不平，而且氧化严重，这种情况下需要修整。一般将烙铁头拿下来，夹到台虎钳上粗锉，修整为自己想要的形状，然后再用细锉修平，最后用细砂纸打磨光。

修整后的烙铁头应立即镀锡，方法是将烙铁头装好通电，在木板上放些松香并放一段焊锡，烙铁头沾上焊锡后在松香中来回摩擦，直到整个烙铁头修整面均匀镀上一层焊锡为止，如图2-9所示。需注意的

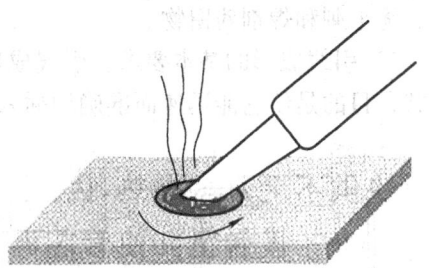

图2-9 烙铁头镀锡示意图

是，烙铁焊通电后一定要立刻蘸上松香，否则表面会生成难镀锡的氧化层。

5）吸锡器。吸锡器是专门对多余焊锡进行清除的用具，如图2-10所示。

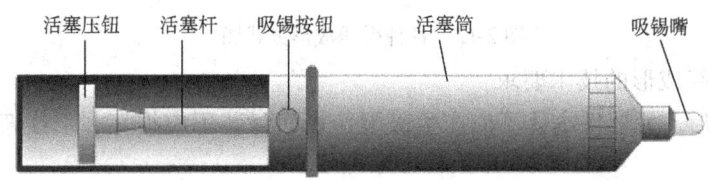

图2-10 吸锡器的外形图

3. 电子产品装接常用的五金工具

电子产品装接常用的五金工具有尖嘴钳、斜口钳、扁嘴钳、钢丝钳、镊子、螺钉旋具、剥线钳等，如图2-11所示。

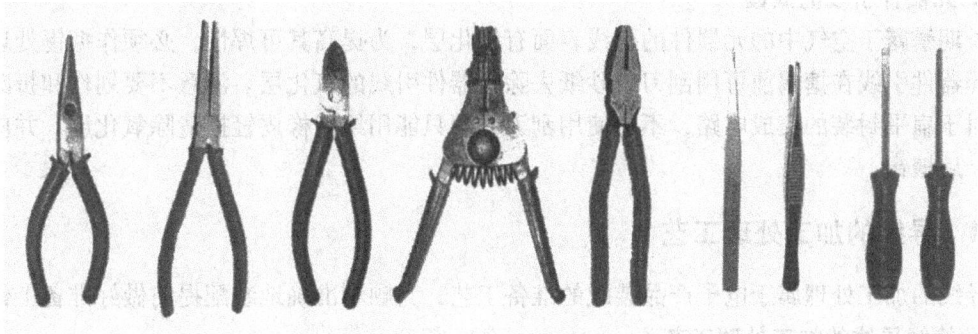

图2-11 电子产品装接常用的五金工具

2.2.3 通孔插装电子元器件的准备工艺

元器件装配到印制电路板之前，一般都要进行加工处理，即对元器件进行引线成形，然后进行插装。良好的成形及插装工艺，可使产品性能稳定，达到整齐、美观的效果。

为了便于安装和焊接元器件，在安装前，要根据元器件安装位置的特点及技术要求，预先把元器件引线弯曲成一定的形状，并进行搪锡处理。

1. 元器件引线成形

1) 预加工处理。元器件引线在成形前必须进行预加工处理，包括引线的校直、表面清洁及搪锡三个步骤。预加工处理的要求是引线处理后，不允许有伤痕，镀锡层均匀，表面光滑，无毛刺和焊剂残留物。

2) 引线成形的基本要求：引线成形工艺就是根据焊点之间的距离，将引线做成需要的形状，目的是使它能迅速而准确地插入孔内。各种引线成形方式如图 2-12 所示。

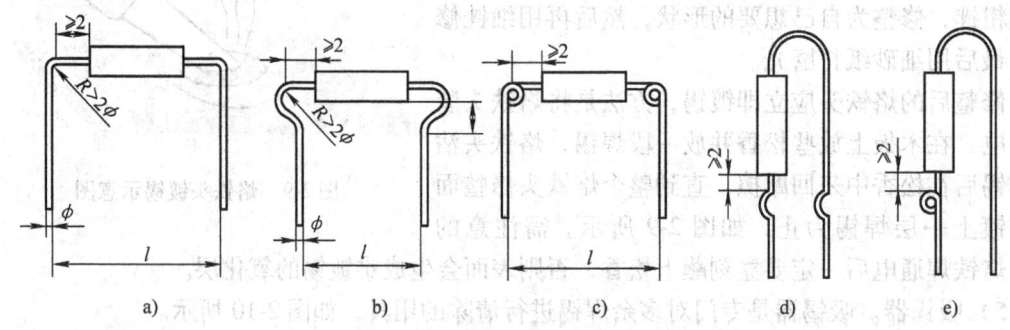

图 2-12 各种引线成形方式图

3) 元器件引线成形的技术要求：

① 引线成形后，元器件本体不应产生破裂，表面封装不应损坏，引线弯曲部分不允许出现模印裂纹。

② 引线成形后其标称值应处于查看方便的位置，一般应位于元器件的上表面或外表面。

4) 元器件引线成形的方法：

① 使用专用工具和成形模具、成形机。

② 手工成形用尖嘴钳或镊子。

2. 元器件引线的搪锡

长期暴露于空气中的元器件的引线表面有氧化层，为提高其可焊性，必须作搪锡处理。

元器件引线在搪锡前可用刮刀或砂纸去除元器件引线的氧化层。注意不要划伤和折断引线。对于扁平封装的集成电路，不能使用刮刀，而只能用绘图橡皮轻擦清除氧化层，并应先成形，后搪锡。

2.2.4 导线的加工处理工艺

导线的加工处理属于电子产品装配的准备工艺，为顺利准确地装配提前做好准备工作。

1. 绝缘导线的加工处理工艺

绝缘导线的加工处理分为剪裁、剥头、捻头（多股线）、搪锡、清洗及印标记等过程。

1) 剪裁（下料）。按工艺文件中导线加工表中的要求，用斜口钳或下线机等工具对所需导线进行剪切。下料时应做到长度准、切口整齐、不损伤导线及绝缘层。

2) 剥头。将绝缘导线的两端用剥线钳等工具去掉一段绝缘层而露出芯线的过程，称为剥头。剥头长度一般为 10~12mm。剥头时应做到绝缘层剥除整齐，芯线无损伤、断股等。

剥头方法有刃截法和热截法。

按不同连接方式，剥头长度基本尺寸为：搭焊（3+2.0）mm，勾焊（6+4.0）mm，绕焊

(15 ± 5.0)mm。

3) 捻头。对多股芯线,剥头后用镊子或捻头机把松散的芯线绞合整齐,称为捻头。

捻头的方法是:按多股芯线原来合股的方向扭紧,芯线扭紧后不得松散。捻头时应松紧适度(其螺旋角一般在30°~45°),不卷曲,不断股。

4) 浸锡或搪锡。搪锡是指对已捻头的导线进行浸涂焊料的过程,目的是防止已捻头的芯线散开及氧化,提高导线的可焊接性,防止虚焊、假焊。

浸锡或搪锡的方法是把经前三步处理的导线剥头插入锡锅(槽)中浸锡或用电烙铁手工搪锡的方法进行。

搪锡注意事项:绝缘导线经过剥头、捻头后应尽快浸锡;浸锡时应把剥头先浸助焊剂,再浸锡。浸锡时间以1~3s为宜,浸锡后应立刻浸入酒精中散热,以防止绝缘层收缩或破裂。被浸锡的表面应光滑明亮,无拉尖和毛刺,焊料层薄厚均匀,无残渣和焊剂粘附。

5) 清洗。采用无水酒精作清洗液,清洗残留在导线芯线端头的脏物,同时又能迅速冷却浸锡导线,保护导线的绝缘层。

6) 印标记。复杂的产品中使用了很多导线,单靠颜色已不能区分清楚,应在导线两端印上线号或色环标记,才能使安装、焊接、调试、修理、检查时方便快捷。印标记的方式有导线端印字标记、导线染色环标记和将印有标记的套管套在导线上的套管标记等,如图2-13所示。

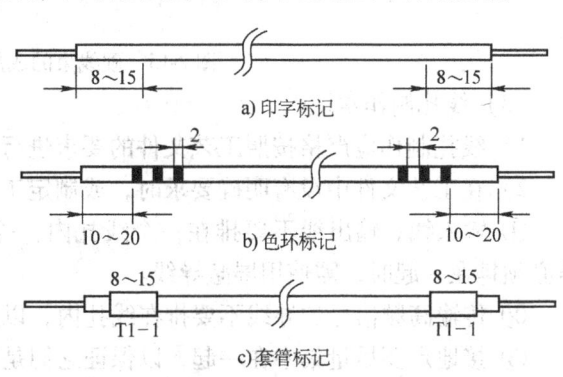

图2-13 导线端头标记示意图

2. 线扎的成形加工工艺

电子产品的电气连接主要依靠各种规格的导线来实现,较复杂的电子产品的连线很多,应把它们合理分组(分组的原则是尽量减小线与线之间的干扰,这要根据线内的信号与线的种类来判别,如输入线与输出线不仅不能分到一组,而且还应尽可能远离),扎成各种不同的线扎(也称线束,俗称线把),这样不仅美观,占用空间也少,还保证了电路工作的稳定性,更便于检查、测试和维修。

(1) 软线束 软线束一般用于产品中各功能部件之间的连接,由多股导线、屏蔽线、套管及接线连接器等组成,一般无需捆扎,只要按导线功能进行分组,将功能相同的线用套管套在一起即可,如图2-14所示。

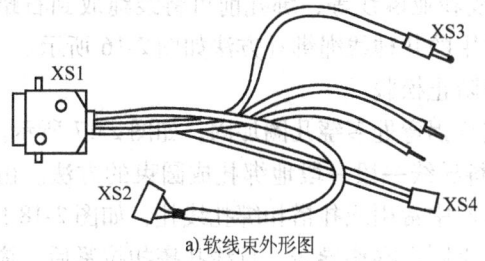

a) 软线束外形图

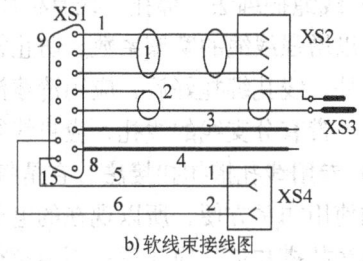

b) 软线束接线图

图2-14 软线束的成形方式示意图

（2）硬线束　硬线束多用于固定产品零部件之间的连接，特别是在电气柜中使用较多。它是按产品需要将多根导线捆扎成固定形状的线束，如图2-15所示。

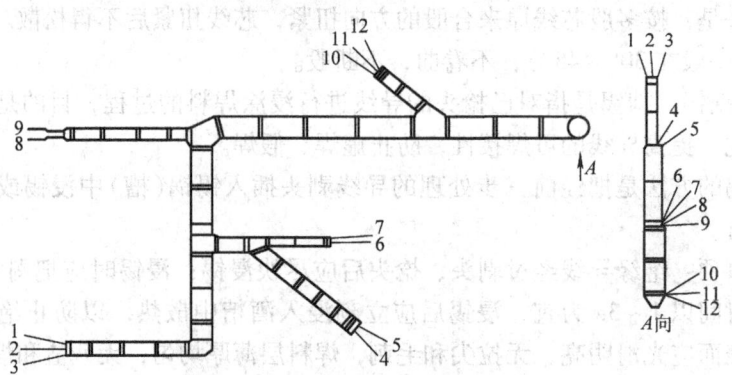

图2-15　硬线束的成形方式示意图

（3）线扎制作常识

1）线扎制作应严格按照工艺文件的要求进行。

2）在工艺文件中没有明确要求时，或制定工艺文件时，走线应考虑以下因素：

① 输入线、输出线不要排在一个线扎内，并要与电源线分开，以防止信号受到干扰。若必须排在一起时，需使用屏蔽导线。

② 传输高频信号的导线不要排在线扎内，以防止其干扰线扎内其他导线中的信号。

③ 接地点要尽量集中在一起，以保证它们是可靠的同电位。

④ 导线束不要形成环路，以防止产生磁、电干扰。

⑤ 线扎应远离发热体，并且不要在这些元器件上方走线，以免破坏导线绝缘层及增加更换元器件的难度。

⑥ 扎制的导线长短要合适，排列要整齐。从线扎分支处到焊点之间应有一定的余量（10~30mm），若太紧，则有振动时可能会把导线或焊盘拉断；若太松，则不仅浪费，而且会造成空间凌乱。

⑦ 尽量走最短距离的连线，拐弯处取直角，尽量在同一个平面内连线。

另外，每一个线扎中至少要有两根备用导线，备用导线应选线扎中长度最长、线径最粗的导线。

（4）常用的几种线扎绑扎方法　线绳捆绑法、专用线扎搭扣扣接法、胶合粘接法、套管套装法等。

1）线绳捆绑法。绑扎用线有棉线、尼龙线和亚麻线等，绑扎前可将线绳放到石蜡中浸一下，以增强线绳的摩擦系数，防止松动。常用的几种线绳绑扎方法如图2-16所示。

另外，线扎绑扎好后，应用清漆涂覆，以防止松脱。

对于带有分支线的线扎，应将线绳在分支线拐弯处多绕几圈加固，如图2-17所示。

2）专用线扎搭扣扣接法。它是将众多塑料导线一段一段地绑扎成圆束的方法。由于线扎搭扣使用非常方便，所以现在的电子产品生产中常用线扎搭扣绑扎线扎，如图2-18所示。

用线扎搭扣绑扎应注意：不要拉得太紧，否则会弄伤导线，且线扎搭扣拉紧后，应剪掉多余的部分。

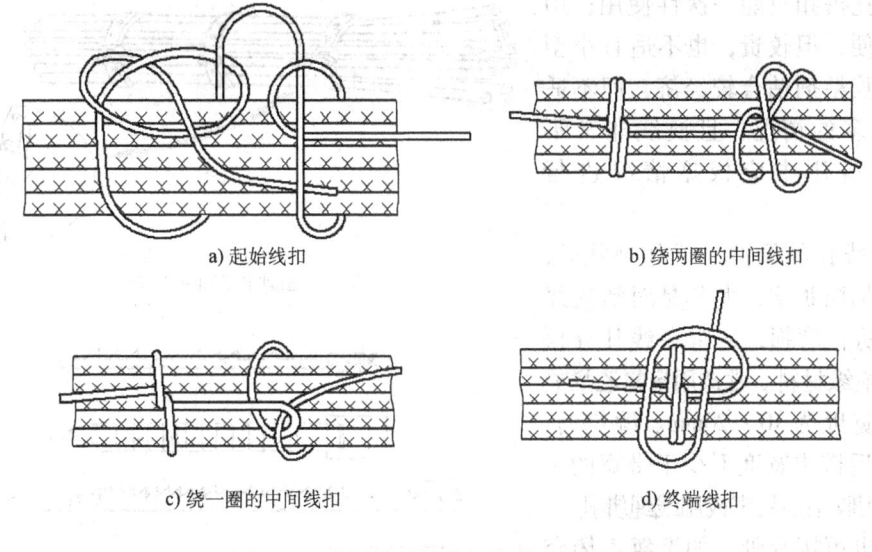

a) 起始线扣   b) 绕两圈的中间线扣

c) 绕一圈的中间线扣   d) 终端线扣

图 2-16　常用的几种线绳绑扎方法示意图

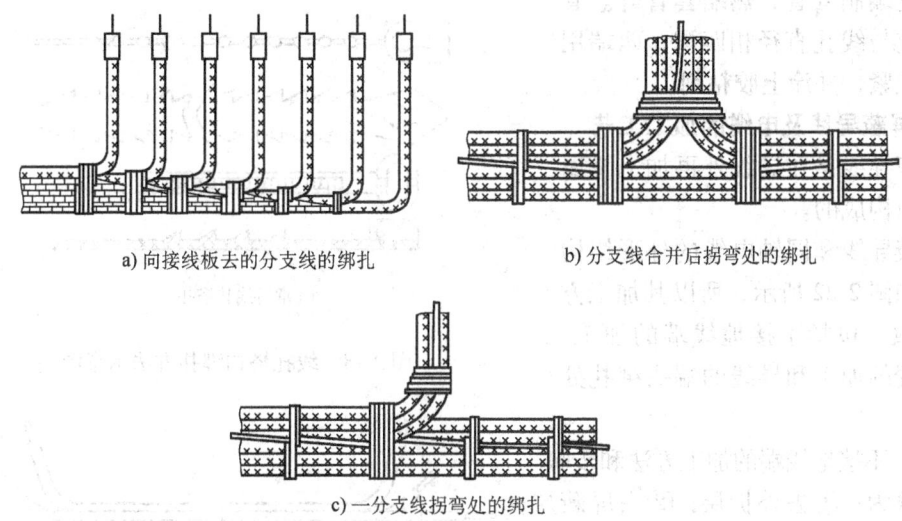

a) 向接线板去的分支线的绑扎   b) 分支线合并后拐弯处的绑扎

c) 一分支线拐弯处的绑扎

图 2-17　分支线的绑扎方法示意图

3）胶合粘接法。导线的数目较少时，可用胶粘剂（四氢呋喃）粘合成线扎，如图 2-19 所示。因胶粘剂易挥发，所以涂抹要迅速，且涂完后不要马上移动，约经过 2min 待胶粘剂凝固后再移动。

4）用塑料线槽排线。目前，较大型的电子产品往往需要做成机柜，为使机柜内走线整齐，便于查找和维修，常用塑料线槽排线，如图 2-20 所示。线槽固定在机箱上，上下左右都有很多出线孔，只要将不同走向的导线依次排入线槽内，盖上线槽盖即可，无须绑扎。

5）活动线扎的绑扎。在电子产品中常有需活动的线扎，如读盘用的激光头线扎。为使线扎弯曲时每根导线受力均匀，应将线扎拧成 15°后再绑扎，如图 2-21 所示。

（5）各种线扎绑扎方法的对比　用线绳绑扎比较经济，但效率低；用线扎搭扣绑扎方便，但线扎搭扣只能一次性使用；用线槽更方便，但较贵，也不适宜小型产品；用胶粘剂粘合较经济，但不适宜导线较多的情况，且换线非常不便。实际应用中应根据情况进行选择。

（6）线扎的保护 线扎绑扎后，有时还要加防护层，尤其是对活动线扎，为了防止磨损，通常在线扎外再缠绕一层绝缘材料。常选用聚氯乙烯或尼龙带，宽度为10～20mm。缠绕时，绝缘带前后搭边宽度不少于带宽的一半，末端用胶粘剂粘牢或用线绳绑扎。

有时也可用套管，如聚氯乙烯套管、尼龙编制套管、热缩套管等。套管内径应与线扎直径相匹配，两端用棉丝绳扎紧，并涂上胶粘剂。

3. 屏蔽导线及电缆的加工工艺

屏蔽导线是在导线外再加上金属屏蔽层而构成的。

屏蔽导线和同轴电缆的外形结构相同，如图2-22所示，所以其加工方式也一致，包括不接地线端的加工、接地线端的加工和导线的端头绑扎处理等。

（1）不接地线端的加工方法和步骤 加工步骤为：①去外护层；②去屏蔽层；③屏蔽层修整；④加套管；⑤芯线剥头；⑥芯线浸锡和清洗，如图2-23所示。

在对屏蔽导线进行端头处理时应注意，去除的屏蔽层不能太长，否则会影响屏蔽效果。一般去除的长度为10～20mm；如果工作电压很高（超过600V），可去除20～30mm。

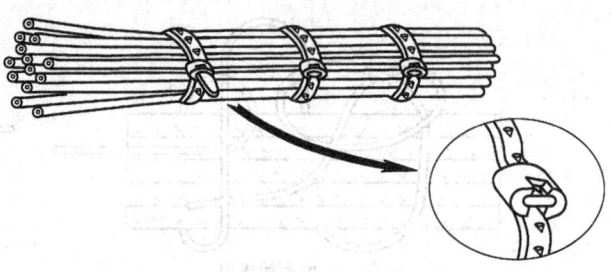

a) 线扎搭扣绑扎

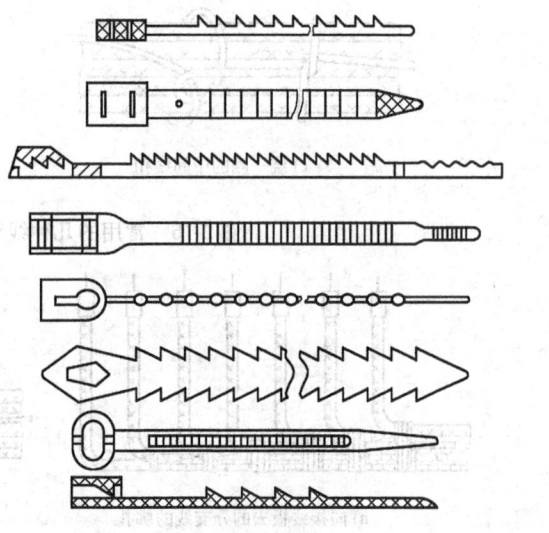

b) 常用线扎搭扣

图2-18 线扎搭扣绑扎方法示意图

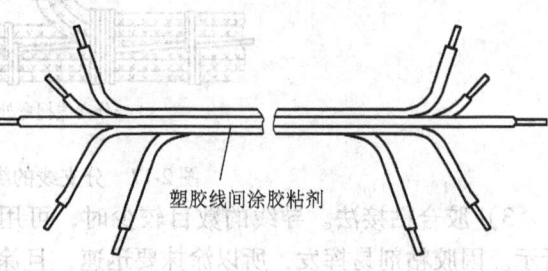

图2-19 胶粘剂粘合方法示意图

（2）屏蔽层接地线端的加工方法和步骤 加工步骤为：①去外护层。②拆散屏蔽层。③屏蔽层的剪切修整。④屏蔽层捻头与搪锡。⑤芯线线芯加工。⑥加套管。

1）直接用屏蔽层制作接地线。在屏蔽导线端部附近把屏蔽层开一小孔，挑出绝缘线，然后把剥脱的屏蔽层线整形并浸锡。注意，浸锡时要用尖嘴钳夹住，否则会向上渗锡，形成很长的硬结，如图2-24所示。

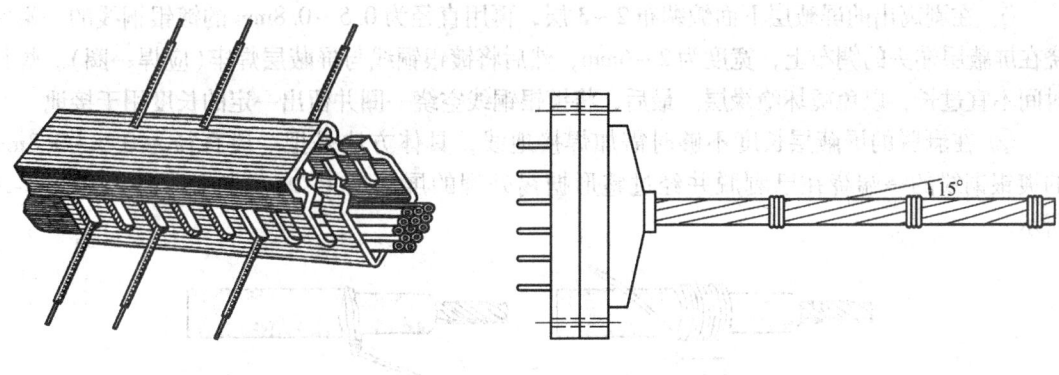

图 2-20 塑料线槽排线示意图　　　　图 2-21 活动线扎的绑扎示意图

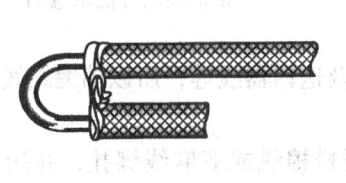

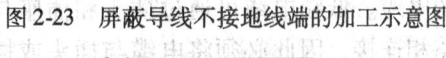

图 2-22 屏蔽导线结构图　　　　图 2-23 屏蔽导线不接地线端的加工示意图

a) 屏蔽线抽头　　　　b) 屏蔽线端浸锡

图 2-24 用屏蔽层制作接地线的方法图

屏蔽层制作接地线后,屏蔽线线端需加绝缘套管进行保护,如图 2-25 所示。

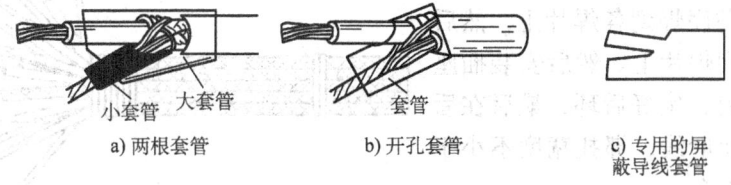

a) 两根套管　　　　b) 开孔套管　　　　c) 专用的屏蔽导线套管

图 2-25 屏蔽线线端加套管示意图

2) 加接导线引出接地线端的处理。在屏蔽层上绕制镀银铜线制作接地线有两种方法:

① 在剥离出的屏蔽层下面缠绸布 2~3 层，再用直径为 0.5~0.8mm 的镀银铜线的一端密绕在屏蔽层端头的绸布上，宽度为 2~6mm，然后将镀银铜线与屏蔽层焊牢（应焊一圈）。焊接时间不宜过长，以免烫坏绝缘层。最后，将镀银铜线空绕一圈并留出一定的长度用于接地。

② 在剥脱的屏蔽层长度不够时需加焊接地线，具体方法是把一段直径为 0.5~0.8mm 的镀银铜线的一端绕在已剥脱并经过整形搪锡处理的屏蔽层上 2~3 圈并焊牢，如图 2-26 所示。

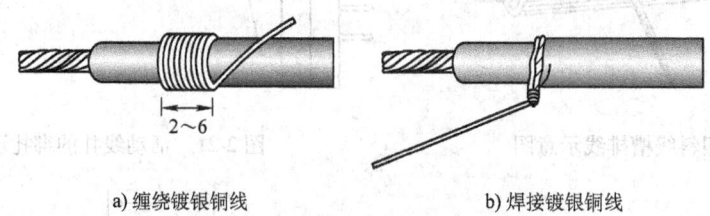

a) 缠绕镀银铜线　　　　　　b) 焊接镀银铜线

图 2-26　加接导线引出接地线端的处理示意图

3）加套管的接地线焊接。有时并不剥脱屏蔽层，而是在剪除一段金属屏蔽层之后，选取一段长度适中、导电性能良好的导线焊牢在金属屏蔽层上，再用套管或热塑管套住焊接处，以保护焊点，如图 2-27 所示。

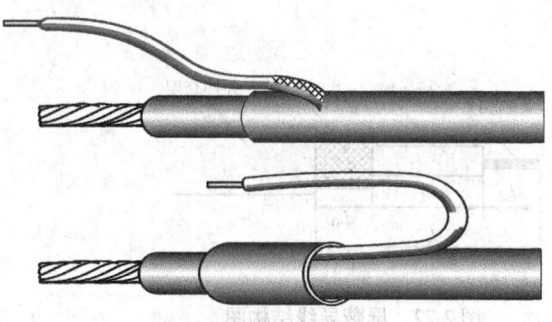

（3）多芯屏蔽导线的端头绑扎　多芯屏蔽导线是指在一个屏蔽层内装有多根芯线的电缆。低频电缆可通过插头和插座与电路相连接，因此必须将电缆与插头或插座连接在一起。

图 2-27　焊接绝缘导线加套管制作接地线的方法示意图

棉编织线套多股电缆一般用作经常移动的器件的连线，如电话线、航空帽上的耳机线及送话器线等，所以棉编织线套低频电缆的端头需要进行绑扎。

将电缆的屏蔽层剪去长度适当的一段，用浸蜡棉线或亚麻线绑扎，并涂上清漆，如图 2-28 所示。

屏蔽电缆在插座上的安装如图 2-29 所示。

拧开插座上的螺钉，拆开插座，把插座后环套在电缆上，然后将一金属圆垫圈套过屏蔽层，并把屏蔽层均匀地焊到圆垫圈上。

再将电缆的每一根导线套上绝缘套管，将导线按顺序焊到各焊片上，然后将绝缘套管推到焊片上。然后安装插座外壳，拧紧螺钉，旋好后环，最后在后环外缠棉线或亚麻线，绑扎宽度不小于 4mm，并涂上清漆。

（4）多芯非屏蔽导线的端头绑扎　非屏蔽电缆与屏蔽电缆在外形上很相似，

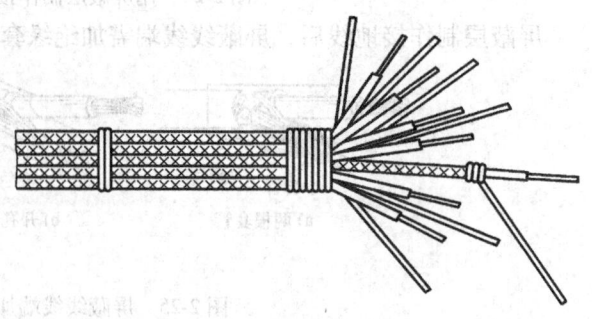

图 2-28　多芯屏蔽导线的端头绑扎示意图

其结构上的差别是没有屏蔽电缆的屏蔽层，一般用一层棉纱层取而代之。加工时，应先将电缆外层的棉纱套剪去长度适当的一段，用棉线绑扎，并涂上清漆，再套上橡胶圈，如图2-30所示。

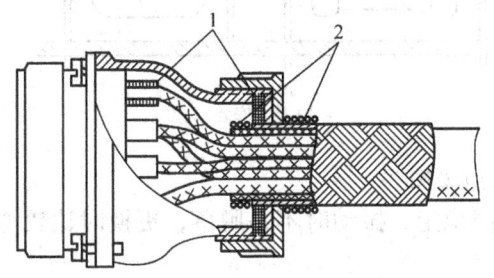 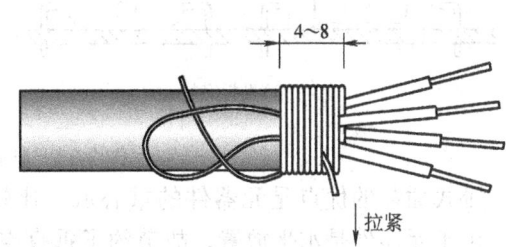

图2-29 屏蔽电缆在插座上的安装　　　　　图2-30 多芯非屏蔽导线的端头绑扎
1—焊锡　2—棉线或亚麻线

非屏蔽电缆在插座上的安装如图2-31所示。

拧开插座上的螺钉，拆开插座，把插座后环套在电缆上，将电缆的每一根导线套上绝缘套管，再将导线按顺序焊到各焊片上，然后将绝缘套管推到焊片上。最后安装插座外壳，拧紧螺钉，旋好后环。

（5）扁平电缆的加工　扁平电缆采用穿刺卡接的方式与专用插头连接时，基本上不需进行端头处理；但采用直接焊装或普通插头压接时，就必须进行端头加工处理，如图2-32所示。

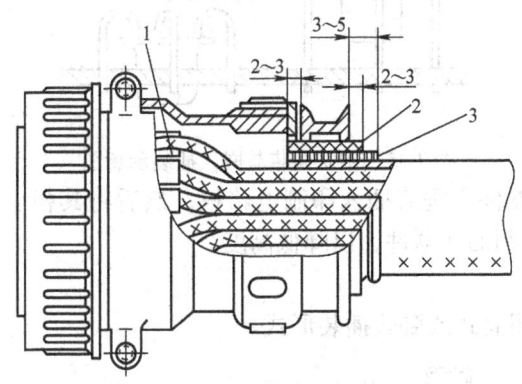 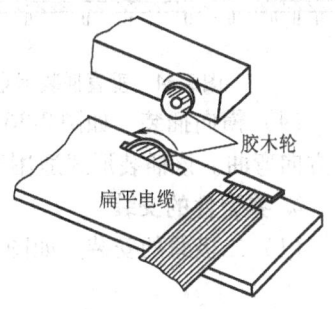

图2-31 非屏蔽电缆在插座上的安装　　　　图2-32 扁平电缆端头的
1—绝缘套管　2—电缆用橡胶套　　　　　　　　处理示意图
3—棉线或亚麻线涂 Q98—1 漆

2.2.5　通孔插装电子元器件的安装工艺

1. 元器件的插装形式

元器件的插装形式可分为卧式插装、垂直插装、倒立插装、嵌入插装和横向插装。

（1）卧式插装　卧式插装是将元器件紧贴在印制电路板的板面水平放置，元器件与印制电路板之间的距离可视具体要求而定。卧式插装又分为贴板安装和悬空安装。

1）贴板安装。如图2-33a所示，元器件贴紧印制电路板板面且安装距离小于1mm，如为金属外壳则应加垫，适用于防振产品。

2）悬空安装。如图 2-33b 所示，距印制电路板板面有一定高度，安装距离一般在 3~8cm，适用于发热元器件的安装。

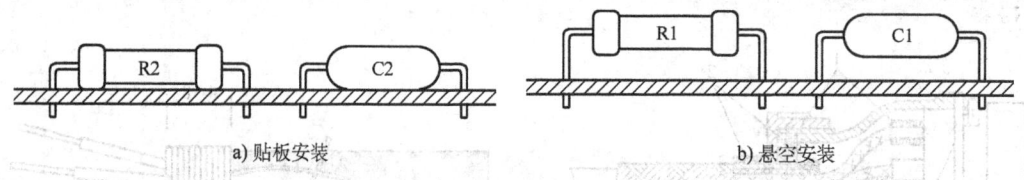

a) 贴板安装　　　　　　　　　　　　b) 悬空安装

图 2-33　卧式插装示意图

卧式插装的优点是元器件的重心低，比较牢固稳定，振动时不易脱落，更换时比较方便。由于元器件是水平放置，故节约了垂直空间。

（2）垂直插装　如图 2-34 所示，垂直安装是垂直于印制电路板的安装，也叫立式插装，适用于安装密度较高的场合，但重量大且引线细的元器件不宜采用。

垂直插装的优点是插装密度大，占用印制电路板的面积小，插装与拆卸都比较方便。

（3）倒立插装与嵌入插装（埋头安装）　如图 2-35 所示，这两种插装形式一般情况下应用不多，是为了特殊的需要而采用的插装形式（如高频电路中为减少元器件引脚带来的天线作用）。嵌入插装除为了降低高度外，更主要的是提高元器件的防振能力和加强牢靠度。

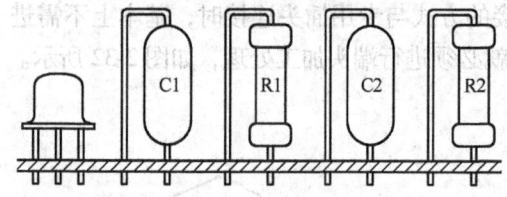

图 2-34　垂直插装示意图　　　　图 2-35　倒立插装与嵌入插装示意图

（4）横向插装　如图 2-36 所示，它是将元器件先垂直插入印制电路板，然后将其朝水平方向弯曲。该插装形式适用于具有一定高度限制的元器件，以降低高度。

2. 典型件的安装

（1）二极管的安装　如图 2-37 所示，可采用立式或卧式插装形式。

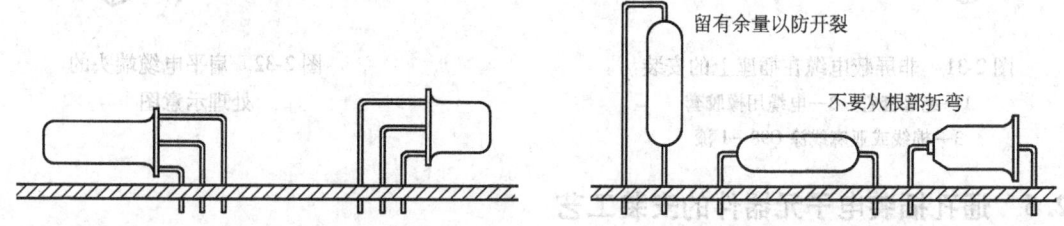

图 2-36　横向插装示意图　　　　　图 2-37　二极管安装示意图

（2）晶体管的安装　晶体管的安装以立式插装最为普遍，在特殊情况下也有采用横向或倒立插装的。不论采用哪一种插装形式，其引线都不能保留得太长，太长的引线会带来较大的分布参数，一般保留的长度为 3~5mm；但也不能保留得太短，以防止焊接时过热而损坏晶体管。

对于一些大功率自带散热片的塑封晶体管，为提高其使用功率，往往需要再加一块散热板。安装散热板时，一定要让散热板与晶体管的自带散热片有可靠的接触，使之顺利散热，如图 2-38 所示。三端稳压器的安装与中功率晶体管的安装相同。

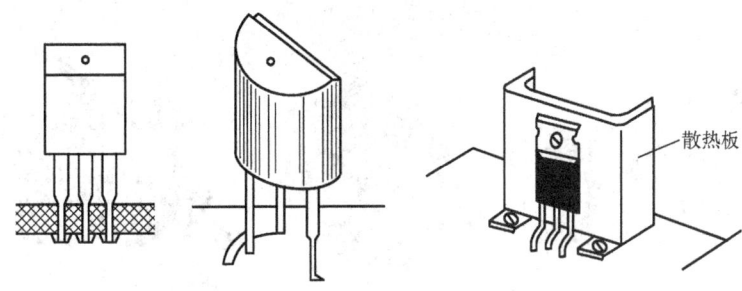

图 2-38　塑封晶体管安装示意图

（3）集成电路的安装　集成电路在装入印制电路板前，首先要判断引线的排列顺序，然后再检查引线是否与印制电路板的孔位相同，否则就可能装错或装不进孔位，甚至将引线弄弯。安装集成电路时，不能用力过猛，以防止弄断或弄偏引线。

集成电路的封装形式很多，有单列直插式封装、双列直插式封装和扁平式封装等。在使用时，一定要弄清楚引线排列的顺序及第一引脚是哪一个，然后再插入印制电路板。

（4）重、大元器件的安装

1）中频变压器及输入、输出变压器带有固定脚，安装时将固定脚插入印制电路板的相应孔位，先焊接固定脚，再焊接其他引脚。

2）对于较大体积的电源变压器，一般要采用螺钉固定。螺钉上最好加上弹簧垫圈，以防止螺钉或螺母松动。

3）磁棒的安装一般采用塑料支架固定。先将塑料支架插到印制电路板的支架孔位上，然后用电烙铁从印制电路板的反面将塑料脚加热熔化，使之形成铆钉，将支架牢固地固定在印制电路板上，待塑料脚冷却后，再将磁棒插入即可。

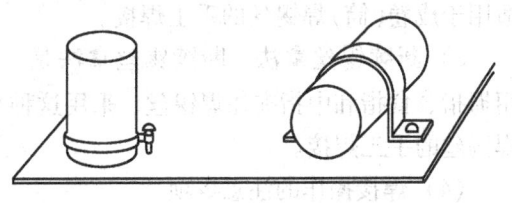

图 2-39　大电解电容器的安装示意图

4）对于体积较大的电解电容器，可采用弹性夹固定，如图 2-39 所示。

3. 元器件安装注意事项

1）引脚的弯折方向都应与铜箔走线方向相同。

2）安装二极管时应注意极性及外壳封装。

3）为区别极性和正负端，安装时应加上带颜色的套管区别。

4）大功率晶体管的发热量大，一般不宜装在印制电路板上。

2.2.6　通孔插装电子元器件的手工焊接工艺

1. 手工焊接的操作要领

（1）焊接姿势　焊接时应保持正确的姿势。一般烙铁头的顶端距操作者鼻尖部位至少要保持 20cm 以上，通常为 40cm，以免助焊剂受热挥发出的有害化学气体进入人体。同时要挺胸端坐，不要躬身操作，并要保持室内空气流通。

（2）电烙铁的握法　电烙铁一般有正握法、反握法、执笔法三种握法，如图2-40所示。

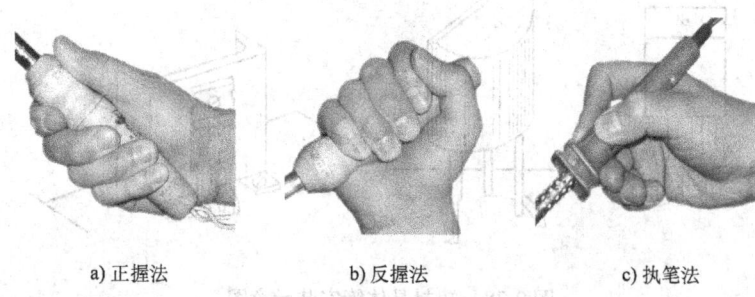

a) 正握法　　　　b) 反握法　　　　c) 执笔法

图 2-40　电烙铁的握法

正握法适用于中等功率电烙铁或带弯头电烙铁的操作。

反握法动作稳定，长时间操作不易疲劳，适用于大功率电烙铁的操作。

执笔法多用于小功率电烙铁在操作台上焊接印制电路板上的元器件等焊件。

（3）焊锡丝的拿法　根据连续锡钎焊和断续锡钎焊的不同焊锡丝的拿法分为两种，如图2-41所示。

1）连续锡丝拿法。连续锡丝拿法是用拇指和食指握住焊锡丝，其他三手指配合拇指和食指把焊锡丝连续向前送进。它适用于成卷（筒）焊锡丝的手工焊接。

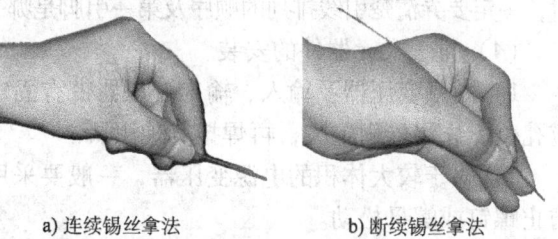

a) 连续锡丝拿法　　　　b) 断续锡丝拿法

图 2-41　焊锡丝的拿法

2）断续锡丝拿法。断续锡丝拿法是用拇指、食指和中指夹住焊锡丝，采用这种拿法，焊锡丝不能连续向前送进。它适用于小段焊锡丝的手工焊接。

（4）焊接操作的注意事项

1）由于焊锡丝成分中铅占一定比例（众所周知，铅是对人体有害的重金属），因此操作时应戴手套，操作后应洗手，避免食入。

2）助焊剂受热时挥发出来的化学物质对人体是有害的，如果在操作时人的鼻子距离烙铁头太近，则很容易将有害气体吸入。一般鼻子距烙铁头的距离应不小于30cm，通常以40cm为宜。

3）使用电烙铁要配置烙铁架，一般放置在工作台右前方，电烙铁用后一定要稳妥地放于烙铁架上，并注意导线等物不要碰到烙铁头。

2. 手工焊接的基本要求

焊锡丝一般要用手送入被焊处，不要用烙铁头上的焊锡去焊接，这样很容易造成焊料的氧化，助焊剂的挥发。因为烙铁头温度一般都在300℃左右，焊锡丝中的助焊剂在高温情况下容易分解失效。

通常可以看到这样一种焊接操作方法，即先用烙铁头沾上一些焊锡，然后将烙铁头放到焊点上停留等待加热后焊锡润湿焊件。应注意，这不是正确的操作方法。虽然这样也可以将焊件焊起来，但却不能保证质量。

3. 手工焊接的操作步骤

焊接操作一般分为准备施焊、加热焊件、熔化焊料、移开焊锡丝、移开电烙铁五步，称为"五步法"，如图 2-42 所示。

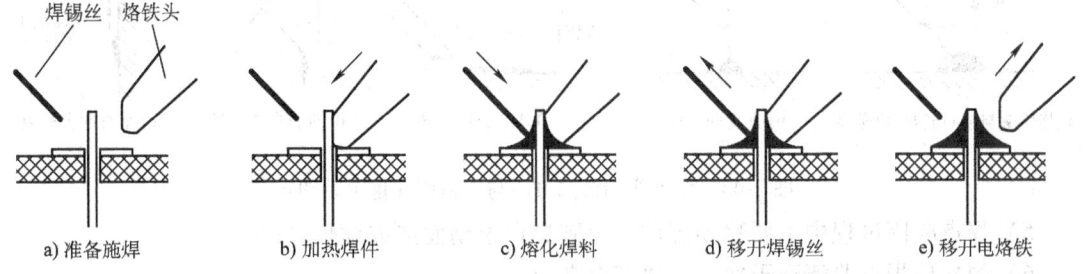

a) 准备施焊　　b) 加热焊件　　c) 熔化焊料　　d) 移开焊锡丝　　e) 移开电烙铁

图 2-42　手工焊接五步法

(1) 准备施焊　将焊接所需材料、工具准备好，如焊锡丝、松香助焊剂、电烙铁及烙铁架等。焊接前对烙铁头进行检查，查看其是否能正常吃锡。如果吃锡不好，就要将其锉干净，再通电加热并用松香和焊锡将其镀锡，即预上锡。

(2) 加热焊件　加热焊件就是将预上锡的烙铁头放在焊点上，使焊件的温度上升。烙铁头放在焊点上时应注意，其位置应能同时加热焊件与铜箔，并要尽可能加大与焊件的接触面，以缩短加热时间，保护铜箔不被烫坏。

(3) 熔化焊料　待焊件加热到一定温度后，将焊锡丝放到焊件和铜箔的交界面上（注意不要放到烙铁头上），使焊锡丝熔化并浸湿焊点。

(4) 移开焊锡　当焊点上的焊锡已将焊点浸湿时，要及时撤离焊锡丝，以保证焊锡不会过多，焊点不出现堆锡现象，从而获得较好的焊点。

(5) 移开电烙铁　移开焊锡丝后，待焊锡全部润湿焊点，并且松香助焊剂还未完全挥发时，就要及时、迅速地移开电烙铁，烙铁头移开的方向以 45°角最为适宜。如果移开的时机、方向、速度掌握不好，则会影响焊点的质量和外观。

完成这五步后，焊料尚未完全凝固以前，不能移动焊件之间的位置，因为焊料未凝固时，如果相对位置被改变，就会产生假焊现象。

有时也采用三步法焊接，即将上述步骤(2)、(3)合为一步，(4)、(5)合为一步。

4. 焊点质量的基本要求

1) 电气接触良好。良好的焊点应该具有可靠的电气连接性能，不允许出现虚焊、桥接等现象。

2) 机械强度可靠。保证使用过程中，不会因正常的振动而导致焊点脱落。

3) 外形美观。焊点应明亮、清洁、平滑，焊锡量适中并呈裙状拉开，焊锡与焊件之间没有明显的分界。

4) 焊点不应有毛刺和空隙。助焊剂过少会引起毛刺，产生气泡从而造成空隙。

5. 手工焊接的工艺要求

1) 要保持烙铁头清洁，不要有杂物。

2) 要采用正确的加热方式，接触面尽量大。

3) 焊料、助焊剂的用量要适中，焊接的温度和时间要掌握好。

4)电烙铁撤离的方法要掌握好。烙铁头的撤离方向与焊料留存量的关系如图2-43所示。

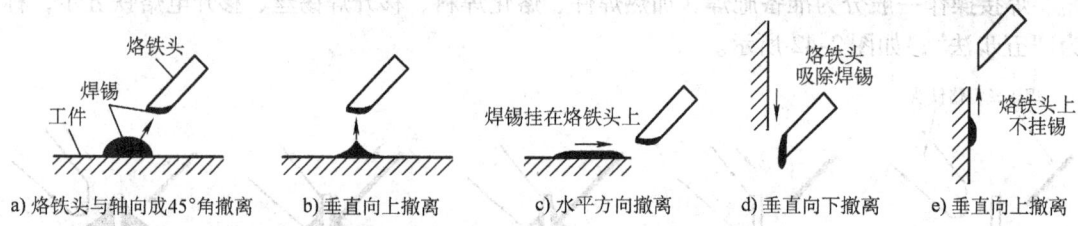

图 2-43 烙铁头的撤离方向与焊料留存量关系图

5)焊点凝固过程中不要移动焊件,否则焊点松动而造成虚焊。

6)焊接后焊点要清洗干净,不要留存杂质。

6. 通孔插装电子元器件的手工焊接

(1)焊接前的准备

1)焊接前要将被焊元器件的引线进行清洁和预挂锡。

2)清洁印制电路板的表面,主要是去除氧化层,检查焊盘和印制导线是否有缺陷和短路点等问题。同时还要检查烙铁头能否吃锡,如果吃锡不良,应进行去除氧化层和预挂锡工作。

3)熟悉相关印制电路板的装配图,并按图样检查所有元器件的型号、规格及数量是否符合图样的要求。

(2)装接顺序 元器件装接的顺序原则上是先低后高、先轻后重、先耐热后不耐热。一般的装接顺序依次是电阻器、电容器、二极管、晶体管、集成电路、大功率管等。

(3)常见元器件的焊接

1)电阻器的焊接。按图样要求将电阻器插入规定位置,插入孔位时要注意,字符标注的电阻器的标称值要向上(卧式)或向外(立式),色码电阻器的色环顺序应朝一个方向,以方便读取。插装时可按图样标号顺序装入,也可按单元电路装入,依具体情况而定,然后就可对电阻器进行焊接。

2)电容器的焊接。将电容器按图样要求装入规定位置,并注意电解电容器的正、负极不能接错,电容器上的标称值要易看可见。可先装玻璃釉电容器、金属膜电容器、瓷介电容器,最后装电解电容器。

3)二极管的焊接。将二极管辨认正、负极后按要求装入规定位置,型号及标记要向上或向外。对于立式插装二极管,焊接其较短的引线时要注意焊接时间,不要超过2s,以避免温升过高而损坏二极管。

4)集成电路的焊接。将集成电路按照要求装入印制电路板的相应位置,并按图样要求进一步检查集成电路的型号、引脚位置是否符合要求,确认无误后便可进行焊接。

7. 导线焊接工艺

导线焊接前要进行处理,剥绝缘层,预焊。

(1)导线焊接的种类 导线与接线端子、导线与导线之间的焊接一般采用绕焊、钩焊、搭焊。

(2)导线焊接的形式

1)导线与接线端子的焊接。通常用压接钳压接,无法使用时再用绕焊、钩焊、搭焊。

2) 导线与导线的焊接。通常以绕焊为主，主要操作步骤如下：
① 将导线去掉一定长度的绝缘层。
② 端头上锡，并套上合适的套管。
③ 绞合，施焊。
④ 趁热套上套管，冷却后套管固定在接头处。
导线与导线之间的焊接方式如图 2-44 所示。

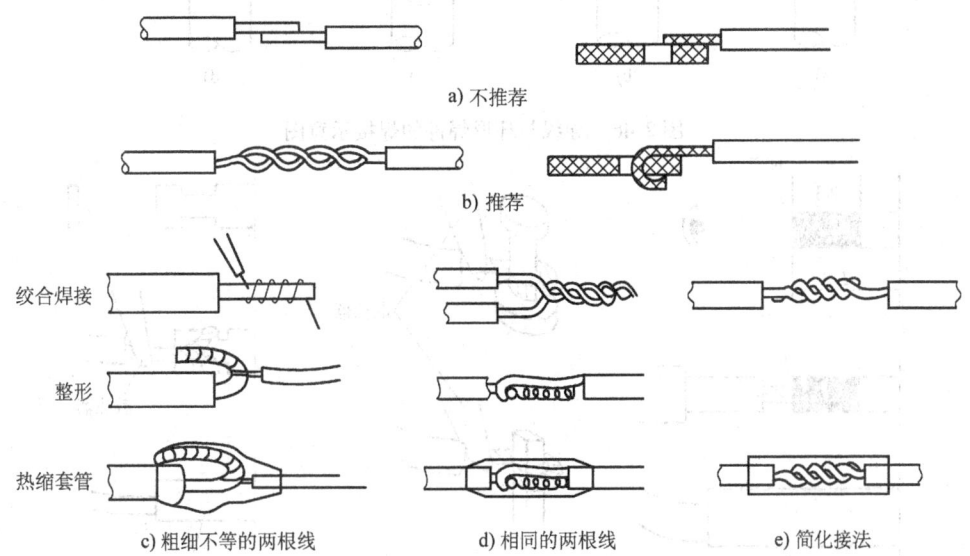

图 2-44　导线与导线之间的焊接示意图

3) 导线与片状焊件的焊接。通常采用钩焊，外加绝缘套管，如图 2-45 所示。

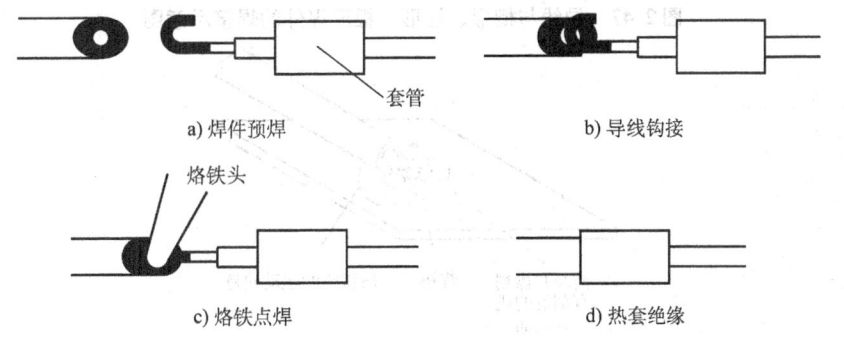

图 2-45　导线与片状焊件的焊接示意图

4) 导线与环形焊件的焊接。通常采用插焊，外加绝缘套管，如图 2-46 所示。

5) 导线与槽形、柱形、板形焊件的焊接。通常采用搭焊、绕焊，外加绝缘套管，如图 2-47 所示。

6) 导线在金属板上的焊接。一般采用焊锡膏助焊，如图 2-48 所示。

7) 导线在 PCB 上的焊接。导线应通过 PCB 的穿线孔，从元器件面穿过，焊接在焊盘上。

（3）导线拆焊方法　加热熔化焊锡，用镊子或尖嘴钳拆下导线引线即可。

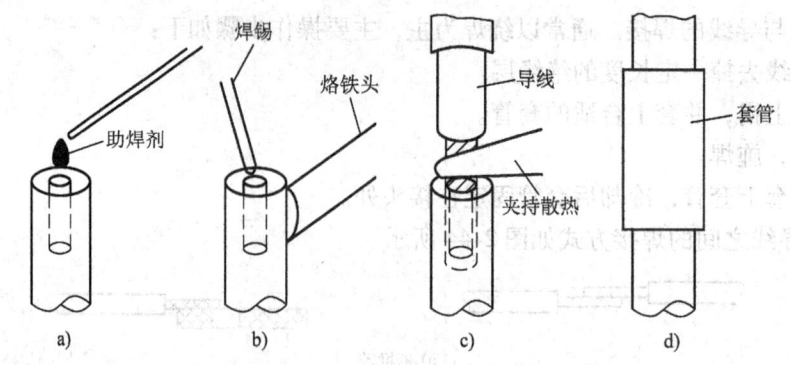

图 2-46 导线与环形焊件的焊接示意图

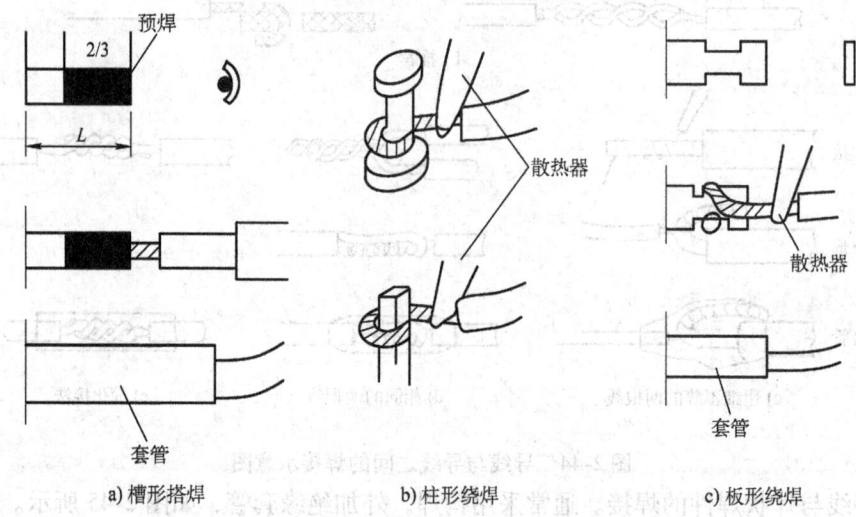

图 2-47 导线与槽形、柱形、板形焊件的焊接示意图

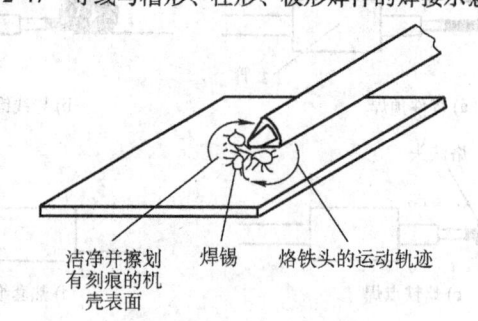

图 2-48 导线在金属板上的焊接

2.3 任务实施

2.3.1 手工装接的工艺流程设计

1. 装接前的准备

1) 对照材料清单,识读原理图与元器件装配图。

2) 印制电路板的检查及元器件的识别与检测。
3) 元器件成形加工及导线准备。
4) 焊接工具和焊接材料的准备。

2. 元器件的装接

1) 元器件的检测与引线成形。
2) 元器件的插装焊接。

3. 装接后的检查试机

所有元器件都装接后，进行检查，确认无误后试机。

2.3.2 元器件的检测与引线成形

1. 电阻、电容、二极管、晶体管的检测与引线成形

（1）元器件的检测　用万用表对电阻、电容、二极管、晶体管进行检测，检测方法同第 1 章元器件的检测方法。

（2）元器件引线成形　根据印制电路板元器件焊盘间的距离，对轴线类元器件采用立式插装方式进行成形；对于电容和晶体管，根据实际尺寸进行成形处理。用手动工具按照成形工艺要求进行加工处理。

2. 天线、中周、输入输出变压器的检测

这些属于电感类元器件，用万用表检测一次、二次绕组是否开路和短路，一次、二次绕组间及与金属外壳间是否短路。

3. 双联电容器、开关电位器的检测

用万用表检测双联电容器各引出金属片间是否短路和开路，用万用表检测开关电位器两固定端电阻及中间滑动端与固定端电阻变化是否有断点。

4. 扬声器的检测

将万用表打在欧姆档，用表笔碰触扬声器的两个引线焊点，听扬声器是否发出喀喀声。

2.3.3 元器件的插装焊接

1. 安装顺序

按电子元器件的装配原则，应是按先小后大、先轻后重、先分立后集成的顺序进行安装。但对于印制电路板上没有元器件符号标记的情况，按照这个原则往往容易出错。在实际生产实践中，先安装集成件，再安装分立件，先安装大器件，再安装小器件，这样很容易找对位置，并且不易遗漏。所以，对调幅收音机的装配采取如下顺序：双联电容—中周—输入、输出变压器—电位器—耳机插座—电阻器—电容器—二极管—晶体管—天线—跨接线—电池夹—扬声器。

2. 手工焊接

对照印制电路板及元器件装配图，按照上述装配顺序进行元器件的插装，用 25W 内热式电烙铁按照手工焊接工艺要求进行焊接，焊点质量合格。

3. 剪脚

用斜口钳或剪刀将多余引线剪掉，引脚高度保留 0.5~1.5mm。

2.3.4 装接后的检查试机

装接后进行仔细检查，把断点焊接好，元器件引脚无互相碰触短路现象，检查无误后装入前后机壳和度盘旋钮，上好螺钉，装上两节 5 号干电池通电试机。装配好的调幅收音机如图 2-49 所示。

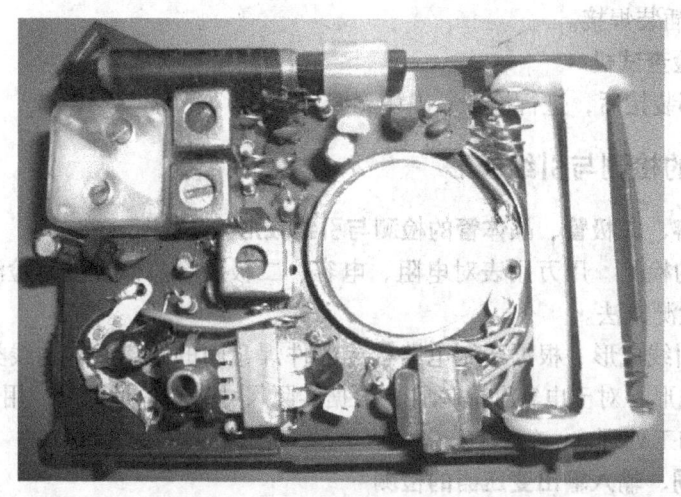

图 2-49 装配好的调幅收音机

2.4 相关知识

2.4.1 焊接质量与缺陷分析

1. 焊点的质量要求

焊接结束后，要对焊点进行外观检查。焊点质量的好坏，将直接影响整机的性能指标。对焊点的基本质量要求有下列几个方面：

1）防止虚焊和漏焊。
2）焊点不应有毛刺、砂眼和气泡。
3）焊点的焊锡要适量。
4）焊点要有足够的强度。
5）焊点表面要光滑。
6）引线头必须包围在焊点内部。
7）焊点表面要清洁。

2. 焊接缺陷分析

焊点会存在虚焊(假焊)、拉尖、桥接、堆焊、空洞、浮焊、球焊、印制电路板铜箔起翘、焊盘脱落等缺陷。

(1) 虚焊(假焊)　指焊锡简单地依附在被焊件的表面上，没有与被焊件的金属紧密结合，形成金属合金的现象，如图 2-50 所示。从外形上看，虚焊的焊点好像是焊接良好的，但实际上是松动的,或电阻很大甚至没有连接。

造成虚焊的主要原因是:焊接面氧化或有杂质,焊锡质量差,助焊剂性能不好或用量不当,焊接温度掌握不当,焊接结束但焊锡尚未凝固时被焊件移动等。

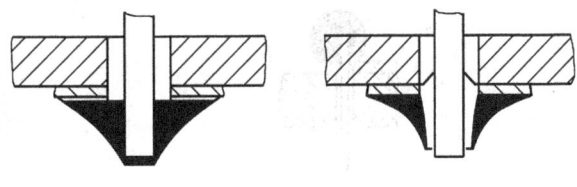

图 2-50　虚焊示意图

(2) 拉尖　拉尖是指焊点表面有尖角、毛刺的现象,如图 2-51 所示。

造成拉尖的主要原因是焊接时间过长使焊料粘性增加、烙铁头离开焊点的方向不对、电烙铁离开焊点太慢、焊料质量不好、焊料中杂质太多、焊接时的温度过低等。

拉尖造成的后果是外观不佳、易造成桥接现象。对于高压电路,有时会出现尖端放电的现象。

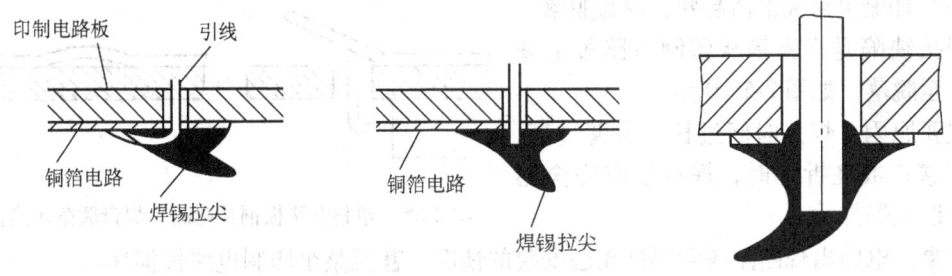

图 2-51　拉尖示意图

(3) 桥接　桥接是指焊料将印制电路板中相邻的印制导线及焊盘连接起来的现象,如图2-52所示。

造成桥接的主要原因是焊锡用量过多、电烙铁使用或撤离方向不当。

桥接造成的后果是导致产品出现电气短路,有可能使相关电路的元器件损坏。

(4) 堆焊　堆焊是指焊点的焊料过多,外形轮廓不清,甚至根本看不出焊点的形状,而焊料又没有布满被焊物引线和焊盘,如图 2-53 所示。

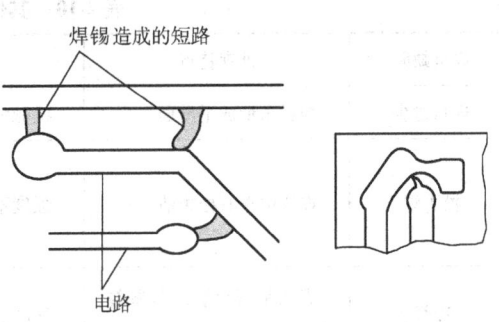

图 2-52　桥接示意图

造成堆焊的原因是焊料过多,或者是焊接时的温度过低,焊料没有完全熔化,焊点加热不均匀,以及焊盘、引线不能润湿等。

(5) 空洞(不对称)　空洞是由于焊盘的插件孔太大、焊料不足,致使焊料没有全部填满印制电路板插件孔而形成的,如图 2-54 所示。除上述原因以外,如印制电路板焊盘插件孔位置偏离了焊盘中点,或插件孔周围焊盘氧化、脏污、预处理不良也可能形成空洞。

(6) 浮焊　浮焊的焊点没有正常的焊点光泽和圆滑,而是呈白色细粒状,表面凹凸不平。

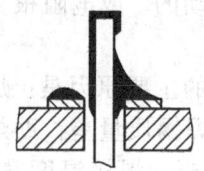

图 2-53 堆焊示意图　　　　图 2-54 空洞示意图

造成浮焊的原因是电烙铁温度不够，或焊接时间太短，或焊料中杂质太多。浮焊的焊点机械强度较弱，焊料容易脱落。

(7) 球焊　球焊是指焊点形状像球形，与印制电路板只有少量连接的现象。

球焊形成的主要原因：印制电路板板面有氧化物或杂质。

球焊造成的后果：由于被焊部件只有少量连接，因而其机械强度差，略微振动就会使连接点脱落，造成虚焊或断路故障。

(8) 印制电路板铜箔起翘、焊盘脱落

这种焊接缺陷是指铜箔从印制电路板上翘起，甚至脱落，如图 2-55 所示。

主要原因：焊接时间过长、温度过高、反复焊接；或在拆焊时，焊料没有完全熔化就拔取元器件。

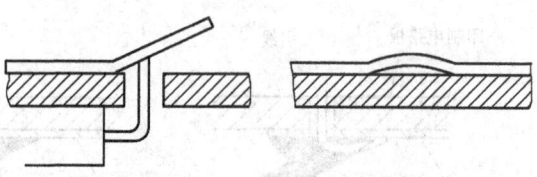

图 2-55 印制电路板铜箔起翘、焊盘脱落示意图

后果：电路出现断路或元器件无法安装的情况，甚至整个印制电路板损坏。

除了上述缺陷外，还有其他一些焊接缺陷，见表 2-10。

表 2-10 其他焊接缺陷分析表

焊接缺陷	外观特点	危　害	原　因　分　析
焊料过少	焊料未形成平滑面	机械强度不足	焊锡丝撤离过早
松香焊	焊缝中夹有松香渣	强度不足，导通不良	① 助焊剂过多或已失效 ② 焊接时间不足，加热不够 ③ 表面氧化膜未去除
冷焊	表面呈现豆腐渣状颗粒，可能有裂纹	强度低，导电性不好	焊料未凝固前焊件抖动或电烙铁瓦数不够
过热	焊点发白，无金属光泽，表面较粗糙	焊盘容易剥落，强度降低	电烙铁功率过大，加热时间过长
松动	导线或元器件引线可移动	导通不良或不导通	① 未凝固前引线移动造成空隙 ② 引线未处理好，浸润差或不浸润
针孔	目测或用低倍放大镜可以看见有孔	强度不足，焊点容易腐蚀	插件孔与引线间隙太大
气泡	引线根部内部藏有空洞	暂时通，但长时间容易引起导通不良	引线与插件孔间隙过大或引线浸润不良

2.4.2 手工拆焊方法

1. 手工拆焊技术

在调试或维修电子产品时,经常需要将焊接在印制电路板上的元器件拆卸下来,这个拆卸的过程就是拆焊,有时也称为解焊。拆焊比焊接困难得多,若掌握不好,将会损坏元器件或印制电路板。

(1) 拆焊的常用工具和材料 普通电烙铁、镊子、吸锡器、吸锡电烙铁及吸锡材料等。

(2) 拆焊的操作要点

1) 严格控制加热的温度和时间。

2) 拆焊时不要用力过猛。

3) 吸去拆焊点上的焊料。

2. 拆焊方法

常用的拆焊方法有分点拆焊法、集中拆焊法和断线拆焊法。

(1) 分点拆焊法 逐个对焊点进行拆除,具体方法如图 2-56 所示。

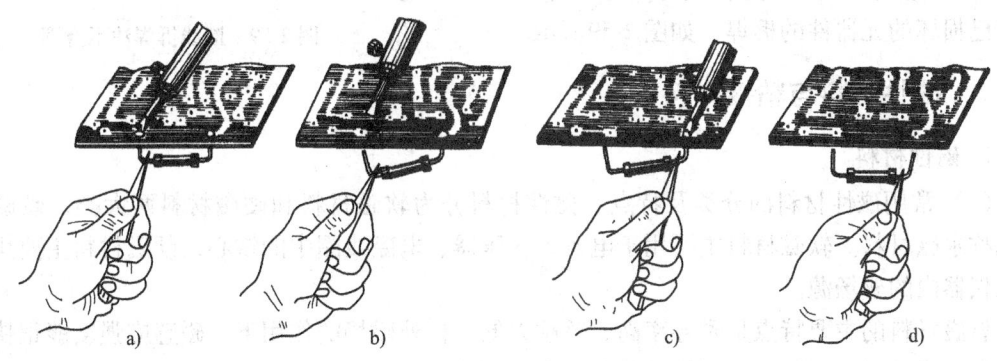

图 2-56 分点拆焊法示意图

将印制电路板竖起来夹住,一边用电烙铁加热待拆元器件的焊点,一边用镊子或尖嘴钳夹住元器件引线轻轻拉出。

重焊时需用锥子将插件孔在加热熔化焊锡的情况下扎通。

(2) 集中拆焊法 同时对多个焊点进行拆除,可采用多种工具进行拆除。

1) 选用医用空心针头拆焊。如图 2-57 所示,将医用针头用钢锉锉平,作为拆焊的工具,具体方法是:一边用电烙铁熔化焊点,一边把针头套在被焊的元器件引线上,直至焊点熔化后,将针头迅速插入印制电路板的插件孔内,使元器件的引线与印制电路板的焊盘脱开。

2) 选用气囊吸锡器拆焊。如图 2-58 所示,将被拆的焊点加热,使焊料熔化,再把气囊吸锡器挤瘪,将吸嘴对准熔化的焊料,然后放松气囊吸锡器,焊料就被吸进气囊吸锡器内。

3) 选用铜编织线拆焊。将铜编织线的部分吃上松香助焊剂,然后放在将要拆焊的焊点上,再把电烙铁放在铜编织线上加热焊点,待焊点上的焊料熔化后,就被铜编织线吸去。若焊点上的焊料一次没有被吸完,则可进行第二次、第三次,直至吸完。铜编织线吸满焊料后,就不能再用,需要把已吸满焊料的部分剪去。

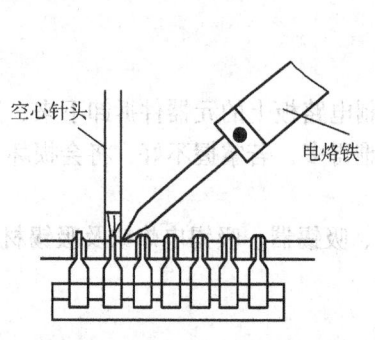

图 2-57 医用空心针头拆焊示意图　　图 2-58 气囊吸锡器拆焊示意图

4) 选用吸锡电烙铁拆焊。吸锡电烙铁是一种专用于拆焊的电烙铁,它能在对焊点加热的同时,把锡吸入内腔,从而完成拆焊。

(3) 断线拆焊法　把引线剪断后再进行拆焊,适用于已损坏的元器件的拆焊,如图 2-59 所示。

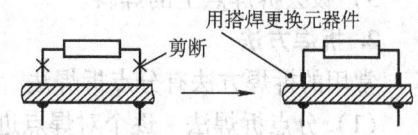

图 2-59 断线拆焊法示意图

2.4.3 磁性材料与粘接材料

1. 磁性材料

(1) 常用磁性材料的分类及特点　磁性材料分为软磁材料和硬磁材料两大类,硬磁材料也称永磁材料。软磁材料主要用于电机、变压器、电磁线圈中的铁心,硬磁材料主要用于电工仪器内的磁场源。

软磁材料的主要特点是磁导率高、矫顽力低,在外磁场的作用下,磁感应强度能很快达到饱和,当外磁场去除后,磁性就基本消失,剩磁小。

硬磁材料的主要特点是矫顽力高,经饱和磁化后,即使去掉外磁场,也能保持长时间且稳定的磁性。如铝镍钴、稀土钴、硬磁铁氧体等。

(2) 磁性材料的应用范围　常用软磁材料的主要特点和应用范围见表 2-11。

表 2-11　常用软磁材料的主要特点和应用范围

品　种	主　要　特　点	应　用　范　围
电工用纯铁	含碳量在 0.04% 以下,饱和磁感应强度高、冷加工性好,但电阻率低,铁损高	一般用于直流磁场
硅钢片	铁中加入 0.8%~4.5% 的硅而成为硅钢;与电工用纯铁比,电阻率高,铁损低,导热系数低,硬度提高,脆性增大	电机、变压器、继电器、互感器、开关等产品的铁心
铁镍合金	在低磁场作用下,磁导率高,矫顽力低,但对应力比较敏感	频率在 1MHz 以下,低磁场中工作的元器件
铁铝合金	与铁镍合金相比,电阻率高,比重小,但磁导率低,随着含铝量的增加,硬度和脆性增大,塑性变差	低磁场和高磁场下工作的元器件
软磁铁氧体	烧结体,电阻率非常高,但饱和磁感应强度低,温度稳定性也较差	高频或较高频范围内的电磁元器件

(续)

品　种		主　要　特　点	应 用 范 围
其他磁材料	铁钴合金	饱和磁感应强度特高，饱和磁滞伸缩系数和居里温度高，但电阻率低	航空器件的铁心，电磁铁磁极，换能器元件
	恒导磁合金	在一定的磁感应强度、温度和频率范围内，磁导率基本不变	恒电感和脉冲变压器的铁心
	磁温度补偿合金	居里温度低，在环境温度范围内，磁感应强度随温度升高，急剧地近似线性地减少	磁温度补偿元器件

常用硬磁材料的性能和主要用途见表 2-12。

表 2-12　常用硬磁材料的性能和主要用途

种　类		性　能	主　要　用　途
铸造铝镍钴系硬磁材料	各向同性	制造工艺简单，可做成体积大或多功用磁体，但性能是硬磁材料中最低的	一般磁电系仪表、永磁电机、磁分离器、微电机、里程表
	热磁处理，各向异性	剩磁和最大磁能积大，制造工艺复杂	精密磁电系仪表、永磁电机、流量计、微电机、磁性支座、传感器、微波器件、扬声器
	定向结晶，各向异性	性能是硬磁材料中最高的，制造工艺复杂，脆性大，容易折断	精密磁电系仪器、永磁电机、流量计、微电机、磁性支座、传感器、扬声器、微波器件
粉末烧结镍钴系硬磁材料		表面光洁、密度小，原料消耗少，磁性能较低，宜作体积小或要求工作磁通均匀性高的硬磁体	微电机、永磁电机、继电器、小型仪表
铁氧体硬磁材料		矫顽力高，恢复磁导率小，密度小，电阻率大	永磁点火电机、永磁电机、永磁选矿机、永磁吊头、磁推轴承、磁分离器、扬声器、微波器件、磁医疗片
稀土钴硬磁材料		矫顽力和最大磁能积是硬磁材料中最高的，有毒，适用于微型或薄片状永磁体	低速转矩电动机、起动电动机、力矩电动机、传感器、磁推轴承、助听器、电子聚焦装置
塑性变性硬磁材料		剩磁大，矫顽力低	里程表、罗盘仪

2. 粘接材料

粘接也称胶接，是一种新的连接工艺。粘接时，要根据受力情况、工作温度及工作环境等条件选用合适的粘合剂。形成良好粘接的三要素是：选择适宜的粘合剂，处理好粘接表面，选择正确的固化方法。

（1）常用粘合剂

1）快速粘合剂。快速粘合剂有常用的 501、502 胶，成分是聚丙烯酸酯胶。其渗透性好，粘接快（几秒钟至几分钟即可固化，24h 可达到最高强度），几乎可以粘接除聚乙烯、氟塑料以及某些合成橡胶以外的所有材料。缺点是接头的韧性差，不耐热。

2）环氧类粘合剂。这种粘合剂的品种多，常用的有 911、914、913、J-11、JW-1 等。其粘接范围广，且有耐热、耐碱、耐潮、耐冲击等优良性能。但不同的产品各有特点，需要根据产品的条件合理选择。这类粘合剂大多是双组份胶，要随用随配，并且要求有一定的温度与时间作为固化条件。

3）酚醛-聚乙烯醇缩醇类粘合剂。这种粘合剂的品种有201、205、JSF-4等，可粘接铝、铜、钢、玻璃等，且耐热、耐油。

4）耐低温胶——聚胺酯粘合剂。这种粘合剂有很多品种：JQ-1、101、202、405、717等。粘接范围也很广，各种纸、木材、织物、塑料、金属、陶瓷等都可以被良好粘接，其最大特点是低温性能好。

这类胶在固化时需要有一定的压力，并经过很长时间才能达到最高强度，适当提高温度可缩短固化时间。

5）耐高温胶——聚酸亚胺粘合剂。这种粘合剂的常用牌号有14#～30#，可粘接铝合金、不锈钢、陶瓷等。其工作温度可达300℃，胶膜的绝缘性能也很好。

（2）电子工业专用胶

1）导电胶。这种胶有结构型和添加型两种。结构型指树脂本身具有导电性；添加型则是指在绝缘的树脂中加入金属导电粉末，例如加入银粉、铜粉等配制而成。这种胶的电阻率各不相同，可用于陶瓷、金属、玻璃、石墨等制品的机械-电气连接。成品有701、711、DAD3-DAD6、三乙醇胺导电胶等。

2）导磁胶。这种胶是在粘合剂中加入一定的磁性材料，使粘接层具有导磁作用。聚苯乙烯、酚醛树脂、环氧树脂等粘合剂加入铁氧体磁粉或羰基铁粉等，可组成不同导磁性能和工艺性导磁胶。主要用于铁氧化体零件、变压器等的粘接加工。

3）热熔胶。这种胶有类似于焊锡的物理特性，即在室温下为固态，加热到一定温度后成为熔融态，即可粘接工件，待温度降低到室温时就能将工件粘合在一起。这种胶存放方便并可长期反复使用，其绝缘、耐水、耐酸性也很好，是一种很有发展前景的粘合剂。粘接范围包括金属、木材、塑料、皮革及纺织品等。

4）光敏胶。光敏胶是由光引发而固化（如紫外线固化）的一种新型粘合剂，由树脂类粘合剂中加入光敏剂、稳定剂等配制而成。光敏胶具有固化速度快、操作简单、适于流水线生产的特点。它可以用于印制电路板和电子元器件的连接。在光敏胶中加入适当的焊料配制成焊膏，可用于集成电路的安装。

2.5 任务总结

1）常用导线分电线类和电缆类。不同导线应用场合不同，选用导线时要考虑电气因素、环境因素和装配工艺因素。

2）绝缘材料按其化学性质可分为无机、有机和复合绝缘材料。绝缘材料的主要参数：耐压强度、机械强度、耐热等级等。

3）常用焊接材料包括焊料（焊锡）和焊剂（助焊剂与阻焊剂）；电烙铁是手工施焊的主要工具。合理选择、使用电烙铁是保证焊接质量的基础。

4）磁性材料分为软磁材料和硬磁材料两类，软磁材料的主要特点是磁导率高、矫顽力低，在外磁场的作用下，磁感应强度能很快达到饱和，当外磁场去除后，磁性就基本消失，剩磁小。硬磁材料的主要特点是矫顽力高，经饱和磁化后，即使去掉外磁场，也将保持长时间且稳定的磁性。

5）绝缘导线的加工处理分为剪裁、剥头、捻头（多股线）、搪锡、清洗、印标记等过程。

6）常用的线扎绑扎方法有线绳捆绑法、专用线扎搭扣扣接法、胶合粘接法、套管套装法等。

7）屏蔽导线和同轴电缆的外形结构相同，加工方式也一致，包括不接地线端的加工、接地线端的加工和导线的端头绑扎处理等。

8）元器件的引线成形主要有专用模具成形、专用设备成形以及手工用尖嘴钳进行简单加工成形等方法。其中模具手工成形较为常用。

9）元器件的引线在浸锡前，应在距离器件根部 2~5mm 处开始去除氧化层。从除去氧化层到进行浸锡的时间间隔一般不要超过 1h。

10）元器件的插装形式可分为卧式插装、垂直插装、倒立插装、嵌入插装和横向插装。

11）手工焊接时，常采用五步操作法。

12）导线与接线端子之间的焊接有三种基本形式：绕焊、钩焊和搭焊。

13）手工拆焊方法与技巧：一般电阻、电容、二极管、晶体管等元器件的引脚不多，对这些元器件可直接用电烙铁进行拆焊。当需要拆下有多个引线的元器件或虽然元器件的引线数少但引线比较硬时，可以采用自制专用工具拆焊，如自己制作一个专用烙铁头。

14）粘接也称胶接，形成良好粘接的三要素是：选择适宜的粘合剂，处理好粘接表面，选择正确的固化方法。

2.6 练习与巩固

1. 简述常用导线的种类及特点。
2. 绝缘导线的加工工艺流程是什么？
3. 导线与焊件的焊接形式通常有哪些？
4. 对线扎的绑扎有哪些方法？各有何特点？
5. 常用焊料有哪些？
6. 常见电烙铁有哪些种类？各有何特点？
7. 烙铁头形状有哪些？
8. 引线成形工艺的基本要求有哪些？
9. 焊接工艺的基本条件是什么？
10. 手工焊接的工艺步骤及工艺要求有哪些？
11. 焊点的质量要求及焊接缺陷有哪些？分析焊接缺陷的产生原因。
12. 拆焊的操作要点和拆焊方法是什么？
13. 实操练习：找一块废旧的带有焊盘的印制电路板，若干个带引脚的元器件，进行装接和拆焊训练。

第3章 印制电路板的制作工艺

3.1 任务驱动：直流集成稳压电源电路板的手工制作

3.1.1 任务描述

印制电路板是在覆铜板上完成印制导线和导电图形工艺加工的成品板，是实现电子元器件之间电气连接的电子部件，同时为电子元器件和机电部件提供了必要的机械支撑。印制电路板作为一种互连工艺，革新了电子产品的结构工艺和组装工艺。本章通过直流集成稳压电源电路板的制作，引出印制电路板的制作工艺。通过对直流集成稳压电源电路板的手工制作任务的实施完成，使学生掌握印制电路板制作工艺的理论知识和技能知识，能进行印制电路板的手工制作。

3.1.2 任务目标

1. 知识目标

1) 掌握半导体集成电路的识别与检测知识。
2) 掌握印制电路板的种类和特点。
3) 掌握印制电路板的设计方法。
4) 掌握印制电路板的制作工艺。

2. 技能目标

1) 能够进行印制电路板的设计。
2) 能够完成印制电路板的制作。
3) 进一步熟练通孔插装元器件的装接。

3.1.3 任务要求

1) 根据原理图和元器件明细设计印制电路板。注意，变压器不在印制电路板上。
2) 根据设计好的印制电路板图，制作直流集成稳压电源印制电路板。
3) 对元器件进行检测、整形；进行元器件的正确插装；用焊接工具进行手工焊接；装接后进行检查。
4) 直流集成稳压电源原理图及元器件明细。直流集成稳压电源原理图如图3-1所示。

直流集成稳压电源元器件明细：电容C1，电解电容器，470μF/25V；C2，涤纶电容器，0.33μF/63V；C3，涤纶电容器，0.1μF/63V；二极管VD1～VD4，1N4007；三端稳压器，W7812；变压器，～220V/16V，2.5W。

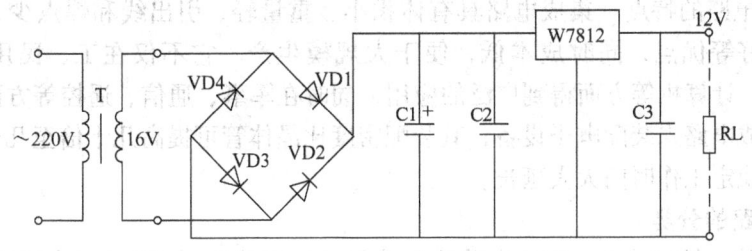

图 3-1　直流集成稳压电源原理图

3.2 任务资讯

3.2.1 半导体集成电路的识别与检测

1. 集成电路的概念

集成电路的英文名称为 Integrated Circuit，缩写为 IC。各种集成电路如图 3-2 所示。

图 3-2　各种集成电路图

（1）集成电路的定义　在一块极小的硅单晶片上，利用半导体工艺或薄、厚膜工艺制作许多二极管、晶体管、电阻器、电容器等元器件，并按某种电路形式互连，封装在一起完成一定功能的电子电路称为集成电路。集成电路实现了元器件、电路和系统的三结合。

(2) 集成电路的特点　集成电路具有体积小、重量轻、引出线和焊点少、寿命长、可靠性高、性能好等优点，同时成本低，便于大规模生产。它不仅在工、民用电子设备如DVD、电视机、计算机等方面得到广泛的应用，同时在军事、通信、遥控等方面也得到广泛的应用。用集成电路来装配电子设备，其装配密度比晶体管可提高几十倍至几千倍，设备体积减小，设备稳定工作时间大大延长。

2. 集成电路的分类

(1) 按功能、结构分类　集成电路按其功能、结构的不同可以分为模拟集成电路、数字集成电路两类。

模拟集成电路又称线性电路，用来产生、放大和处理各种模拟信号。模拟信号指幅度随时间变化而变化的信号，例如半导体收音机的音频信号、电话机的音频信号、电视机的视频信号等。

数字集成电路用来产生、放大和处理各种数字信号。数字信号指在时间上和幅度上都离散取值的信号，例如VCD、DVD重放的音频信号和视频信号。

(2) 按制作工艺分类　集成电路按其制造工艺的不同可分为半导体集成电路、膜集成电路和混合集成电路三类。膜集成电路又分为厚膜集成电路和薄膜集成电路。

(3) 按集成度分类　集成电路按其集成度高低的不同可分为小规模集成电路(SSI)、中规模集成电路(MSI)、大规模集成电路(LSI)及超大规模集成电路(VLSI)四类。

对模拟集成电路，一般认为每片集成50个以下元器件为小规模集成电路，每片集成50~100个元器件为中规模集成电路，每片集成100个以上元器件为大规模集成电路。

对数字集成电路，一般认为每片集成1~10个等效门或10~100个元器件为小规模集成电路，每片集成10~100个等效门或100~1000个元器件为中规模集成电路，每片集成100~10000个等效门或1000~100000个元器件为大规模集成电路，每片集成10000个以上等效门或100000个以上元器件为超大规模集成电路。

(4) 按导电类型分类　集成电路按导电类型的不同分为双极型集成电路和单极型集成电路两类。双极型集成电路的制作工艺复杂、功耗较大，代表集成电路有TTL、ECL、HTL、LST-TL、STTL等类型。单极型集成电路的制作工艺简单、功耗也较低、易于制成大规模集成电路，代表集成电路有CMOS、NMOS、PMOS等类型。

(5) 按用途分类　集成电路按用途可分为电视机用集成电路、音响用集成电路、录像机用集成电路、电子琴用集成电路、通信用集成电路、照相机用集成电路、遥控集成电路、语言集成电路、报警器用集成电路及各种专用集成电路。

3. 国产半导体集成电路型号的命名方法

国产半导体集成电路的型号由五部分组成，各部分的符号及表示的意义见表3-1。

例如"CT4020ED"为低功耗肖特基TTL双4输入与非门，其中，C表示符合国家标准，T表示TTL电路，4020表示低功耗肖特基系列双4输入与非门，E表示-40~85℃，D表示陶瓷双列直插封装。

表3-1　集成电路型号中各部分的意义

第一部分	第二部分	第三部分	第四部分	第五部分
用字母表示器件符合国家标准	用字母表示器件的类型	用阿拉伯数字表示器件的序号	用字母表示器件的工作温度范围	用字母表示器件的封装形式

(续)

第一部分		第二部分		第三部分	第四部分		第五部分	
符号	意义	符号	意义		符号	意义	符号	意义
C	中国制造	T	TTL	器件系列和品种代号，一般用阿拉伯数字及字母表示	C	0~70℃	W	陶瓷扁平
		H	HTL		G	-25~70℃	B	塑料扁平
		E	ECL				F	全密封扁平
		C	CMOS		L	-25~85℃	D	陶瓷双列直插
		F	线性放大器				P	塑料双列直插
		D	音响电视电路		E	-40~85℃	J	黑瓷双列直插
		W	稳压器		R	-55~85℃	K	金属菱形
		J	接口电路				T	金属圆壳
		B	非线性电路		M	-55~125℃	S	塑料单列直插
		M	存储器				H	黑瓷扁平
		u	微机电路					

4. 集成电路的引脚识别方法

集成电路通常有单列直插式、双列直插式、四边带引脚的扁平式等几种封装形式，不论哪种集成电路，其外壳上都有供识别引脚排序和定位（或称第1脚）的标记。使参考标记朝左下方，则处于最左下方的引脚是第1脚，再按逆时针方向依次数引脚，便是第2脚、第3脚等。

（1）单列直插式封装　单列直插式封装（SIP）一般是正面（印有型号商标的一面）朝识别者，引脚朝下，以缺口、凹槽或色点作为引脚参考标记，引脚编号顺序一般是从左向右。

（2）双列直插式封装　双列直插式封装（DIP）一般是集成电路引脚朝下，以缺口或色点等标记为参考标记，引脚编号顺序是从参考标记对应的引脚开始按逆时针方向排列。

（3）四边带引脚的扁平式封装　四边带引脚的扁平型封装（UFP）的引脚识别方法同双列直插式封装。

集成电路封装形式如图3-3所示。

（4）进口IC的引脚识别方法　有些进口IC的引脚排序是反向的。这类IC的型号后面带有后缀字母"R"。型号后面无"R"的是正向型引脚，有"R"的是反向型引脚，如图3-4所示。

5. 三端集成稳压器

三端集成稳压器是将功率调整管、取样电阻以及基准稳压、误差放大、启动和保护电路等全部集成在一个芯片上而形成的。它具有体积小、可靠性高、通用性强、使用方便和成本低等优点。

三端集成稳压器按性能和用途不同可分为三端固定正输出稳压器（如7800系列）、三端固定负输出稳压器（如7900系列）、三端可调正输出稳压器和三端可调负输出稳压器四种。

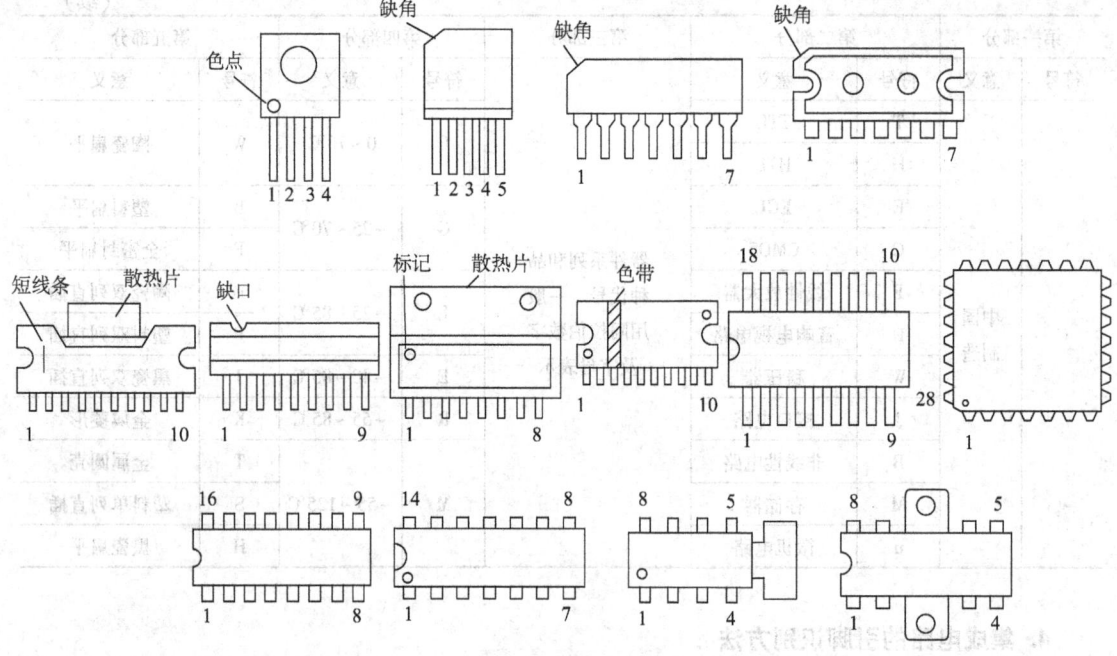

图 3-3 集成电路封装形式图

(1) 三端固定式集成稳压器的分类

1) 按照输出电压的极性分类。分为正压稳压器(7800 系列)和负压稳压器(7900 系列)两种。

2) 按照输出电压的大小分类。输出电压有 5V、6V、9V、12V、15V、18V、24V 等几种标称电压。相应地 7800 系列有 7805、7806、7809、7812、7815、7818、7824 七种,7900 系列也有七种,即 7905、7906、7909、7912、7915、7918、7924。

3) 按照输出电流的大小分类。输出电流有 0.1A、0.5A、1.5A、3A、5A 等几种。相应地 7800 系列分为 78L00 系列(0.1A)、78M00 系列(0.5A)、7800 系列(1.5A)、78T00 系列(3A)、78H00 系列(5A)五种。7900 系列分为 79L00 系列、79M00 系列、7900 系列三种。

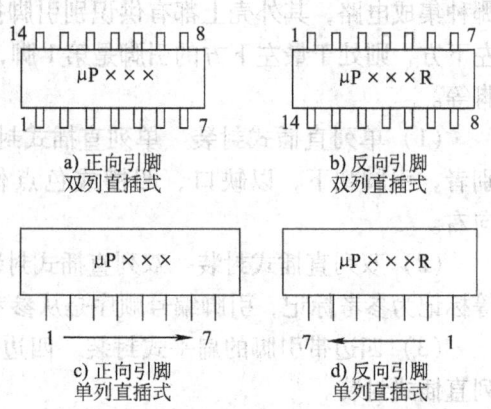

图 3-4 进口 IC 的引脚顺序图

4) 按照封装形式分类。在 7800、7900 系列三端集成稳压器中,最常用的是 TO-220 和 TO-202 两种封装。这两种封装的图形及引脚序号、引脚功能如图 3-5 所示。

图中引脚号的标注方法是按照引脚电位从高到低的顺序标注的,①脚为最高电位,③脚为最低电位,②脚居中。从图 3-5 中可以看出,不论 7800 系列还是 7900 系列,②脚均为输出端。对于 7800 系列,输入是最高电位,为①脚;地端是最低电位,为③脚。对于 7900 系列,输入是最低电位,自然为③脚;而地端是最高电位,为①脚;输出是中间电位,为②脚。

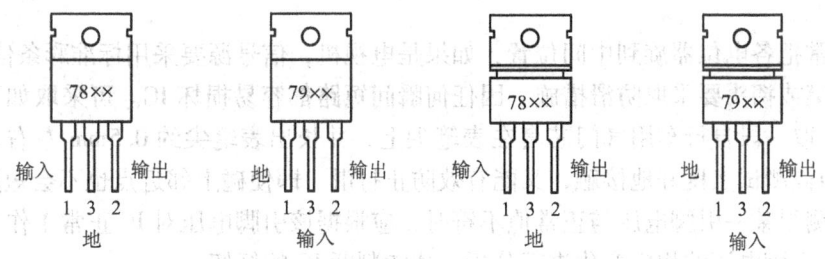

图 3-5 TO-220 和 TO-202 封装

(2) 三端固定式集成稳压器的应用 输入端电容 C1 用以改善纹波电压，输出端电容 C2 用以改善负载的瞬态响应，一般输出端不需要接入大容量电解电容器，如图 3-6 所示。

6. 常用集成电路的检测

集成电路的检测一般有不在电路中检测、在电路中检测和代换法三种方法。不在电路中检测有两种方法，一种是使用万用表检测，另一种是使用专用测量集成电路的仪器检测，这里重点介绍使用万用表检测的方法。

(1) 不在电路中检测 此方法是在 IC 未焊入电路时进行的，一般情况下可用万用表测量各引脚与接地引脚之间的正、反向电阻值，并和完好的 IC 进行比较。

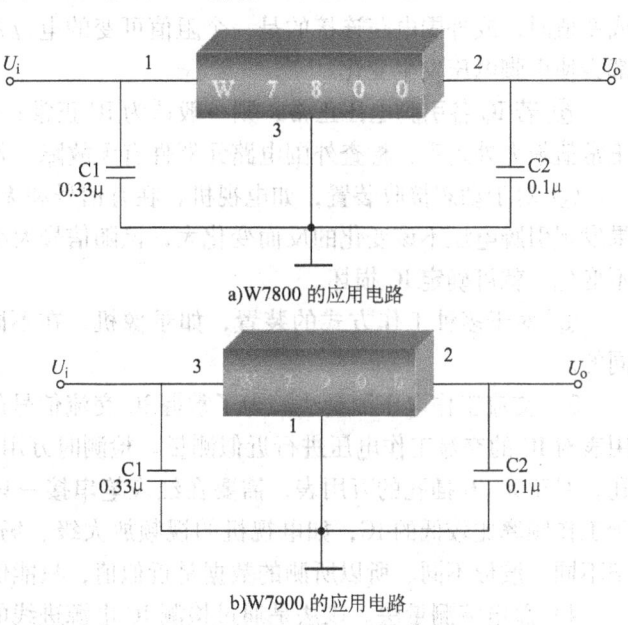

图 3-6 三端固定式集成稳压器的应用

(2) 在电路中检测 通过万用表测量 IC 各引脚在路(IC 在电路中)直流电阻、对地交直流电压以及总电流。

1) 在路直流电阻测量法。这是一种用万用表欧姆档，直接在电路板上测量 IC 各引脚和外围电路元器件的正反向直流电阻值，并与正常数据相比较，来发现和确定故障的方法。测量时要注意以下三点：

① 测量前要先断开电源，以免测量时损坏万用表和元器件。

② 万用表欧姆档的内部电压不得大于 6V，量程最好用 "R×100" 或 "R×1k" 档。

③ 测量 IC 引脚参数时，要注意测量条件，如被测机型、与 IC 相关的电位器的滑动臂位置等，还要考虑外围电路元器件的好坏。

2) 直流工作电压测量法。这是一种在通电情况下，用万用表直流电压档对直流供电电压、外围电路元器件的工作电压进行测量；测量 IC 各引脚对地直流电压值，并与正常值相比较，进而压缩故障范围，找出损坏的元器件。测量时要注意以下 8 点：

① 万用表要有足够大的内阻，至少要大于被测电路电阻的 10 倍以上，以免造成较大的

测量误差。

② 通常把各电位器旋到中间位置，如果是电视机，信号源要采用标准彩条信号发生器。

③ 表笔或探头要采取防滑措施。因任何瞬间短路都容易损坏IC。可采取如下方法防止表笔滑动：取一段自行车用气门芯套在表笔尖上，并长出表笔尖约0.5mm左右，这样既能使表笔尖与被测试点良好地接触，又能有效防止打滑，即使碰上邻近点也不会短路。

④ 当测得某一引脚电压与正常值不符时，应根据该引脚电压对IC正常工作有无重要影响以及其他引脚电压的相应变化进行分析，才能判断IC的好坏。

⑤ IC各引脚电压会受外围电路元器件影响。当外围电路元器件发生漏电、短路、开路或变值时，或外围电路连接的是一个阻值可变的电位器时，电位器滑动臂所处的位置不同，都会使引脚电压发生变化。

⑥ 若IC各引脚电压正常，则一般认为IC正常；若IC部分引脚电压异常，则应从偏离正常值最大处入手，检查外围电路元器件有无故障，若无故障，则IC很可能损坏。

⑦ 对于动态接收装置，如电视机，在有信号和无信号时，IC各引脚电压是不同的。如果发现引脚电压不该变化的反而变化大，该随信号大小和可调元器件不同位置而变化的反而不变化，就可确定IC损坏。

⑧ 对于多种工作方式的装置，如录像机，在不同工作方式下，IC各引脚电压也是不同的。

3）交流工作电压测量法。为了掌握IC交流信号的变化情况，可以用带有dB插孔的万用表对IC的交流工作电压进行近似测量。检测时万用表置于交流电压档，红表笔插入dB插孔；对于无dB插孔的万用表，需要在红表笔串接一只$0.1 \sim 0.5 \mu F$的隔直电容。该法适用于工作频率比较低的IC，如电视机的视频放大级、场扫描电路等。由于这些电路的固有频率不同、波形不同、所以所测的数据是近似值，只能供参考。

4）总电流测量法。该法是通过检测IC电源进线的总电流，来判断IC好坏的一种方法。由于IC内部绝大多数为直接耦合，IC损坏时（如某一个PN结击穿或开路）会引起后级饱和或截止，使总电流发生变化。所以通过测量总电流的方法可以判断IC的好坏。也可测量电源通路中电阻的电压降，用欧姆定律计算出总电流值。

3.2.2 印制电路板基础

印制电路板（Printed Circuit Board, PCB）是由绝缘底板、连接导线和装配焊接电子元器件的焊盘组成，具有导电和绝缘底板的双重作用。

PCB是在覆铜板上完成印制电路图形工艺加工的成品板，它起到电路元件和器件之间的电气连接作用。

印制电路板的主要材料是覆铜板，而覆铜板是由基板、铜箔和粘合剂构成。覆铜板是把一定厚度（$35 \sim 50 \mu m$）的铜箔通过粘合剂热压在一定厚度的绝缘基板上而构成的。通常覆铜板的厚度有1.0mm、1.5mm和2.0mm。

覆铜板的种类很多，按基材的品种可分为纸基板、玻璃布板和合成纤维板；按粘合剂树脂来分有酚醛、环氧酚醛、聚脂和聚四氟乙烯等。

1. 印制电路板的特点

1）实现电路中各个元器件的电气连接，代替复杂的布线，减少了接线工作量和连线差错,简化了装配、焊接和调试的工作,降低了产品成本,提高了劳动生产率。

2) 布线密度高,缩小了整机体积,有利于电子产品的小型化。

3) 具有良好的产品一致性,可以采用标准化设计,有利于实现机械化和自动化生产,有利于提高电子产品的质量和可靠性。

4) 可以使整块经过装配调试的印制电路板作为一个备件,便于电子整机产品的互换与维修。

2. 印制电路板的分类

印制电路板按其结构可分为如下 5 种:

1) 单面印制电路板。单面印制电路板通常是用酚醛纸基单面覆铜板,通过印制和腐蚀的方法,在绝缘基板覆铜箔一面制成印制导线。它适用于对电性能要求不高的收音机、收录机、电视机、仪器和仪表等。

2) 双面印制电路板。双面印制电路板是在两面都有印制导线的印制电路板。通常采用环氧树脂玻璃布铜箔板或环氧酚醛玻璃布铜箔板。由于两面都有印制导线,一般采用过孔连接两面的印制导线。其布线密度比单面板更高,使用更为方便。它适用于对电性能要求较高的通信设备、计算机、仪器和仪表等。

3) 多层印制电路板。多层印制电路板是在绝缘基板上制成三层以上印制导线的印制电路板。它由几层较薄的单面或双面印制电路板(每层厚度在 0.4mm 以下)叠合压制而成。安装元器件的孔需经金属化处理,使之与夹在绝缘基板中的印制导线导通。广泛使用的有四层、六层、八层,更多层的也有。

主要特点:与集成电路配合使用,有利于整机小型化及重量的减轻;接线短、直,布线密度高;由于增设了屏蔽层,可以减小电路的信号失真;引入了接地散热层,可以减少局部过热,提高整机的稳定性。

4) 软性印制电路板。软性印制电路板也称柔性印制电路板,是以软层状塑料或其他软质绝缘材料为基板制成的印制电路板。它可以分为单面、双面和多层三大类。

软性印制电路板除了重量轻、体积小、可靠性高以外,最突出的特点是具有挠性,能折叠、弯曲、卷绕。软性印制电路板在电子计算机、自动化仪表及通信设备中应用广泛。

5) 平面印制电路板。将印制电路板的印制导线嵌入绝缘基板,使导线与基板表面平齐,就构成了平面印制电路板。平面印制电路板的导线上都电镀一层耐磨的金属,通常用于转换开关、电子计算机的键盘等。

3. 印制电路板的组成及常用术语

一块完整的 PCB 是由焊盘、过孔、安装孔、定位孔、印制导线、元器件面、焊接面、阻焊层和丝印层等组成。

1) 焊盘。对覆铜箔进行处理而得到的元器件连接点。

2) 过孔。在双面 PCB 上将上下两层印制导线连接起来且内部充满或涂有金属的小孔。

3) 安装孔。用于固定大型元器件和 PCB 的小孔。

4) 定位孔。用于 PCB 加工、检测和定位的小孔,可用安装孔代替。

5) 印制导线。将覆铜板上的铜箔按要求经过蚀刻处理而留下的网状细小的线路。

6) 元器件面。PCB 上用来安装元器件的一面,单面 PCB 是无印制导线的一面,双面

PCB 是印有元器件图形标记的一面，如图 3-7a 所示。

7) 焊接面。PCB 上用来焊接元器件引脚的一面，一般不作标记，如图 3-7b 所示。

a) 元器件面　　　　　　　　　　　　　　b) 焊接面

图 3-7　印制电路板元器件面和焊接面

8) 阻焊层。PCB 上的绿色或棕色层面，是绝缘的防护层，如图 3-8a 所示。

9) 丝印层。PCB 上印出文字与符号（白色）的层面，采用丝印的方法，如图 3-8b 所示。

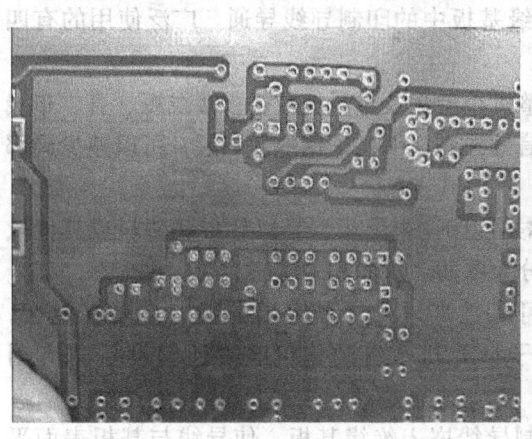 

a) 阻焊层　　　　　　　　　　　　　　b) 丝印层（白色字符）

图 3-8　阻焊层、丝印层

3.2.3　印制电路板的设计过程及方法

印制电路板的设计是将原理图转换成印制电路板图的过程。通常设计有两种方法，一种是人工设计，另一种是计算机辅助设计（CAD）。对于简单不需批量生产的电路板，可采用人工设计方法。

1. 印制电路板设计步骤

1) 确定印制电路板的尺寸、形状、材料，确定印制电路板与外部的连接，确定元器件的安装方法。

2) 在印制电路板上布设导线和元器件，确定印制导线的宽度、间距和焊盘的直径和孔径。

3）把用手工或计算机设计好的PCB图保存好，下一步进行印制电路板的制作。

2. 印制电路板设计规则

（1）整体布局原则　在进行印制电路板布局之前必须对电路原理图有深刻的理解，只有在彻底理解电路原理的基础上，才能做到正确、合理地布局。在进行布局时，要考虑到避免各级电路之间和元器件之间的相互干扰，这些干扰包括电场干扰——电容耦合干扰、磁场干扰——电感耦合干扰、高频和低频间干扰、高压和低压间干扰，还有热干扰等。在进行布局时，还要满足设计指标，符合生产加工和装配工艺的要求，要考虑到电路调试和维护维修的方便。对电路中所用元器件的电气特性和物理特征要充分了解，如元器件的额定功率、电压、电流、工作频率，元器件的物理特性，如体积、宽度、高度、外形等。印制电路板的整体布局还要考虑到整个板的重心平稳、元器件疏密恰当、排列美观大方。

印制电路板上的元器件一般分为规则排列和不规则排列。

1）规则排列也叫整齐排列，即把元器件按一定规律或一定方向排列，这种排列由于受元器件位置和方向的限制，印制电路板导线的布线距离长而且布线复杂，电路间的干扰大，一般只有电路工作在低电压、低频（1MHz以下）的情况下使用。规则排列的优点是整齐美观，且便于进行机械化打孔及装配。

2）不规则排列也叫就近排列，由于不受元器件位置和方向的限制，按照电路的电气连接就近布局，所以布线距离短且简捷，电路间的干扰少，有利于减少分布参数，适合高频（30MHz以上）电路的布局。不规则排列的缺点是外观不整齐，也不便于进行机械化打孔及装配。

（2）元器件布局原则

1）对于单面印制电路板，元器件只能安装在没有印制电路的一面，元器件的引线通过安装孔焊接在印制导线的焊盘上。对于双面印制电路板，元器件也尽可能安装在板的一面，以便于加工、安装和维护。

2）在板面上的元器件应按照原理图的顺序尽量成直线排列，并力求安装紧凑和密集，以缩短引线，减少分布电容，这对于高频电路尤为重要。

3）如果由于电路的特殊要求必须将整个电路分成几块进行安装，则应使每一块装配好的印制电路板成为具有独立功能的电路，以便于单独进行调试和维护。

4）为了合理地布置元器件、缩小体积和提高机械强度，可在主要的印制电路板之外再安装一块辅助板，将一些笨重元器件如变压器、扼流圈、大电容器、继电器等安装在辅助板上，这样有利于加工和装配。

5）确定元器件的位置时，应考虑它们之间的相互影响。元器件放置的方向应与相邻的印制导线交叉，电感元件要注意防止电磁干扰，线圈的轴线应垂直于板面，这样安装的话，元器件间的电磁干扰最小。

6）电路中的发热元器件应放在有利于散热的位置，必要时可单独放置或加装散热片，以利于元器件本身的降温和减少对邻近元器件的影响。

7）对大而重的元器件尽可能安置在印制电路板上靠近固定端的位置，并降低其重心，以提高整板的机械强度和耐振、耐冲击能力，以及减小印制电路板的负荷和变形。

（3）印制导线的布设　印制导线的布设应遵循以下原则：

① 印制导线走向：尽可能取直，以短为佳，能走捷径决不绕远。

② 印制导线弯折：走线平滑、自然为佳，避免急拐弯和尖角，连接处用圆角。

③ 印制导线作地线：公共地线应尽量增大铜箔面积，且布置在PCB边缘；大面积铜箔使用时最好镂空成栅格，导线宽度超3mm时应在导线中间开槽。

④ 双面板印制导线：两面导线避免相互平行；用于输入和输出的印制导线避免平行，之间最好加接地线。

1) 地线的布设：

① 一般将公共地线布置在印制电路板的边缘，便于将印制电路板安装在机架上，也便于与机架（地）相连接。导线与印制电路板的边缘应留有一定的距离（不小于板厚），这不仅便于安装导轨和进行机械加工，而且还提高了电路的绝缘性能。

② 在各级电路的内部，应防止因局部电流而产生的地阻抗干扰，采用一点接地是最好的办法。图3-9a所示为在电路各级间分别采取一点接地的原理示意图。但在实际布线时并不一定能绝对做到，而是尽量使它们安排在一个公共区域之内，如图3-9b所示。

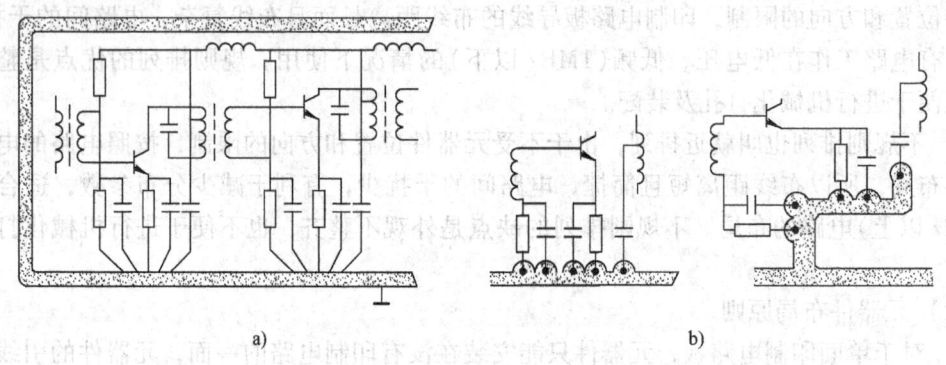

图3-9 印制电路板地线的布设

③ 当电路工作频率在30MHz以上或是工作在高速开关的数字电路中时，为了减小地阻抗，常采用大面积覆盖地线，这时各级的内部元器件接地也应贯彻一点接地的原则，即在一个小的区域内接地，如图3-10所示。

2) 输入、输出端导线的布设：为了减小导线间的寄生耦合，在布线时要按照信号的流通顺序进行排列，电路的输入端和输出端应尽可能远离，输入端和输出端之间最好用地线隔开。在图3-11a中，由于输入端和输出端靠得过近，且输

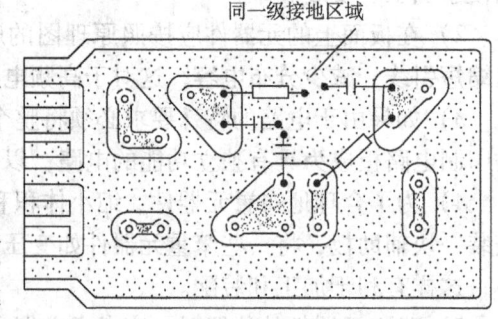

图3-10 印制电路板上的大面积覆盖地线

出导线过长，将会产生寄生耦合，图3-11b所示的布局就比较合理。

3) 高频电路导线的布设：对于高频电路必须保证高频导线、晶体管各电极的引线、输入导线和输出导线短而直，若导线间距离较小则要避免导线相互平行。高频电路应避免用外接导线跨接，若需要交叉的导线较多，最好采用双面印制电路板，将交叉的导线印制在板的两面，这样可使连接导线短而直，在双面板两面的印制导线应避免互相平行，以减小导线间的寄生耦合，最好成垂直布置或斜交，如图3-12所示。

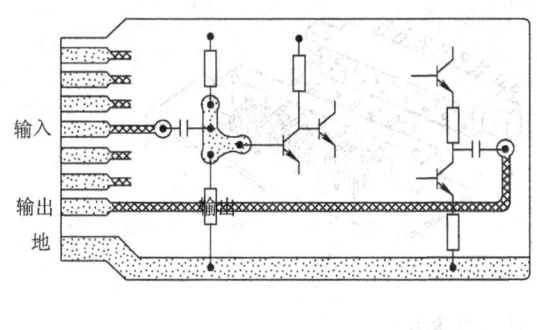
a)

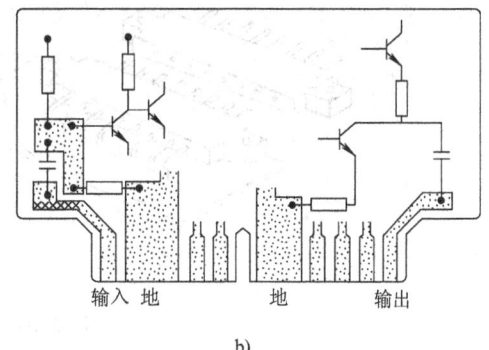
b)

图 3-11 输入、输出端导线的布设

4）印制电路板的对外连接：印制电路板的对外连接有多种形式，可根据整机结构要求而确定。一般采用以下两种方法：

① 用导线互连。将需要对外进行连接的接点，先用印制导线引到印制电路板的一端，导线应从焊点的背面穿入焊接孔，如图 3-13 所示。

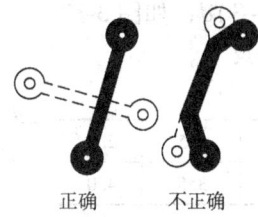

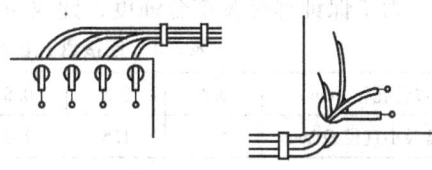

图 3-12 双面印制电路板高频导线的布设　　　图 3-13 导线互连

对于电路有特殊需要，如连接高频高压外导线时，应在合适的位置引出，不应与其他导线一起走线，以避免相互干扰，图 3-14 所示为高频屏蔽导线的外接方法。

② 用印制电路板接插式互连。图 3-15 所示为印制电路板接插的簧片式互连，将印制电路板的一端制成插头形状，以便插入有接触簧片的插座中去。图 3-16 所示是采用针孔式插头与插座的连接，在针孔式插头的两边设有固定孔与印制电路板固定，在插头上有 90°弯针，其一端与印制电路板接点焊接，另一端可插入插座内。

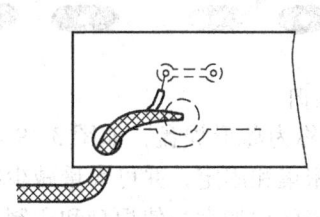

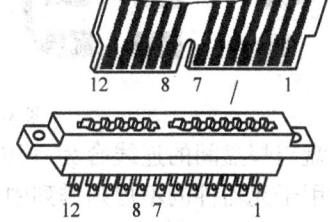

图 3-14 高频屏蔽导线的外接方法　　　图 3-15 簧片式插头与插座

5）印制连接盘：连接盘也叫焊盘，是指印制导线在焊接孔周围的金属部分，供外接引线焊接用。连接盘的尺寸取决于焊接孔的尺寸。焊接孔是指固定元器件引线或跨接线贯穿基板的孔。显然，焊接孔的直径应该稍大于焊接元器件的引线直径。焊接孔孔径的大小与工艺有

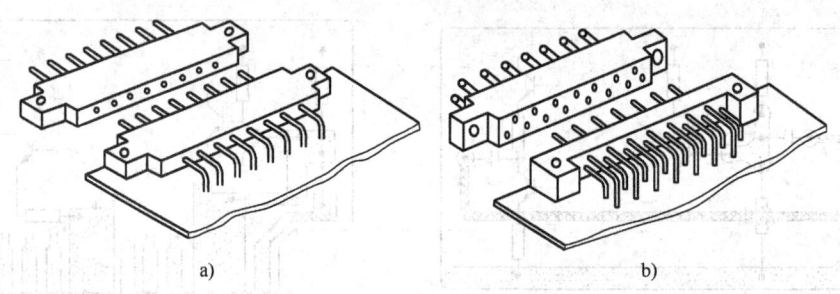

图 3-16　针孔式插头与插座

关,当焊接孔孔径大于或等于印制电路板厚度时,可用冲孔;当焊接孔孔径小于印制电路板厚度时,可用钻孔。一般焊接孔的规格不宜过多,可按表 3-2 来选用(表中有 * 者为优先选用)。

表 3-2　焊接孔的规格

焊接孔孔径/mm	0.4, 0.5*, 0.6		0.8*, 1.0, 1.2*, 1.5*, 2.0*	
允许误差/mm	Ⅰ级 ±0.05	Ⅱ级 ±0.1	Ⅰ级 ±0.1	Ⅱ级 ±0.15

连接盘的直径 D 应大于焊接孔内径 d,一般取 $D = (2 \sim 3)d$,如图 3-17 所示。为了保证焊接及结合强度,建议采用表 3-3 中给出的尺寸。

表 3-3　连接盘直径与焊接孔关系

焊接孔孔径 d/mm	0.4	0.5	0.8	1.0	1.2	1.5	2.0
焊盘最小直径 D/mm	1.5	1.5	2.0	2.5	3.0	3.5	4.0

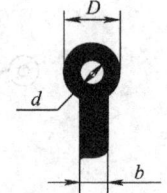

图 3-17　连接盘尺寸示意图

连接盘的形状有很多,圆形连接盘用得最多,因为圆形连接盘在焊接时,焊料将自然堆焊成光滑的圆锥形,结合牢固、美观。但有时为了增加连接盘的粘附强度,也采用正方形、椭圆形和长圆形连接盘。连接盘的常用形状如图 3-18 所示。

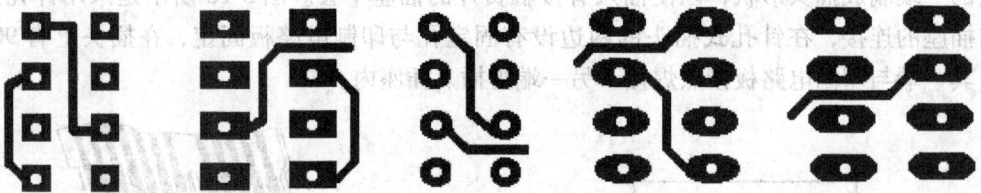

图 3-18　连接盘的形状示意图

若焊盘与焊盘间的连线合为一体,犹如水上小岛,称为岛形焊盘,如图 3-19 所示。岛形焊盘常用于元器件的不规则排列中,有利于元器件的密集和固定,并可大量减少印制导线的长度与数量。此外,焊盘与印制导线合为一体后,铜箔面积加大,使焊盘和印制导线的抗

图 3-19　岛形焊盘

剥离强度大大增加。岛形焊盘多用在高频电路中，它可以减小接点和印制导线的电感，增大地线的屏蔽面积，减少接点间的寄生耦合。

6）印制导线。设计印制电路板时，当元器件布局和布线初步确定后，就要具体地设计印制导线与印制电路板图形。这时必然会遇到印制导线宽度、导线间距等设计尺寸的确定以及图形的格式等问题。导线的尺寸和图形格式不能随便选择，它关系到印制电路板的总尺寸和电路性能。

① 印制导线的宽度。一般情况下，印制导线应尽可能宽一些，这有利于承受电流和便于制造。表3-4所示为0.05mm厚铜箔的导线宽度与允许电流、电阻大小的关系。

表3-4　0.05mm厚铜箔导线宽度与允许电流、电阻的关系

线宽/mm	0.5	1.0	1.5	2.0
I/A	0.8	1.0	1.3	1.9
$R/(\Omega/m)$	0.7	0.41	0.31	0.25

在决定印制导线宽度时，除需要考虑载流量外，还应注意它在印制电路板上的剥离强度以及与连接盘的协调，一般取线宽 $b = (1/3 \sim 2/3)D$。一般的导线宽度为0.3~2.0mm，建议优先采用0.5mm、1.0mm、1.5mm、2.0mm规格，其中0.5mm宽度导线主要用于微小型化电子产品。

印制导线本身也具有电阻，当电流流过时将产生热量和电压降。印制导线的电阻在一般情况下可不予考虑，但当其作为公共地线时，为避免地线产生的电位差引起寄生反馈时要考虑其阻值。

印制电路板的电源线和接地线的载流量较大，因此在设计时要适当加宽，一般取1.5~2.0mm。

当要求印制导线的电阻和电感比较小时，可采用较宽的信号线；当要求分布电容比较小时，可采用较窄的信号线。

② 印制导线的间距。在一般情况下，导线的间距等于导线的宽度即可，但不能小于1mm，否则在焊接元器件时采用浸焊方法就有困难。对微小型化设备，最小导线间距不小于0.4mm。导线间距的选择与焊接工艺有关，采用浸焊或波峰焊时，导线间距要大一些，采用手工焊接时，导线间距可适当小一些。

在高压电路中，相邻导线间存在着高电位梯度，必须考虑其影响。印制导线间的击穿将导致基板表面炭化、腐蚀和破裂。在高频电路中，导线间距将影响分布电容的大小，从而影响着电路的损耗和稳定性。因此，导线间距的选择要根据基板材料、工作环境、分布电容大小等因素来综合确定。最小导线间距还与印制电路板的加工方法有关，选用时就更需要综合考虑。

③ 印制导线的形状。印制导线的形状可分为平直均匀形、斜线均匀形、曲线均匀形、曲线非均匀形，如图3-20所示。

a) 平直均匀形　　b) 斜线均匀形　　c) 曲线均匀形　　d) 曲线非均匀形

图3-20　印制导线的形状

印制导线的形状除要考虑机械因素、电气因素外，还要考虑导线形状的美观大方，所以在设计印制导线的形状时，应遵循图 3-21 所示的原则。

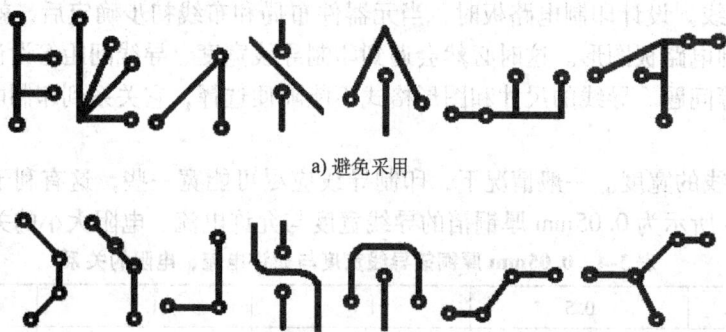

图 3-21　选用印制导线形状的原则

设计印制导线的形状时，应遵循以下原则：

a. 在同一印制电路板上的导线的宽度（除地线外）最好一样。

b. 印制导线应走向平直，不应有急剧的弯曲和出现尖角，所有弯曲与过渡部分均须用圆弧连接。

c. 印制导线应尽可能避免有分支，如必须有分支，则分支处应圆滑。

d. 印制导线尽可能避免长距离平行，双面布设的印制导线不能平行，应交叉布设。

e. 如果印制电路板板面需要有大面积的铜箔，例如电路中的接地部分，则整个区域应镂空成栅状，如图 3-22 所示，这样在浸焊时能迅速加热，并保证涂锡均匀。栅状铜箔还能防止印制电路板受热变形，防止铜箔翘起和剥脱。

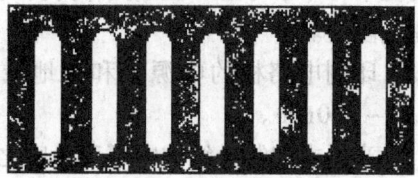

图 3-22　栅状铜箔

3. 印制电路板的具体设计过程及方法

（1）设计印制电路板应具备的条件

1）根据整机总体设计要求，已经确定了电路图，选定了该电路所有的元器件，并且元器件的型号和规格均已确定。

2）确定了对某些元器件的特殊要求，如哪些元器件需要屏蔽、需要经常调整或更换；确定了哪些导线需要采用屏蔽线；电路工作的环境条件如温度、湿度、气压等已经明确。

3）确定了印制电路板与整机其他部分（或分机）的连接形式，已经确定了插座和连接器件的型号规格。

（2）印制电路板的设计步骤和方法

1）选定印制电路板的材料、厚度和板面尺寸。印制电路板的材料选择必须考虑到电气和机械特性，当然还要考虑到价格和制造成本，由此选择印制电路板的基材。电气和机械特性是指基材的绝缘电阻、抗电弧性、印制导线电阻、击穿强度、抗剪强度和硬度。印制电路板厚度的确定，要从结构的角度来考虑，主要是考虑电路板对其上装有的所有元器件重量的承受能力和使用中承受的机械负荷能力。如果只在印制电路板上装配集成电路、小功率晶体管、电阻、电容等小功率元器件，在没有较强的负荷振动条件下，使用厚度为 1.5mm（尺寸在 500mm×500mm 之内）的印制电路板即可。如果板面较大或支撑强度不够，应选择 2～2.5mm 厚的板。印制电路板的厚度已标准化，其尺寸有 1.0mm、1.5mm、2.0mm、2.5mm 几种，最常用的是 1.5mm 和 2.0mm。

对于尺寸很小的印制电路板如计算器、电子表等，为了减小重量和降低成本，可选用更薄一些的敷铜箔层压板来制作。

多层印制电路板的厚度也要根据电路的电气性能和结构要求来确定。

印制电路板的尺寸与印制电路板的加工和装配有密切关系，应从装配工艺的角度考虑两个方面的问题：一方面是便于自动化组装，使设备的性能得到充分利用，能使用通用化、标准化的工具和夹具；另一方面是便于将印制电路板组装成不同规格的产品，安装方便，固定可靠。

印制电路板的外形应尽量简单，一般为长方形，应尽量避免采用异形板。印制电路板的尺寸应尽量靠近标准系列的尺寸，以便简化工艺，降低加工成本。

2）印制电路板坐标尺寸图的设计。用手工绘制 PCB 图时，可借助于坐标纸上的方格正确地表达元器件在印制电路板上的坐标位置。在设计和绘制坐标尺寸图时，应根据电路图并考虑元器件布局和布线的要求，哪些元器件在板内，哪些要加固、要散热、要屏蔽；哪些元器件在板外，需要多少板外连线，引出端的位置如何等，必要时还应画板外元器件接线图。

典型元器件是全部安装元器件中在几何尺寸上具有代表性的元器件，它是布置元器件时的基本单元。再估计一下其他大元器件尺寸相当于典型元器件的倍数（即一个大元器件在几何尺寸上相当于几个典型元器件），这样就可以算出整个印制电路板需要多大尺寸。

阻容元件、晶体管等应尽量使用标准跨距，以适应元器件引线的自动成形。各元器件的安装孔的圆心必须设置于坐标格的交点上。

3）根据电路原理图绘制印制电路板图的草图。首先要选定排版方向及确定主要元器件的位置。排版方向是指在印制电路板上电路从前级向后级总的走向，如从左向右或从右向左，这是设计印制电路板和布线首先要解决的问题。一般在设计印制电路板时，总是希望有统一的电源线及地线，电源线及地线与晶体管最好保持一个最佳的位置，也就是说它们之间的引线应尽量短。

当排版方向确定以后，接下来首先是确定单元电路及其主要元器件，如晶体管、集成电路等的布设。然后再布设特殊元器件，最后确定对外连接的方式和位置。

电路原理图的绘制一般以信号流程及反映元器件在图中的作用为依据，因而在电路原理图中走线交叉的现象很多，这对读图毫无影响，但在印制电路板中出现导线交叉的现象是不允许的，因此在排版中，首先要绘制单线不交叉图，可通过重新排列元器件位置与方向来解决。在较复杂的电路中，有时导线完全不交叉是很困难的，这时可采用"飞线"来解决。"飞线"是指在印制电路板导线的交叉处切断一根，从板的元器件面用一根短接线连接。"飞线"过多，会影响元器件安装效率，不能算是成功之作，所以只有在迫不得已的情况下才使用。

单线不交叉草图的绘制过程如图 3-23 所示。

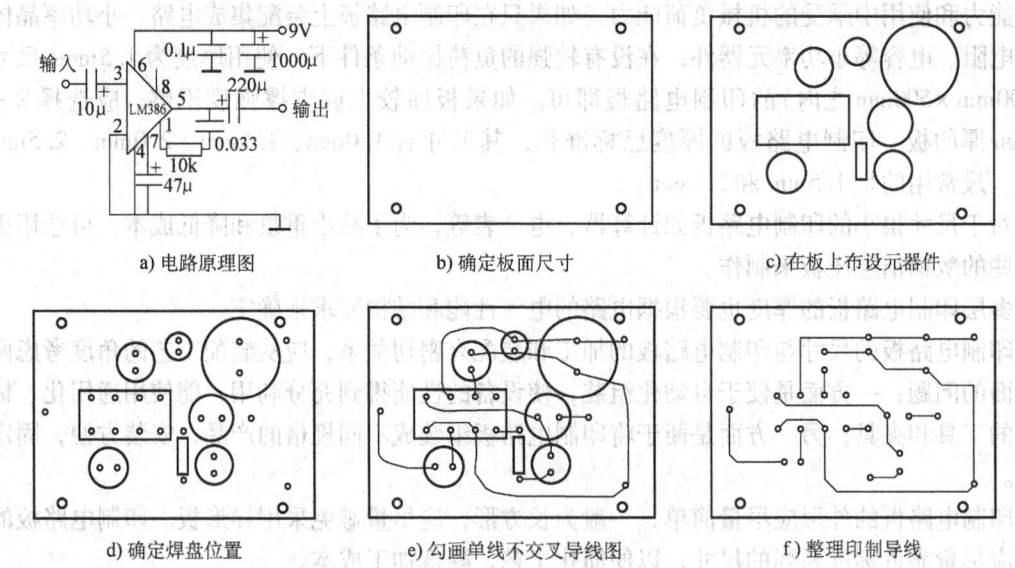

图 3-23 单线不交叉草图的绘制过程

3.2.4 手工制作印制电路板工艺

根据所采用图形转移方法的不同，手工制作印制电路板可用漆图法、贴图法、刀刻法、感光法及热转印法等。目前感光法及热转印法由于制板质量高、无毛刺而被广泛采用。

1. 漆图法制作 PCB

漆图法制作 PCB 的主要步骤如下。

（1）下料 按板图的实际设计尺寸剪裁覆铜板，用锉刀去四周毛刺，用细砂纸或去污粉去掉氧化物，用清水洗净后晾干或擦干。

（2）拓图 用复写纸将已设计好的印制电路板布线草图拓在覆铜板的铜箔面上。印制导线用单线，焊盘用小圆点表示。拓制双面板时，为保证两面定位准确，板与草图均应有三个以上孔距尽量大的定位孔。

（3）钻孔 拓图后，对照板与草图检查焊盘与导线是否有遗漏，然后在板上打出样冲眼，按样冲眼定位打出焊盘孔。一般采用直径 1mm 钻头较适中，对于较粗的插件孔，需用直径为 1.2mm 以上的钻头。

（4）调漆 在描图之前应先把所用的漆调配好。通常可以用稀料调配调和漆，也可以用酒精溶泡虫胶漆片，并配入一些甲基紫（使颜色清晰）。要注意稀稠适宜，以免描不上或流淌，画焊盘的漆应比画线的稍稠一些。也可用油性笔或指甲油。

（5）描漆图 按照拓好的图形，用漆或油性笔描好焊盘及导线。应先描焊盘，要用比焊盘外径稍细的硬导线或木棍蘸漆点画，注意与钻好的孔同心，大小尽量均匀。然后用鸭嘴笔与直尺描绘导线，直尺两端应垫起，双面板应把两面的图形同时描好。

（6）腐蚀 腐蚀前应检查图形质量，修整线条、焊盘。腐蚀液一般用三氯化铁溶液，浓度在 28%～42%，可以用三氯化铁粉剂自己配制。将板全部浸入溶液后，没有被漆膜覆盖的铜箔就被腐蚀掉了。可以对溶液适当加温以加快腐蚀，但为防止将漆膜泡掉，温度不宜过高（不得超过 40℃）；也可以用软毛排笔轻轻刷扫，但不要用力过猛，以免把漆膜刮掉。待完全腐蚀后，取出板子用水清洗。

（7）去漆膜　用热水浸泡板子，可以把漆膜剥掉，未擦净处可用稀料（酒精或丙酮）擦除。

（8）清洗　漆膜去净后，用布蘸去污粉在板面上反复擦拭，去掉铜箔的氧化膜，使线条及焊盘露出铜的光亮本色。注意在擦拭时应按某一固定方向，这样可以使铜箔反光方向一致，看起来更加美观。擦拭后用水冲洗、晾干。一些不整齐的地方、毛刺和粘连等还需要用锋利的刻刀再进行修整。

（9）涂助焊剂　把已配好的松香酒精溶液立即涂在洗净晾干的印制电路板上。

2. 贴图法制作 PCB

漆图法制作印制电路板的过程中，图形靠漆或其他抗蚀涂料描绘而成，虽然简单易行，但描绘质量难保证，往往是焊盘大小不均匀，印制导线粗细不均匀。如果有条件，采用贴图法是比较省时省力的，而且质量较好，但制作费用比较高。

贴图用的材料有各种宽度的导线和各种直径、形状的焊盘，在它们的一面涂有不干胶，可以直接粘贴在打磨后的覆铜板上。这种抗蚀能力强的薄膜厚度只有几微米，图形种类有几十种，如焊盘、接插头、集成电路引线及各种符号等，如图3-24所示。

这些图形贴在一块透明的塑料软片上，使用时，可用刀尖把图形从软片上挑下来，转贴到覆铜板上。焊盘及图形贴好后，再用各种型号的抗蚀胶带连接各焊盘，构成印制导线图样。整个图形贴好后可以立即进行腐蚀。如果贴图图形的胶比较新鲜，粘性强，用这种方法制作的印制电路板效果更好。

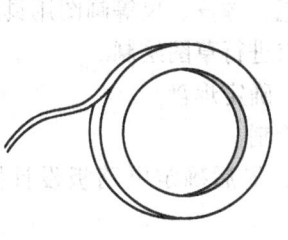 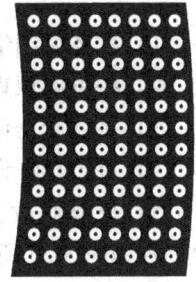

a) 贴图用导线　　　b) 贴图用焊盘

图 3-24　贴图法中的各种形状

在使用这种方法时，应先贴焊盘，后贴导线，贴完后应用圆头的钢笔将它们压紧，同时注意在三氯化铁溶液里的时间不能太长，最好不要超过20min（溶液的浓度、温度要合适，腐蚀时要不断晃动,这样腐蚀的时间就比较短）。

3. 刀刻法制作 PCB

对于一些电路比较简单、线条较少的印制电路板，可以用刀刻法来制作。在进行图形设计时，要求形状尽量简单，一般把焊盘与导线合为一体，形成多块矩形图形。

刻刀可以用废的钢锯条自己磨制，要求硬且韧。制作时，按照拓好的图形，用刻刀沿钢尺刻划铜箔，把铜箔划透。然后，把不需保留的铜箔的边角用刀尖挑起来，再用钳子夹住把铜箔撕下来。

4. 感光法制作 PCB

1）把制作好的电路图形打印到胶片上，如果打印双面板，设置顶层打印时需要镜像。

2）把胶片覆盖在具有感光膜的覆铜板上，放进曝光箱里进行曝光，时间一般为1min。

3）曝光完毕，拿出覆铜板放进显影液里显影，半分钟后感光层被腐蚀掉，并有墨绿色雾状漂浮。显影完毕后非线路部分呈现黄铜箔。

4）把覆铜板放进清水里，清洗干净后擦干。

5）放进三氯化铁溶液里将非线路部分的铜箔腐蚀掉，然后进行打孔或沉铜。

5. 热转印法制作PCB

1）用激光打印机将制好的印制电路板图打印在热转印纸上。

2）将打印好的热转印纸覆盖在擦干净的覆铜板上，送入照片过塑机（温度调到180~200℃）中，来回压几次，使熔化的墨粉完全吸附在覆铜板上。

3）覆铜板冷却后揭去热转印纸，进行腐蚀后，即可形成做工精细的PCB。

3.3 任务实施

3.3.1 电路板手工设计

1）准备好图纸、铅笔、橡皮、尺等画图用具。

2）按电路原理图要求进行草图绘制。

3）进行元器件布局，确定焊盘。

4）进行导线设计、绘制。

5）反复修改、完善，最后确定电路板设计图，其中一种如图3-25所示。

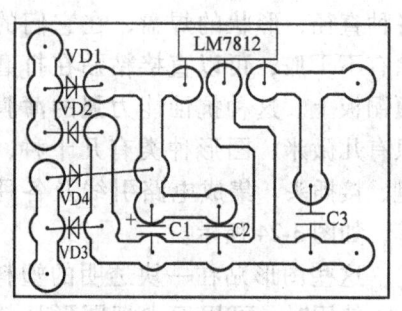

图3-25 电路板设计图

3.3.2 电路板手工制作

1. 覆铜板的下料与处理

1）用钢锯根据PCB设计的尺寸对覆铜板进行裁剪下料。

2）用锉刀将裁好的覆铜板四周的毛刺锉掉。

3）用细砂纸或去污粉清除覆铜板表面的氧化物。

4）用清水冲洗干净后晾干或用布擦干。

2. 图形转移

1）用复写纸垫在覆铜板和PCB设计图之间，四边用透明胶带固定好。

2）用较细的笔进行图形复印，待检查无遗漏后取出PCB。

3）用调好的清漆或油性笔把需要保留的导线、焊盘涂好，晾干。

3. 配制三氯化铁溶液

戴好乳胶手套，在腐蚀容器中按1:2的比例配制成三氯化铁溶液，温度在40℃左右。

4. PCB的腐蚀

1）将涂好漆的PCB轻轻放入三氯化铁溶液中，注意要使板面全部没入溶液中。

2）不断地搅拌溶液并加热，使溶液温度保持在40℃左右，增强腐蚀效果。注意不要划伤铜箔面。

3）腐蚀大约15min左右，注意观察腐蚀情况，不能腐蚀过度，待铜箔完全腐蚀掉后及时用夹具取出。

4）用清水反复清洗腐蚀好的电路板，晾干或用布擦干。

5. 钻孔

1) 将 1.0mm 的钻头装在钻床上。
2) 对准电路板上的焊盘中心进行钻孔。

6. 涂助焊剂

1) 钻完孔后铜箔表面的不平处用细砂纸打磨平整，并去除铜箔上的漆，清洗干净并擦干。
2) 配制酒精松香助焊剂，对焊盘涂助焊剂进行保护。

3.3.3 电路板插装焊接

1) 准备元器件、印制电路板及印制电路板装配图。
2) 对元器件进行识别与检测。
3) 按照规范进行元器件成形。
4) 截取 4 根长 5cm 长、直径为 0.5mm 的软导线，进行导线的加工处理。
5) 对照装配图进行元器件的插装。
6) 用内热式电烙铁进行手工焊接。
7) 对引脚进行剪切，留取 1mm 高度。

3.3.4 装接后的检查测试

1) 装接完后，进行自检。核对元器件焊接是否无误，焊点是否有虚焊现象。
2) 进行互检，同组同学互相检查有无错误。
3) 学生把自己的作品在展台上展示，接通变压器并进行检验，电源稳定在 12V 左右，如图 3-26 所示。

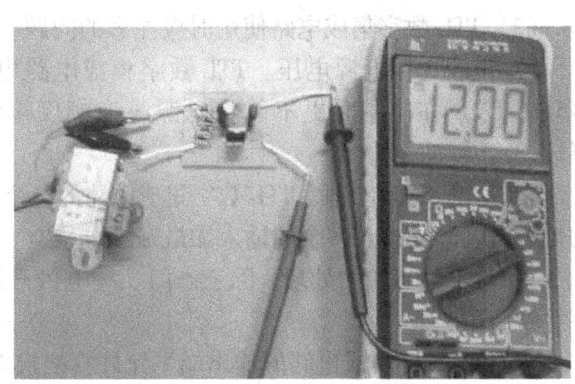

图 3-26　装接后的检查测试

3.4　相关知识

3.4.1　TTL 数字集成电路与 CMOS 数字集成电路

1. TTL 数字集成电路

TTL 电路是晶体管-晶体管逻辑(Transister-Transister-Logic)电路的英文缩写，是数字集成电路的一大类。它采用双极型工艺制造，具有高速度、低功耗和品种多等特点。从 20 世纪 60 年代第一代产品成功开发以来，现已有以下几代产品。

第一代 TTL 包括 SN54/74 系列(其中 54 系列的工作温度为 -55～+125℃, 74 系列的工作温度为 0～+75℃)、低功耗系列(简称 LTTL)及高速系列(简称 HTTL)。

第二代 TTL 包括肖特基钳位系列(STTL)和低功耗肖特基系列(LSTTL)。

第三代为采用等平面工艺制造的先进 STTL(ASTTL)和先进的低功耗 STTL(ALSTTL)。由于 LSTTL 和 ALSTTL 的电路延时功耗积较小，STTL 和 ASTTL 的速度很快，因此获得了广泛应用。

（1）TTL数字集成电路的种类

1）74系列。这是早期的产品，现仍在使用，但正逐渐被淘汰。

2）74H系列。这是74系列的改进型，属于高速产品。其与非门的平均传输时间达10ns左右，但电路的静态功耗较大，目前该系列产品使用越来越少，逐渐被淘汰。

3）74S系列。这是TTL的高速型肖特基系列。在该系列中，采用了抗饱和肖特基二极管，速度较高，但品种较少。

4）74LS系列。这是当前TTL的主要产品系列，品种和生产厂家都非常多，性能价格比较高，目前在中小规模电路中应用非常普遍。

5）74ALS系列。这是先进的低功耗肖特基系列。属于74LS系列的后继产品，在速度（典型值为4ns）、功耗（典型值为1mW）等方面都有较大的改进，但价格较高。

6）74AS系列。这是74S系列的后继产品，速度（典型值为1.5ns）有显著的提高，又称为先进超高速肖特基系列。

TTL系列产品正向着低功耗、高速度方向发展。

（2）TTL数字集成电路使用时应注意的问题

1）正确选择电源电压。TTL数字集成电路电源电压的允许变化范围比较窄，一般为4.5~5.5V。在使用时更不能将电源与地颠倒接错，否则会因为电流过大而造成元器件损坏。

2）对输入端的处理。TTL数字集成电路的各个输入端不能直接与高于0.5V和低于-0.5V的低内阻电源连接。多余的输入端最好不要悬空。

3）对于输出端的处理。除三态门、集电极开路门外，TTL数字集成电路的输出端不允许并联使用。

① TTL数字集成电路的输出端不允许直接接地或直接接电源，否则易烧坏集成电路。

② TTL数字集成电路对电源电压要求严格，要求使用稳定性好的直流稳压电源，且电源电压的允许偏差小于10%。

③ TTL数字集成电路内部体积小，元器件密度高。使用时，各参数尽量不要超过其额定值。

④ TTL数字集成电路多余的输入端悬空时，相当于逻辑"1"状态，但为了逻辑功能稳定可靠，与门和与非门的多余输入端最好接到电源上或并联使用。

⑤ 不用的电路输出端应悬空。如果将其接电源或接地，集成电路将被损坏。

（3）TTL数字集成电路的引脚识别与检测

1）电源端和接地端的识别。国产TTL74系列与、或、与非门等集成电路的电源端和接地端的位置有两种：①左上角第一脚为电源端，右下角最边上的管脚为接地端。②上边中间一脚为电源端，下边中间一脚为接地端，这种为老式产品，市场上已不多见。

2）输入端和输出端的识别。国产TTL74系列与、或、与非门等集成电路因输入短路电流值不大于2.2mA，输出低电平小于0.35V，据此便可识别出它的输入端和输出端。

3）识别同一个与非门的输入端、输出端。将与非门的电源接+5V电压，按要求正确接地。指针式万用表拨在直流10V档上，黑表笔接地，红表笔接任一输出端。

2. CMOS数字集成电路

CMOS(Complementary Metal Oxide Semiconductor)指互补金属氧化物（PMOS管和NMOS

管)共同构成的互补型 MOS 集成电路,它的特点是低功耗。由于 CMOS 中一对 MOS 组成的门电路,要么 PMOS 导通,要么 NMOS 导通,要么都截至,比线性的晶体管(BJT)效率要高得多,因此功耗很低。

(1) COMS 数字集成电路的种类

1)标准型 4000B/4500B 系列。该系列是根据美国 RCA 公司的 CD4000B 系列和 CD4500B 系列制定的,与美国 Motorola 公司的 MC14000B 系列和 MC14500B 系列产品完全兼容。

2)74HC 系列。74HC 系列是高速 CMOS 标准逻辑电路系列,具有与 74LS 系列同等的工作速度和 CMOS 数字集成电路固有的低功耗及电源电压范围宽等特点。

3)74AC 系列。该系列又称先进的 CMOS 数字集成电路,74AC 系列具有与 74AS 系列同等的工作速度和 CMOS 数字集成电路固有的低功耗及电源电压范围宽等特点。

(2) CMOS 数字集成电路的主要特点

1)具有非常低的静态功耗。在电源电压 U_{CC} = 5V 时,中规模集成电路的静态功耗小于 100μW。

2)具有非常高的输入阻抗。正常工作的 CMOS 数字集成电路,其输入保护二极管处于反偏状态,直流输入阻抗大于 100MΩ。输入电容小,不大于 5pF。

3)工作电压范围宽。CMOS 数字集成电路标准 4000B/4500B 系列产品的电源电压为 3 ~ 18V。

4)输出能力强。在低频工作时,一个输出端可驱动 CMOS 器件 50 个以上输入端。

5)抗干扰能力强。抗干扰能力又称为噪声容限。CMOS 数字集成电路的电压噪声容限可达电源电压值的 45%,且高电平和低电平的噪声容限值基本相等。

6)输出逻辑摆幅大。CMOS 电路在空载时,输出高电平 $U_{OH} > U_{CC} - 0.05V$,输出低电平 $U_{OL} \leq 0.05V$。

(3) CMOS 数字集成电路使用时应注意的问题

1)防止静电。CMOS 数字集成电路的栅极与基极之间有一层绝缘的二氧化硅薄层,厚度仅为 0.1 ~ 0.2μm。由于 CMOS 数字集成电路的输入阻抗很高,而且输入电容又很小,当不太强的静电加在栅极上时,其电场强度将超过 105V/cm。这样强的电场极易造成栅极击穿,导致永久损坏。CMOS 数字集成电路在存储、运输时,要注意预防静电对集成电路的影响。

2)正确选择电源。由于 CMOS 数字集成电路的工作电源电压范围比较宽(CD4000B/4500B:3 ~ 18V),选择电源电压时首先考虑要避免超过极限电源电压。其次要注意电源电压的高低将影响电路的工作频率。降低电源电压会引起电路工作频率下降或增加传输延迟时间。CMOS 数字集成电路对电源电压的要求不严格,但正负极决不允许接反。否则,极易造成损坏。

3)防止 CMOS 数字集成电路出现晶闸管效应的措施。当 CMOS 数字集成电路输入端施加的电压过高(大于电源电压)或过低(小于 0V),或者电源电压突然变化时,电源电流可能会迅速增大,烧坏器件,这种现象称为晶闸管效应。

4)对输入端的处理。在使用 CMOS 数字集成电路时,对输入端一般要求如下:

① 应保证输入信号幅值不超过 CMOS 数字集成电路的电源电压。即满足 $U_{SS} \leq U_1 \leq U_{CC}$,

一般 $U_{SS}=0V$。

② 输入脉冲信号的上升和下降时间一般应小于 $1\mu s$，否则电路工作不稳定或损坏器件。

③ 所有不用的输入端不能悬空，应根据实际要求接入适当的电压（U_{CC} 或 0V）。由于 CMOS 数字集成电路输入阻抗极高，一旦输入端悬空，极易受外界噪声影响，从而破坏了电路的正常逻辑关系，也可能感应静电，造成栅极被击穿。

5）对输出端的处理。对输出端一般要求如下：

① CMOS 数字集成电路的输出端不能直接连到一起。否则导通的 P 沟道 MOS 场效应晶体管和导通的 N 沟道 MOS 场效应晶体管形成低阻通路，造成电源短路。CMOS 数字集成电路的输出端不允许直接接电源电压。

② 在 CMOS 逻辑系统设计中，应尽量减少电容负载。电容负载会降低 CMOS 数字集成电路的工作速度和增加功耗。

③ CMOS 数字集成电路在特定条件下可以并联使用。当同一芯片上两个以上同样器件并联使用（例如各种门电路）时，可增大输出灌电流和拉电流负载能力，同样也提高了电路的速度。但器件的输出端并联，输入端也必须并联。

④ 从 CMOS 器件的输出驱动电流大小来看，CMOS 数字集成电路的驱动能力比 TTL 数字集成电路的要差很多，一般 CMOS 器件的输出只能驱动一个 LSTTL 负载。但从驱动和它本身相同的负载来看，CMOS 数字集成电路的扇出系数比 TTL 数字集成电路大的多（CMOS 数字集成电路的扇出系数大于 500）。CMOS 数字集成电路驱动其他负载时，一般要外加一级驱动器接口电路，更不能将电源与地颠倒接错，否则将会因为过大的电流而造成器件损坏。

⑤ CMOS 数字集成电路同其他电路连接时，要注意电平转换和驱动能力的问题。

⑥ CMOS 数字集成电路的电流负载能力低，容抗负载对其工作速度影响很大。

（4）CMOS 数字集成电路的引脚识别与检测

1）电源端和接地端的识别。CMOS 数字集成电路电源端和接地端的位置一般遵循规律：左上角第一脚为电源端，右下角最边上的引脚为接地端。

2）CMOS 数字集成电路输入、输出端的识别。使用 CMOS 脉冲笔测试与非门输入、输出端，首先将与非门的电源接 +5V 电压，并按要求正确接地。然后将 CMOS 脉冲笔的黑色鱼夹接地，红色鱼夹接被测与非门的 +5V 电源端，然后将探头接触被测点后，观察 CMOS 脉冲笔三灯的显示情况，如图 3-27 所示。绿灯 "0" 为低电平，红灯 "1" 为高电平，黄灯为脉冲灯。若三灯都不亮，表示 CMOS 数字集成电路接触不良，器件输入端悬空，器件损坏。

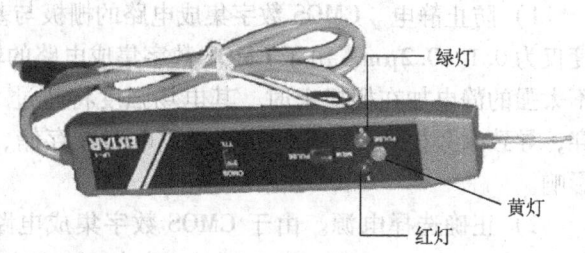

图 3-27 脉冲笔

3）其他检测方法。使用示波器检测，观察输入、输出波形的变化，可以检测 CMOS 数字集成电路的好坏。此外还可以使用数字集成电路测试仪检测 CMOS 数字集成电路的好坏。

3.4.2 印制电路板的生产工艺

工厂生产印制电路板一般要经过几十道工序。双面板的生产工艺流程如图 3-28 所示。

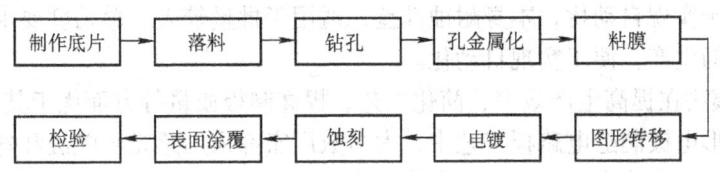

图 3-28 印制电路板生产工艺流程

在生产过程中,每一道技术工艺都有具体的工序及操作方法,除制作底片外,孔金属化及图形转移、电镀、蚀刻是生产的关键。

1. 印制电路底图胶片制版

(1) 绘制照相底图 制作一块标准的印制电路板,一般需要绘制三种不同的照相底图:制作导电图形的底图,制作印制电路板表面阻焊层的底图,制作标志印制电路板上所安装元器件的位置及名称等文字符号的底图。

1) 绘制照相底图的要求:

① 底图尺寸一般应与布线草图相同。对于高精度和高密度的印制电路板底图,可适当扩大比例,以保证精度要求。

② 焊盘大小、焊盘位置、焊盘间距、插头尺寸、印制导线宽度、元器件安装尺寸等均应按草图所标尺寸绘制。

③ 焊盘之间、导线之间、焊盘与导线之间的最小距离不应小于草图中注明的安全距离。

④ 注明印制电路板的技术要求。

2) 绘制照相底图的步骤:

① 确定图纸比例,画出底图边框线。

② 按比例确定焊盘中心孔,确保孔位及孔心距尺寸。

③ 绘制焊盘,注意内外径尺寸应按比例画。

④ 绘制印制导线。

⑤ 绘制或剪贴文字符号。

3) 绘制照相底图的方法:

① 手工绘图:用墨汁在白铜板纸上绘制照相底图。其优点是简单,绘制灵活。缺点是导线宽度不均匀,效率低。常用于新产品研制或小批量试制。

② 贴图:利用专制的图形符号和胶带,在图纸或聚酯薄膜上依据布线草图贴出印制电路板的照相底图。贴图需在透射式灯光台上进行,并用专制的贴图材料。贴图法速度快、修改灵活、线条连续、轮廓清晰光滑、易于保证质量,故应用较广。

(2) 照相制版 用绘制好的底图照相制版,版面尺寸应通过调整相机焦距准确达到印制电路板的尺寸,相版要求反差大、无砂眼。

照相制版的过程为:软片剪裁→曝光→显影→定影→水洗→干燥→修版。

双面板的相版应保持正反面照相的焦距一致。

2. 印制电路板的印制及蚀刻工艺

制造抗蚀或电镀的掩膜图形一般有三种方法:液体感光胶法、感光干膜法和丝网漏印法。

1) 感光胶法是采用蛋白感光胶和聚乙醇感光胶的一种比较老的工艺方法,它的缺点是生产效率低,难于实现自动化,本身耐蚀性差,适用于批量较大、单精度要求不高的单面和双面印制电路板的生产,便于实现自动化。

2)感光干膜法在提高生产效率、简化工艺、提高制板质量等方面优于其他方法。

目前,在图形电镀制造电路板工艺中,大多数厂家都采用感光干膜法和丝网漏印法。

感光干膜法中的干膜由干膜抗蚀剂、聚酯膜和聚乙烯膜组成。干膜抗蚀剂是一种耐酸的光聚合体;聚酯膜为基底膜,厚度为 $30\mu m$ 左右,起支托干膜抗蚀剂及照相底片作用,聚乙烯膜厚度为 $30\sim40\mu m$,是在聚酯膜涂覆干膜抗蚀剂后覆盖的一层保护层。干膜分为溶剂型、全水型、半水型等。贴膜制板的工艺流程为:贴膜前处理→吹干或烘干→贴膜→对孔→定位→曝光→显影→晾干→修板。

蚀刻也叫腐蚀,是指利用化学或电化学方法,将涂有抗蚀剂并经感光显影后的印制电路板上未感光部分的铜箔腐蚀除去,在印制电路板上留下精确的电路图形。

制作印制电路板有多种蚀刻工艺可以采用,这些方法可以除去未保护部分的铜箔,但不影响感光显影后的抗蚀剂及其保护下的铜导体,也不腐蚀绝缘基板及粘结材料。工业上最常用的蚀刻剂有三氧化铁、过硫酸铵、铬酸及氯化铜。其中三氧化铁的价格低廉且毒性较低,碱性氯化铜的腐蚀速度快,能蚀刻高精度、高密度的印制电路板,并且铜离子又能再生回收,也是一种经常采用的方法。

3)丝网漏印简称丝印,也是一种古老的工艺。丝网漏印法是先将所需要的印制电路图形制在丝网上,然后用油墨通过丝网版将电路图形漏印在铜箔板上,形成耐腐蚀的保护层,再经过腐蚀去除保护层,最后制成印制电路板。由于丝网漏印法具有操作简单、生产效率高、质量稳定及成本低廉等优点,所以广泛用于印制电路板的制造。当前用丝网漏印法生产的印制电路板,占整个印制电路板产量的大部分。目前,丝网漏印法在工艺、材料、设备上都有较大突破,现在已能印制出 0.2mm 宽的导线。丝网漏印法的缺点是,所制造的印制电路板的精度比光化学法(液体感光胶法、感光干膜法)的差;对品种多、数量少的产品,生产效率比较低,并且要求丝印工人有熟练的操作技术。

3.4.3 印制电路板的质量检验

印制电路板制作完成后,必须进行质量检验,只有检验合格才能进行下一步的装配焊接。

1. 目视检验

目视检验是用肉眼检验所能见到的一些情况,如表面缺陷,包括凹痕、麻坑、划痕、表面粗糙、空洞、针孔等。

另外还要检查焊接孔是否在焊盘中心、导线图形的完整性。可以用照相底图制造的底片覆盖在已加工好的印制电路板上,来测定导线的宽度和外形是否处于要求的范围之内,再检验印制电路板的外边缘尺寸是否处于要求的范围之内。

2. 过孔的连通性试验

对于多层印制电路板,要进行连通性试验,以查明需要连接的印制电路图形是否具有连通性。

3. 印制电路板的绝缘电阻测量

印制电路板的绝缘电阻是印制电路板绝缘部件对外加直流电压所呈现出的一种电阻。在印制电路板上，此试验既可以在同一层上的各条导线之间进行，又可以在两个不同层之间进行。选择两根或多根间距紧密、电气上绝缘的导线，先测量之间的绝缘电阻；再加速湿热一个周期（将试样垂直放在试验箱的框架上，箱内相对湿度约为100%，温度为42~48℃，放置几小时到几天）后，置于室内条件下恢复一小时，再测量它们之间的绝缘电阻。

4. 焊盘的可焊性检查

可焊性用来测量元器件焊接到印制电路板上时焊料对印制图形的润湿能力，一般用润湿、半润湿、不润湿来表示。

（1）润湿　焊料在导线和焊盘上可自由流动及扩展，形成粘附性连接。

（2）半润湿　焊料先润湿焊盘的表面，然后由于润湿不佳而造成焊锡回缩，结果在基底金属上留下一薄层焊料。在焊盘表面一些不规则的地方，大部分焊料都形成了焊料球。

（3）不润湿　焊料虽然在焊盘的表面上堆积，但未和焊盘表面形成粘附性连接。

5. 镀层附着力检查

检查镀层附着力的通用方法是胶带试验法。把透明胶带横贴于要测的导线上，并用手按压此胶带，使气泡全部排出，然后掀起胶带的一端，大约与印制电路板呈90°时扯掉胶带，扯胶带时应快速猛扯，扯下的胶带完全干净没有铜箔附着，说明该板的镀层附着力合格。

3.5　任务总结

1）印制电路板的类型有单面印制电路板、双面印制电路板、多层印制电路板、软性印制电路板、平面印制电路板。

2）印制电路板的布局分整体布局、元器件布局、印制导线的布设。

3）印制电路板的设计步骤和方法有选定印制电路板的材料、厚度和板面尺寸，印制电路板坐标尺寸图的设计，根据原理图绘制印制电路板图的草图。

4）手工自制印制电路板的方法主要有描图法（用油漆）、贴图法、刀刻法等。最常用的是漆图法。

5）国产半导体集成电路的型号由五部分组成，各部分表示的意义如下：第一部分：符合国家标准，用字母 C 表示中国制造；第二部分：器件的类型，用字母表示；第三部分：器件的系列和品种代号，用阿拉伯数字及字母表示；第四部分：器件的工作温度范围，用字母表示；第五部分：器件的封装形式，用字母表示。

6）集成电路通常有单列直插式、双列直插式、四边带引脚的扁平式等几种封装形式，不论哪种集成电路，其外壳上都有供识别引脚排序和定位（或称第 1 脚）的标记。使参考标记朝左下方，则处于最左下方的引脚是第 1 脚，再按逆时针方向依次数引脚，便是第 2 脚、第 3 脚等。

7）检测集成电路一般有不在电路中检测、在电路中检测和代换法三种方法。在电路中检测有通过万用表测量 IC 各引脚在路直流电阻、对地交直流电压以及总电流的检测方法。

8）工厂生产印制电路板一般要经过几十道工序。在生产过程中，每一道工艺都有具体的工序及操作方法，除制作底片外，孔金属化及图形转移、电镀、蚀刻是生产的关键。制造抗蚀或电镀的掩膜图形一般有三种方法：液体感光胶法、感光干膜法和丝网漏印法。

9）印制电路板的质量检验有目视检验、过孔的连通性试验、印制电路板的绝缘电阻测量、焊盘的可焊性检查、镀层附着力检查，只有检验合格后才能进行下一步的装配焊接。

3.6 练习与巩固

1. 集成电路的封装形式有哪些？
2. 印制电路板按其结构可分为哪几类，各自特点如何？
3. 一块标准的PCB是由哪些要素构成的？
4. 印制电路板设计的主要内容有哪些？
5. 印制电路板的元器件如何布局？
6. 手工自制印制电路板常用的方法有哪几种？简述漆图法制作印制电路板的基本步骤。
7. 热转印法制作PCB的步骤有哪些？
8. 画出工厂生产印制电路板的工艺流程图。
9. 手工制作：按照图3-29所示电路，手工设计制作一个防盗报警器的印制电路板。

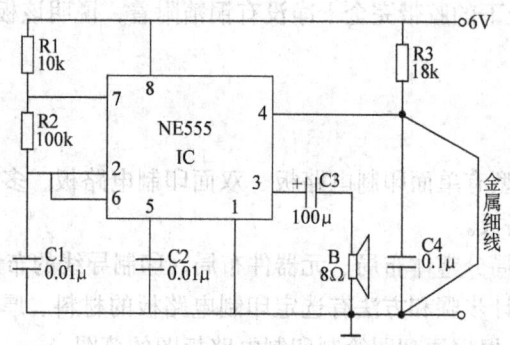

图3-29 防盗报警器电路图

第4章 通孔插装元器件的自动焊接工艺

4.1 任务驱动：双声道音响功放电路板的波峰焊接

4.1.1 任务描述

把电子元器件牢固可靠地焊接到印制电路板上，是电子产品装配的重要环节。焊接是电子产品组装的重要工艺，焊接质量的好坏直接影响电子产品的性能。传统的有引线元器件的安装采用插装技术，在电子产品生产中应用广泛。安装方法可以手工插装，也可以利用自动化设备进行安装，无论用哪一种方法，都要求被装配元器件的形状和尺寸简单、一致，方向易于识别，插装前都要对元器件进行预处理等。

目前，电子产品大规模生产大都采用自动焊接技术，在产品研制、设备维修，以及一些大规模、大型电子产品的生产中，广泛采用自动焊接技术。对于通孔插装元器件的自动焊接，更是从事电子技术工作人员所必须掌握的操作技能。

4.1.2 任务目标

1. 知识目标

1) 掌握常用通孔插装设备的操作与使用。
2) 掌握手工插装和自动插装技术。
3) 掌握手工浸焊和自动浸焊技术。
4) 学会使用常用的波峰焊机。
5) 掌握焊接质量要求及焊接缺陷种类分析。

2. 技能目标

1) 能够正确使用元器件自动成形设备。
2) 能够根据装配图正确进行电子元器件的插装。
3) 能够正确使用自动焊接设备。
4) 能遵守焊接安全操作规范。

4.1.3 任务要求

1) 根据印制电路板及元器件装配图，对照电原理图和材料清单，对已经检测好的元器件进行成形加工处理。
2) 对照印制电路板及元器件装配图，按照正确的装配顺序进行元器件的插装，使用浸焊机和波峰焊机进行焊接。

3）装配焊接后进行检查，无误后通电试验。
4）音响功放电路的原理图和装配图。
① 电路原理图：功放电路原理图如图4-1所示。

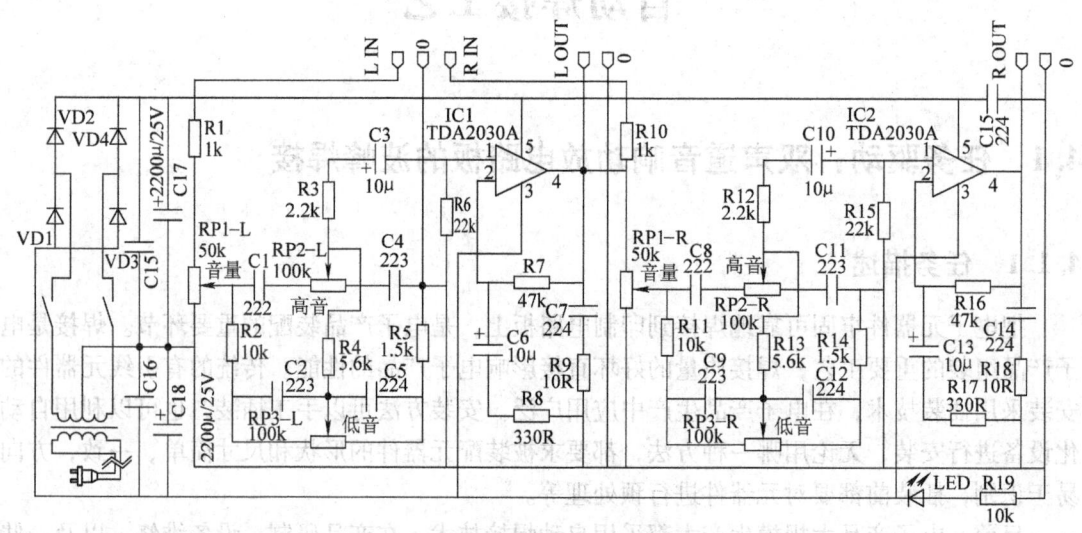

图4-1 功放电路原理图

② 印制电路板（焊接面）及元器件装配图如图4-2、图4-3所示。

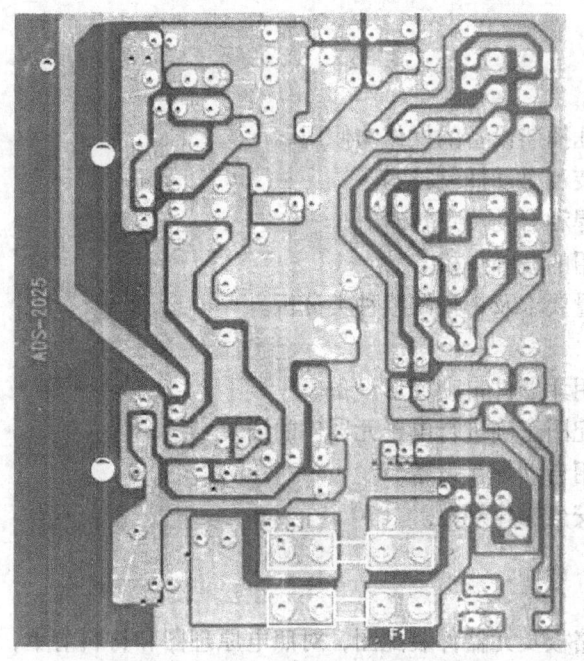

图4-2 印制电路板（焊接面）

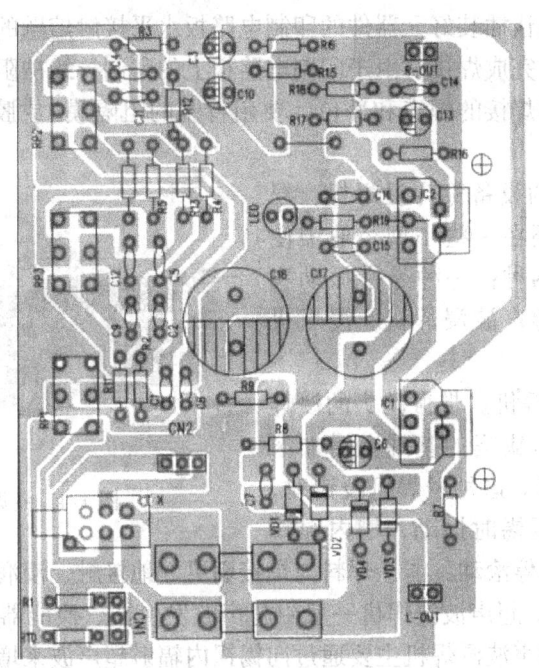

图 4-3 印制电路板及元器件装配图

③ 材料清单见表4-1。

表4-1 功放材料清单

序号	名称	型号规格	位号	数量	序号	名称	型号规格	位号	数量
1	集成电路	TDA2030A	IC1、IC2	2	15	瓷片电容	220000pF	C5、C7、C12、C14	4
2	二极管	1N4001	VD1~VD4	4	16	电解电容	10μF	C3、C6、C10、C13	4
3	电阻器	10Ω	R9、R18	2	17	电解电容	2200μF/25V	C17、C18	2
4	电阻器	330Ω	R8、R17	2	18	电位器	50kΩ	RP1	1
5	电阻器	1kΩ	R1、R10	2	19	电位器	100kΩ	RP2、RP3	2
6	电阻器	1.5kΩ	R5、R14	2	20	散热片			1
7	电阻器	2.2kΩ	R3、R12	2	21	螺母	M7		3
8	电阻器	5.6kΩ	R4、R13	2	22	发光二极管	φ3mm	LED	1
9	电阻器	10kΩ	R2、R11、R19	3	23	螺丝			1
10	电阻器	22kΩ	R6、R15	2	24	螺丝			2
11	电阻器	47kΩ	R7、R16	2	25	电源开关			1
12	瓷片电容	2200pF	C1、C8	2	26	熔丝座			4
13	瓷片电容	22000pF	C2、C4、C9、C11	4	27	熔丝	10A		2
14	瓷片电容	220000pF	C15、C16	2					

4.2 任务资讯

4.2.1 浸焊

浸焊是将插装好元器件的印制电路板，浸入盛有熔融锡的锡锅内，一次性完成印制电路板上全部元器件焊接的方法，它可以提高生产效率。

浸焊的工作原理是让插装好元器件的印制电路板水平接触熔融的铅锡焊料，使整块电路板上的全部元器件同时完成焊接。由于印制电路板上的印制导线被阻焊层阻隔，浸焊时不会上锡，对于那些不需要焊接的焊点和部位，要用特制的阻隔膜（或胶布）贴住，防止不必要的焊锡堆积。

能完成浸焊功能的设备称为浸焊机，浸焊机价格低廉，现在还在一些小型企业中使用。常用的浸焊机有两种：一种是带振动头的浸焊机，另一种是超声波浸焊机。浸焊机的焊锡槽如图4-4所示。

1）带振动头的浸焊机。带振动头的浸焊机是在普通浸焊机只有锡锅的基础上增加滚动装置和温度调节装置。这种浸焊机浸锡时，振动装置使电路板在浸锡时振动，槽内焊料

图4-4 浸焊机的焊锡槽

在持续加热的作用下不停滚动，能让焊料与焊接面更好地接触、浸润，改善了焊接效果。

2）超声波浸焊机。超声波浸焊机一般由超声波发生器、换能器、水箱、焊料槽、加温设备等几部分组成。超声波浸焊机主要通过向锡锅内辐射超声波来增强浸锡效果。这类浸焊机有时还配有带振动头、夹持印制电路板的专用设置，焊料能有效地浸润到焊点的金属化孔里，使焊点更加牢固。

常见的浸焊有手工浸焊和自动浸焊两种形式。

1. 手工浸焊

手工浸焊是由装配工人用夹具夹持待焊接的印制电路板（已插装好元器件）浸在锡锅内完成浸锡的方法，其步骤和要求如下：

1）锡锅的准备。将锡锅加热，使焊接温度达230~250℃，并及时去除焊锡层表面的氧化层。

2）印制电路板的准备。将插装好元器件的印制电路板涂上助焊剂。通常是在松香酒精溶液中浸渍，使焊盘上涂满助焊剂。

3）浸焊。用夹具将待焊接的印制电路板夹好，水平地浸入锡锅中，使焊锡表面与印制电路板的底面完全接触。浸焊深度以印制电路板厚度的50%~70%为宜，切勿使印制电路板全部浸入锡中。浸焊时间以3~5s为宜。

4）完成浸焊。在浸焊时间到后，要立即取出印制电路板。稍冷却后，检查质量，如果大部分未焊好，可重复浸焊，并检查原因。个别焊点未焊好可用电烙铁手工补焊。

印制电路板浸焊的关键是印制电路板浸入锡锅，此过程一定要平稳、接触良好、时间适当。手工浸焊不适用于大批量的生产。

2. 自动浸焊

自动浸焊一般利用具有振动头或是超声波的浸焊机进行浸焊。将插装好元器件的印制电路板放在浸焊机的导轨上，由传动机构自动导入锡锅，浸焊时间为2~5s。由于具有振动头或超声波，能使焊料深入焊接点的孔中，焊接更可靠，所以自动浸焊比手工浸焊质量要好，但使用自动浸焊有两方面不足：

1）焊料表面极易氧化，要及时清理。

2）焊料与印制电路板接触面积大，温度高，易烫伤元器件，还可能使印制电路板变形。

3. 导线和元器件引线的浸锡

锡锅既可用于小批量印制电路板的焊接，也可用于导线端头、对元器件引线等进行浸锡。

（1）导线浸锡

1）导线端头浸锡。通常称为搪锡，目的在于防止端头氧化，以提高焊接质量。导线搪锡前，应先剥头，捻头。方法是将捻好头的导线蘸上助焊剂，然后将导线垂直插入锡锅中，待润湿后取出，浸锡时间为 1~3s。浸锡时注意以下几点：

① 时间不能太长，以免导线绝缘层受热后收缩。
② 浸渍层与绝缘层必须留有 1~2mm 间隙，否则绝缘层会过热收缩甚至破裂。
③ 应随时清除锡锅中的锡渣，以确保浸渍层光洁。
④ 如一次不成功，可稍停留一会儿再次浸渍，切不可连续浸渍。

2）裸导线浸锡。裸导线、铜带、扁铜带等在浸锡前要先用刀具、砂纸或专用设备等清除浸锡端面的氧化层污垢，然后再蘸助焊剂浸锡。镀银线浸锡时，工人应戴手套，以保护镀银层。

（2）元器件引线浸锡　元器件引线浸锡前，应在距离器件根部 2~5mm 处开始去除氧化层。元器件引脚浸锡以后立刻散热。浸锡的时间要根据元器件引脚的粗细来确定。一般在 2~5s，时间太短，引脚未能充分预热，易造成浸锡不良；时间过长，大量热量传到元器件内部，易造成元器件变质、损坏。

4. 浸焊工艺中的注意事项

1）焊料温度控制。一开始要选择快速加热，当焊料熔化后，改用保温档进行小功率加热，既可防止由于温度过高而加速焊料氧化，保证浸焊质量，也可节省电力消耗。

2）焊接前须让电路板浸渍助焊剂，并保证助焊剂均匀涂敷到焊接面的各处。有条件的，最好使用发泡装置，有利于助焊剂涂敷。

3）在焊接时，要特别注意电路板底面与锡液完全接触，保证板上各部分同时完成焊接，焊接的时间应该控制在 3s 左右。离开锡液的时候，最好让板面与锡液平面保持向上倾斜的夹角，$\delta \approx 10° \sim 20°$，这样不仅有利于焊点内的助焊剂挥发，避免形成夹气焊点，还能让多余的焊锡流下来。

4）在浸锡过程中，为保证焊接质量，要随时清理漂浮在熔融锡液表面的氧化物、杂质和焊料废渣，避免其进入焊点造成夹渣焊。

5）根据焊料使用消耗的情况，及时补充焊料。

4.2.2 波峰焊技术

波峰焊是将熔融的液态焊料，借助于泵的作用，在焊料槽液面形成特定形状的焊料波，插装好元器件的印制电路板置于传送链上，以某一特定的角度以及一定的浸入深度穿过焊料波峰，与波峰相接触而实现焊点焊接的过程。这种方法适合于大批量印制电路板焊接，特点是质量好、速度快、操作方便，如果与自动插件器配合，即可实现半自动化生产。

实现波峰焊的设备称为波峰焊机。波峰焊机是在浸焊机的基础上发展起来的自动焊接设备，两者最主要的区别在于设备的焊锡槽。波峰焊机是利用焊锡槽内的机械式或电磁式离心泵，将熔融焊料压向喷嘴，从喷嘴中形成一股向上平稳喷涌的焊料波峰，并源源不断的溢出，如图4-5所示。

1. 波峰焊的原理

装有元器件的印制电路板以平面直线匀速运动的方式通过焊料波峰，波峰的表面被一层氧化皮覆盖，它在沿焊料波的整个长度方向上几乎都保持静态，在波峰焊接过程中，印制电路板焊接面接触到焊料波的前沿表面，氧化皮破裂，印制电路板前面的焊料波被推向前进，这说明整个氧化皮与印

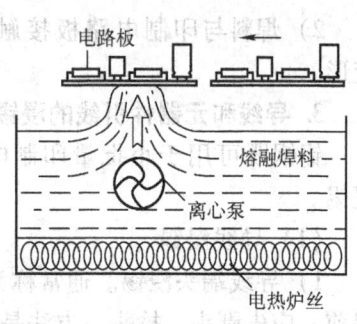

图4-5 波峰焊机焊锡槽示意图

制电路板以同样的速度移动。当印制电路板进入波峰面前端时，基板与引脚被加热，并在未离开波峰面之前，整个印制电路板浸在焊料中，即被焊料所桥联，但在离开波峰尾端的瞬间，少量的焊料由于润湿力的作用，粘附在焊盘上，并由于表面张力的原因，会以引线为中心收缩至最小状态，此时焊料与焊盘之间的润湿力大于两焊盘之间的焊料的内聚力，因此会形成饱满、圆整的焊点。离开波峰尾部的多余焊料，由于重力的原因，回落到锡锅中。这样就在焊接面上形成润湿焊点而完成焊接。

与浸焊机相比，波峰焊机具有如下优点：

1）熔融焊料的表面漂浮一层抗氧化剂，隔离了空气，只有焊料波峰处暴露在空气中，减少了氧化的机会，可以减少焊料氧化带来的浪费。

2）电路板接触高温焊料的时间短，可以减轻电路板因高温产生的变形。

3）波峰焊机在离心泵的作用下，整槽的熔融焊料循环流动，使焊料成分均匀一致，有利于提高焊点的质量。

2. 波峰焊的工艺过程

波峰焊的过程：治具安装→喷涂助焊剂系统→预热→波峰焊接→冷却。下面分别介绍各步的内容及作用。波峰焊机的内部结构示意图如图4-6所示。

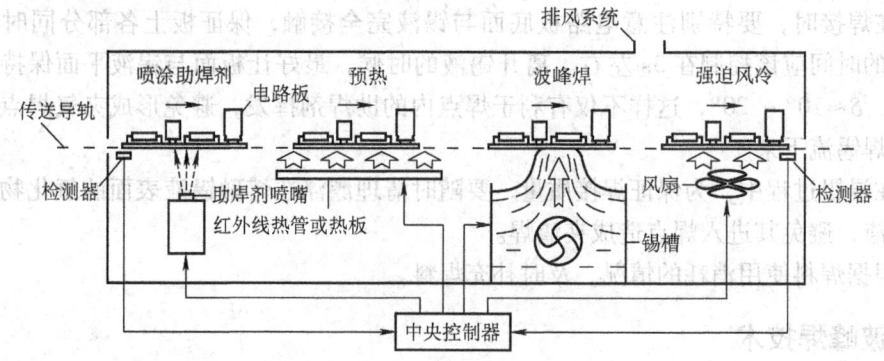

图4-6 波峰焊机的内部结构示意图

（1）治具安装 治具安装是指给待焊接的印制电路板安装夹持的治具，可以限制基板受热变形的程度，防止冒锡现象的发生，从而确保浸锡效果的稳定。

（2）助焊剂系统 助焊剂系统是保证焊接质量的第一个环节，其主要作用是均匀地涂覆助焊剂，除去印制电路板和元器件焊接表面的氧化层和防止焊接过程中再氧化。助焊剂的

涂覆一定要均匀，尽量不产生堆积，否则将导致焊接短路或开路。

助焊剂系统有多种，包括喷雾式、喷流式（波峰式）和发泡式。目前一般使用喷雾式助焊剂系统，采用免清洗助焊剂。这是因为免清洗助焊剂中固体含量极少，所以必须采用喷雾式助焊剂系统涂覆助焊剂，同时在焊接系统中加防氧化系统，保证在印制电路板上得到一层均匀、细密、很薄的助焊剂涂层，这样才不会因第一个波的擦洗作用和助焊剂的挥发，造成助焊剂量不足，从而导致焊料桥接和拉尖。

喷雾式有两种方式：①采用超声波击打助焊剂，使其颗粒变小，再喷涂到印制电路板上。②采用微细喷嘴在一定空气压力下喷涂助焊剂。这种喷涂均匀、粒度小、易于控制，喷雾高度和宽度可自动调节，是主流方式。

(3) 预热系统

1) 预热系统的作用：

① 助焊剂中的溶剂成分在通过预热器时，将会受热挥发，从而避免溶剂成分在经过焊料液面时高温气化造成炸裂的现象发生，最终防止产生锡粒的品质隐患。

② 待浸锡产品搭载的部品在通过预热器时的缓慢升温，可避免过波峰时因骤热产生的物理作用造成部品损伤的情况发生。

③ 预热后的部品或端子在经过波峰时不会因自身温度较低的因素大幅度降低焊点的焊接温度，从而确保焊接在规定的时间内达到温度要求。

2) 预热方法。波峰焊机中常见的预热方法有三种：①空气对流加热。②红外加热器加热。③热空气和辐射相结合的方法加热。

3) 预热温度。一般预热温度为 $130\sim150℃$，预热时间为 $1\sim3min$。预热温度控制得好，可防止虚焊、拉尖和桥接，减小焊料波峰对基板的热冲击，有效地解决焊接过程中印制电路板翘曲、分层、变形问题。

(4) 焊接系统　焊接系统一般采用双波峰。在波峰焊接时，印制电路板先接触第一个波峰，然后接触第二个波峰。第一个波峰是由窄喷嘴喷流出的"湍流"波峰，流速快，对组件有较高的垂直压力，使焊料对尺寸小、贴装密度高的表面贴装元器件的焊端有较好的渗透性。通过湍流的熔融焊料在所有方向擦洗组件表面，从而提高了焊料的润湿性，并克服了由于元器件的复杂形状和取向带来的问题；同时也克服了焊料的"遮蔽效应"。湍流波向上的喷射力足以使助焊剂气体排出。因此，即使印制电路板上不设置排气孔也不存在助焊剂气体的影响，从而大大减小了漏焊、桥接和焊缝不充实等焊接缺陷，提高了焊接可靠性。经过第一个波峰的产品，因浸锡时间短以及部品自身的散热等因素，浸锡后存在着很多的短路、锡多、焊点光洁度不够以及焊接强度不足等不良现象。因此，紧接着必须进行浸锡不良的修正，这个动作由喷流面较平较宽阔、波峰较稳定的二级喷流进行。这是一个"平滑"的波峰，流动速度慢，有利于形成充实的焊缝，同时也可有效地去除焊端上过量的焊料，并使所有焊接面上焊料润湿良好，修正了焊接面，消除了可能的拉尖和桥接，获得充实无缺陷的焊缝，最终确保了组件焊接的可靠性。

(5) 冷却　焊接后要立即进行冷却，适当的冷却有助于增强焊点的接合强度，同时，冷却后的产品更利于炉后操作人员的作业。冷却方式大都采用强迫风冷。

3. 波峰焊的工艺要求

(1) 波峰焊焊接材料的补充　在波峰焊机操作的过程中，焊料和助焊剂被不断消耗，必须进行焊接材料的监测与补充。

1) 焊料。波峰焊一般采用 Sn63/Pb37 的共晶焊料,熔点为183℃。Sn 的含量应该保持在61.5%以上,并且 Sn/Pb 两者的含量比例误差不得超过±1%。根据设备的使用情况,每隔三个月到半年定期检查焊料中 Sn 的含量和主要金属杂质含量。如果不符合要求,则需更换焊料或采取其他措施。例如当 Sn 的含量低于标准时,可以添加纯 Sn 以保证含量比例。

2) 助焊剂。焊接使用的助焊剂要求表面张力小,扩展率大于85%;粘度小于熔融焊料;比重在 0.82~0.84g/ml,可以用相应的溶剂来稀释调整;焊接后容易清洗。对于要求不高的电子产品,可以采用中等活性的松香助焊剂,焊接后不必清洗,当然也可以使用免清洗助焊剂。对于通信、计算机等,可以采用免清洗助焊剂,或者用清洗型助焊剂,焊接后进行清洗。

3) 焊料添加剂。在波峰焊的焊料中,还要根据需要添加或补充一些辅料,比如防氧化剂和锡渣减除剂。防氧化剂可以减少高温焊接时焊料的氧化,不仅可以节约焊料,还能提高焊点质量。防氧化剂由油类与还原剂组成,要求还原能力强,在焊接温度下不会碳化。锡渣减除剂能让熔融的焊料与锡渣分离,防止锡渣混入焊点,并节省焊料。

(2) 其他工艺要求

1) 元器件的可焊性。元器件的可焊性是焊接的一个主要方面。对可焊性的检查要定时进行。

2) 波峰高度及波峰平稳性。波峰高度是作用波的表面高度。较好的波峰高度是波峰达到电路板厚度的 1/2~2/3。波峰过高,易拉毛、堆锡,还会使焊锡溢到电路板上面,烫伤元器件;波峰过低,易漏焊和挂焊。

3) 焊接温度。焊接温度是指被焊接处与熔化的焊料相接触时的温度。温度过低,会使焊点毛糙、不光亮,造成虚焊、假焊及拉尖;温度过高,易使电路板变形,烫伤元器件。

4) 传递速度。印制电路板的传递速度决定焊接时间。速度过慢,则焊接时间长且温度高,给印制电路板及元器件带来不良影响;速度过快,则焊接时间短,容易出现假焊、虚焊、桥焊等不良现象。焊点与熔化的焊料所接触的时间以 3~4s 为宜,即印制电路板选用 1m/min 左右的传递速度。

5) 传递角度。在印制电路板的前进过程中,当印制电路板与焊料的波峰成一个角度时,则可以减少挂锡、拉毛、气泡等不良现象,所以在波峰焊接时印制电路板与波峰通常成 5°~8°的仰角。

6) 氧化物的清理。焊锡槽中焊料长时间与空气接触易氧化,氧化物漂浮在焊料表面,积累到一定程度,会随焊料一起喷到印制电路板上,使焊点无光泽,造成渣孔和桥连等缺陷,因此要定期清理氧化物。一般每四小时清理一次,并在焊料中加入抗氧化剂。

(3) 波峰焊的温度工艺参数控制 理想的双波峰焊的焊接温度曲线如图4-7所示。从图中可以看出,整个焊接过程分为三个温度区域:预热、焊接、冷却。实际的焊接温度曲线可以通过对设备的控制系统编程进行调整。

1) 预热区温度控制。在预热区内,电路板上喷涂的助焊剂中的溶剂挥发,可以减少焊接时产生气体。同时,松香和活化剂开始分解活化,去除焊接面上的氧化层和其他污染物,并且防止金属表面在高温下再次氧化。印制电路板和元器件被充分预热,可以有效地避免焊接时急剧升温产生的热应力损坏。电路板的预热温度及时间,要根据印制电路板的大小、厚

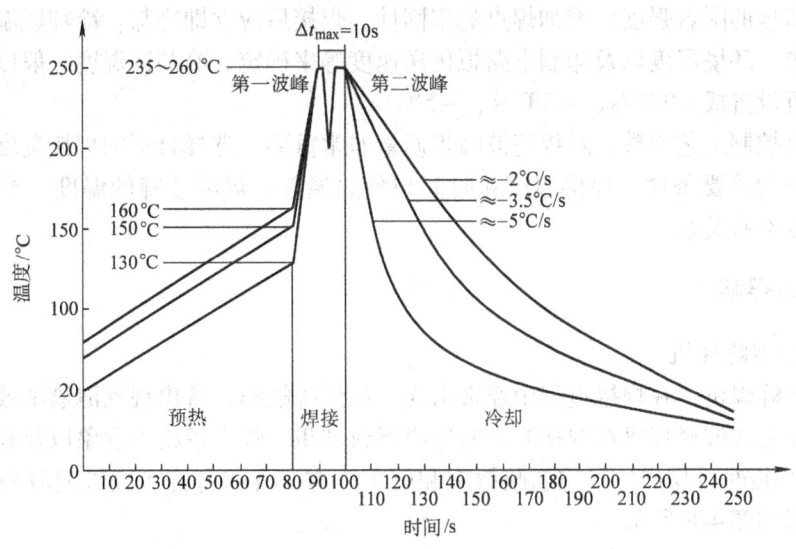

图 4-7 理想的双波峰焊的焊接温度曲线

度、元器件的尺寸和数量,以及贴装元器件的多少来确定。在印制电路板表面测量的预热温度应该为 90~130℃,多层板或贴片元器件较多时,预热温度取上限。预热时间由传送带的速度来控制。如果预热温度偏低或预热时间过短,助焊剂中的溶剂挥发不充分,焊接时就会产生气体而引起气孔、锡珠等焊接缺陷;如果预热温度偏高或预热时间过长,助焊剂被提前分解,使助焊剂失去活性,同样会引起毛刺、桥接等焊接缺陷。为恰当控制预热温度和时间,达到最佳的预热温度,可以参考表 4-2 中不同印制电路板在波峰焊时的预热温度进行设置,也可以从波峰焊前涂覆在印制电路板底面的助焊剂是否有粘性来进行判断。

表 4-2 不同印制电路板在波峰焊时的预热温度

印制电路板类型	元器件种类	预热温度/℃	印制电路板类型	元器件种类	预热温度/℃
单面板	THC + SMD	90~100	多层板	THC	110~125
双面板	THC	90~110	多层板	THC + SMD	110~130
双面板	THC + SMD	100~110			

2)焊接区温度控制。焊接过程是焊接金属表面、熔融焊料和空气等之间相互作用的复杂过程,同样必须控制好焊接温度和时间。如焊接温度偏低,液体焊料的粘性大,不能很好地在金属表面浸润和扩散,就容易产生拉尖、桥接、焊点表面粗糙等缺陷;如焊接温度偏高,容易损坏元器件,还会由于助焊剂被碳化失去活性、焊点氧化速度加快,产生焊点发乌、不饱满等问题。波峰表面温度一般应该在 250℃ ±5℃ 的范围之内。因热量、温度是时间的函数,在一定温度下,焊点和元器件的受热量随时间而增加。波峰焊的焊接时间可以通过调整传送系统的速度来控制。传送系统的速度,要根据不同波峰焊机的长度、预热温度、焊接温度等因素进行调整。以每个焊点接触波峰的时间来表示焊接时间,一般焊接时间约为 3~4s。双波峰焊的第一波峰一般调整为 (235~240℃)/1s 左右,第二波峰一般设置在 (240~260℃)/3s 左右。

3)冷却区温度控制。为了减少印制电路板的受高热时间,防止印制电路板变形,提高印制导线与基板的附着强度,增加焊点的牢固性,焊接后应立即冷却。冷却区温度应根据产品的工艺要求、环境温度以及印制电路板传送速度等来确定,冷却区温度一般以一定负温度速度下降,可设置成 −2℃/s、−3℃/s、−5℃/s。

综合调整控制工艺参数,对提高波峰焊质量非常重要。选择合适的焊接温度和时间,是形成良好焊点的首要条件。焊接温度和时间与预热温度、焊料波峰的温度、导轨的倾斜角度、传送速度都有关系。

4.2.3 波峰焊机

1. 常见的波峰焊机

早期的波峰焊机,在焊接过程中经常出现一些焊接缺陷,常出现气泡遮蔽效应和阴影效应。为了改变老式波峰焊机在焊接时容易造成焊料堆积、焊点短路等现象以及利用波峰焊机焊接 SMT 电路板时,易产生气泡遮蔽效应和阴影效应,现在有许多改进型波峰焊机。新型波峰焊机外形如图 4-8 所示。

图 4-8 新型波峰焊机外形图

(1) 斜坡式波峰焊机 斜坡式波峰焊机是一种单波峰焊机,它与一般波峰焊机的区别在于传送导轨是以一定的角度斜坡式安装的,如图 4-9a 所示。这种波峰焊机的优点是:假如电路板以与一般波峰焊机同样的速度通过波峰,等效于增加了焊点浸润时间,增加了电路板焊接面与焊锡波峰接触的长度,从而提高了传送导轨的运行速度和焊接效率,不仅有利于焊点内助焊剂的挥发,避免形成夹气焊点,还能让多余的焊锡流下来,保证了焊点的质量。

(2) 高波峰焊机 高波峰焊机也是一种单波峰焊机,它的焊锡槽及其锡波喷嘴如图 4-9b 所示,它适用于 THT 元器件长脚插焊工艺,其特点是,焊料离心泵的功率较大,从喷嘴中喷出的锡波高度比较高,并且其高度可以调节,保证元器件的引脚从锡波里顺利通过。一般在高波峰焊机的后面配置剪腿机,用来剪短元器件的引脚。

(3) 双波峰焊机 为了适应表面贴装技术的发展,为了焊接 THT + SMT 混合元器件的电路板,在单波峰焊机基础上改进形成了双波峰焊机,即有两个波峰。双波峰焊机的焊料波形有三种:空心波、紊乱波、宽平波。一般两个焊料波峰的波形不同,最常见的波峰组合是紊乱波 + 宽平波,空心波 + 宽平波。双波峰焊机的焊料波形如图 4-10 所示。

1) 空心波。空心波的特点是在熔融焊料的喷嘴出口设置了指针形调节杆,让焊料熔液

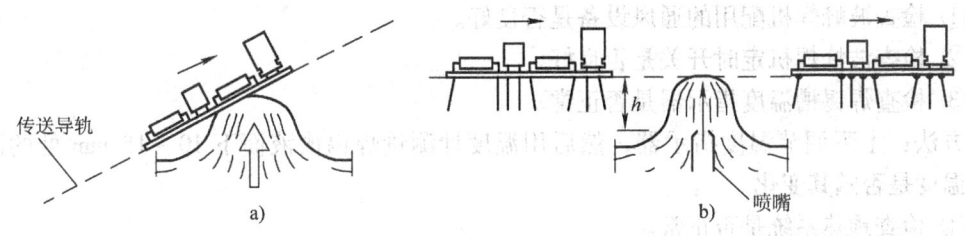

图 4-9 斜坡式波峰焊机和高波峰焊机

从喷嘴两边对称的窄缝中均匀地喷流出来，使两个波峰的中部形成一个空心的区域，并且两边焊料熔液喷流的方向相反。由于空心波的流体力学效应，它的波峰不会将元器件推离基板，相反使元器件贴向基板。空心波的波形结构，可以从不同方向消除元器件的阴影效应，有极强的填充死角、消除桥接的效果。

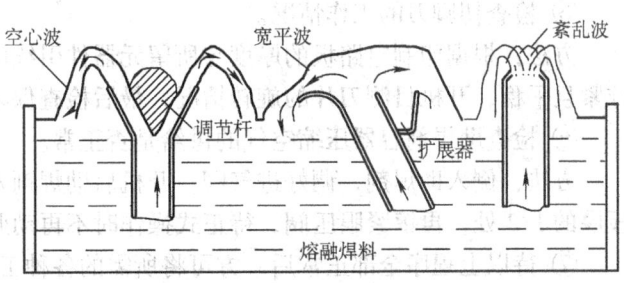

图 4-10 双波峰焊机的焊料波形

它能够焊接 SMT 元器件和引线元器件混合装配的印制电路板，特别适合焊接极小的元器件，即使是在焊盘间距为 0.2mm 的高密度印制电路板上，也不会产生桥接。空心波焊料熔液喷流形成的波柱薄、截面积小，使印制电路板基板与焊料熔液的接触面减小，不仅有利于助焊剂热分解气体的排放，克服了气泡遮蔽效应，还减少了印制电路板吸收的热量，降低了元器件损坏的概率。

2）紊乱波。在双波峰焊机中，用一块多孔的平板去替换空心波喷口的指针形调节杆，就可以获得由若干个小子波构成的紊乱波。看起来像平面涌泉似的紊乱波，也能很好地克服一般波峰焊的气泡遮蔽效应和阴影效应。

3）宽平波。在焊料的喷嘴出口处安装了扩展器，熔融焊料熔液从倾斜的喷嘴喷流出来，形成偏向宽平波（也叫片波）。逆着印制电路板前进方向的宽平波的流速较大，对电路板有很好的擦洗作用；在设置扩展器的一侧，熔液的波面宽而平，流速较小，使焊接件可以获得较好的后热效应，起到修整焊接面、消除桥接和拉尖、丰满焊点轮廓的效果。

(4) 选择性波峰焊设备　近年来，SMT 元器件的使用率不断上升，在某些混合装配的电子产品里甚至已经占到 95% 左右，按照以往的思路，对电路板 A 面进行再流焊、B 面进行波峰焊的方案已经面临挑战。在以集成电路为主的产品中，很难保证在 B 面上只贴装耐受高温的 SMC 元器件，不贴装 SMD（如集成电路），其承受高温的能力较差，可能因波峰焊导致损坏；假如用手工焊接的办法对少量 THT 元器件实施焊接，又感觉一致性难以保证。为此，国外厂商推出了选择性波峰焊设备。这种设备的工作原理是，在由电路板设计文件转换的程序控制下，小型波峰焊锡槽和喷嘴移动到电路板需要补焊的位置，顺序、定量喷涂助焊剂并喷涌焊料波峰，进行局部焊接。

2. 波峰焊机的操作

(1) 波峰焊的基本操作规程

1) 准备工作：

① 检查波峰焊机配用的通风设备是否良好。

② 检查波峰焊机定时开关是否良好。

③ 检查焊锡槽温度指示器是否正常。

方法：上下调节温度指示器，然后用温度计测量焊锡槽液面下 10~15 mm 处的温度，判断温度是否随其变化。

④ 检查预热系统是否正常。

方法：打开预热器开关，检查其是否升温且温度是否正常。

⑤ 检查切脚刀的工作情况。

方法：根据印制电路板的厚度与所留元器件引线的长度调整刀片的高低，然后将刀片架拧紧且平稳，开机目测刀片的旋转情况，最后检查保险装置有无失灵。

⑥ 检查助焊剂容器压缩空气的供给是否正常。

方法：倒入助焊剂，调好进气阀，开机后助焊剂发泡，使用试样印制电路板将泡沫调到板厚的1/2处，再镇紧眼压阀，待正式操作时不再动此阀，只开进气开关即可。

⑦ 待以上程序全部正常后，方可将所需的各种工艺参数预置到设备的有关位置上。

2）操作规则：

① 波峰焊机需要经过培训的专职操作人员进行操作管理，操作人员应能进行一般性的维修保养。

② 开机前，操作人员需佩戴粗纱手套并拿棉纱将设备擦干净，并向注油孔内注入适量润滑油。

③ 操作人员需佩戴橡胶防腐手套清除焊锡槽及焊剂槽周围的废物和污物。

④ 操作间内，设备周围不得存放汽油、酒精、棉纱等易燃物品。

⑤ 波峰焊机运行时，操作人员要佩戴防毒口罩，同时要佩戴耐热耐燃手套进行操作。

⑥ 非工作人员不得随便进入波峰焊操作间。

⑦ 工作场所不允许吸烟、吃食物。

⑧ 进行插装工作时，要穿戴工作帽、工作鞋及工作服。

(2) 单机式波峰焊的操作过程

1）打开通风开关。

2）开机。

a. 接通电源。

b. 接通焊锡槽加热器。

c. 打开发泡喷涂器的进气开关。

d. 焊料温度达到规定数值时，检查焊料液面，若焊料液面太低要及时添加焊料。

e. 开启波峰焊气泵开关，用装有印制电路板的专用夹具来调整压锡深度。

f. 清除焊料液面残余氧化物，在焊料液面干净后添加防氧化剂。

g. 检查助焊剂，如果液面过低需加适量助焊剂。

h. 检查、调整助焊剂密度使之符合要求。

i. 检查助焊剂发泡层是否良好。

j. 打开预热器温度开关，调到所需温度的位置。

k. 调节传送导轨的角度。

l. 开通传送机并调节速度到需要的数值。
m. 开通冷却风扇。
n. 将焊接夹具装入导轨。
o. 将印制电路板装入夹具，板四周贴紧夹具槽，力度适中，然后把夹具放到传送导轨的始端。

(3) 波峰焊机的操作工艺流程　波峰焊机的操作人员应熟悉设备原理、电路原理图、技术说明书及其他辅助资料后方可操作。
1) 开动波峰焊机前应检查机床各部件的螺钉有无松动。
2) 打开电源。
3) 将锡锅温度与预热温度设置至工艺要求后打开电热开关。
4) 在助焊剂储液箱内加满一定浓度的助焊剂。
5) 调节喷雾槽空气压力与流量，使喷雾效果最佳。
6) 调整链爪速度至工艺要求。
7) 调整链爪开档至印制电路板同宽。
8) 待温度达到设定值时，启动泵，输送印制电路板进行焊接。
9) 焊接结束后关闭电源，清扫作业现场。

4.2.4　波峰焊接缺陷分析

1. 沾锡不良

沾锡不良是不可接受的缺点，指在焊点上只有部分沾锡。局部沾锡不良不会露出铜箔面，只有薄薄的一层锡，无法形成饱满的焊点。其原因及改善方式如下：

1) 在涂覆阻焊剂时沾上外界污染物，如油、脂、蜡等。此类污染物通常可用溶剂清洗。
2) 作为抗氧化使用的硅油蒸发沾在基板上而造成沾锡不良，硅油不易清理，因此使用它时要非常小心。
3) 因储存状况不良或基板制作过程中发生氧化，且助焊剂无法完全去除时，会造成沾锡不良。解决方法是过二次上锡。
4) 沾助焊剂方式不正确，造成原因为发泡气压不稳定或不足，致使泡沫高度不稳或不均匀而使基板部分没有沾到助焊剂。解决方法是调整助焊剂涂敷质量。
5) 吃锡时间不足或焊锡温度不足会造成沾锡不良。因为熔锡需要足够的温度及时间润湿，通常焊锡温度应高于熔点 50~80℃，沾锡总时间约为 3s。

2. 冷焊或焊点不亮

焊点看似碎裂、不平，大部分原因是焊件在焊锡正要冷却形成焊点时振动，注意锡炉输送是否有异常振动。

3. 焊点破裂

焊点破裂通常是焊锡、基板、导通孔及焊件引脚之间膨胀系数不一致造成的，应在基板材质、零件材料及设计上去改善。

4. 焊点锡量太大

通常在评定一个焊点时，希望焊点又大又圆又胖，但事实上过大的焊点对导电性及抗拉

强度未必有帮助。原因及解决方法如下:

1) 锡炉输送角度不正确会造成焊点过大,倾斜角度 1°~7°依基板设计方式调整,一般角度约 3.5°,角度越大沾锡越薄,角度越小沾锡越厚。

2) 焊接温度和时间不够。提高焊锡槽温度,加长焊锡时间,使多余的锡再回流到焊锡槽。

3) 预热温度不够。提高预热温度,可减少基板沾锡所需热量,增加助焊效果。

4) 助焊剂比重不合适。略微降低助焊剂比重。通常比重越高吃锡越厚,也越易短路,比重越低吃锡越薄,但越易造成锡桥、锡尖。

5. 拉尖

拉尖指在元器件引脚顶端或焊点上发现有冰尖般的锡,产生原因及解决方法如下:

1) 基板的可焊性差。此问题通常伴随着沾锡不良,可通过提升助焊剂比重来改善。

2) 基板上焊盘面积过大。可用阻焊漆线将焊盘分隔来改善,原则上用阻焊漆线将大焊盘分隔成 5mm×10mm 区块。

3) 焊锡槽温度不足,沾锡时间太短。可提高锡槽温度,加长焊锡时间,使多余的锡再回流到焊锡槽中。

4) 出波峰后冷却风流角度不对。不可朝焊锡槽方向吹,会造成焊点急速冷却,多余焊锡无法受重力与内聚力拉回焊锡槽。

6. 白色残留物

在焊接或溶剂清洗后发现有白色残留物在基板上,通常是松香的残留物,这类物质不会影响表面电阻值,但客户不易接受。

1) 助焊剂通常是此问题的主要原因,有时改用另一种助焊剂即可改善,松香类助焊剂常在清洗时产生白斑,此时最好的方式是寻求助焊剂供货商的协助。

2) 基板制作过程中的残留杂质,在长期储存下亦会产生白斑,可用助焊剂或溶剂清洗。

3) 使用的助焊剂与基板氧化保护层不兼容。通常在换新的基板供货商,或更改助焊剂厂牌时发生,应请供货商协助。

4) 清洗基板的溶剂水分含量过高,降低清洗能力并产生白斑,应更新清洗溶剂。

5) 助焊剂使用过久老化,暴露在空气中吸收水气劣化。建议更新助焊剂,通常发泡式助焊剂应每周更新,浸渍式助焊剂每两周更新,喷雾式助焊剂每月更新即可。

6) 使用松香型助焊剂,过完锡炉后停放时间太久才清洗,导致引起白斑。尽量缩短焊锡后清洗的时间即可改善。

7. 黑色残余物及浸蚀痕迹

通常黑色残余物发生在焊点的底部或顶端,此问题大多是因为不正确地使用助焊剂或清洗造成的。

1) 松香型助焊剂焊接后未立即清洗,留下黑褐色残留物。尽量提前清洗即可。

2) 有机类助焊剂在较高温度下烧焦而产生黑斑。确认焊锡槽温度,改用可耐高温度的助焊剂即可。

8. 绿色残留物

绿色通常是腐蚀造成的,特别是电子产品,但是并非完全如此,因为很难分辨到底是绿锈还是其他化学产品。但通常来说发现绿色物质应为警讯，必须立刻查明原因，尤其是此绿色物质会越来越大时，应非常注意，通常可用清洗方法来改善。

1) 腐蚀的问题。通常发生在裸铜面或含铜合金上，使用非松香型助焊剂，这种腐蚀物质内含铜离子因此呈绿色，当发现此绿色腐蚀物时，即可证明是在使用非松香型助焊剂后未正确清洗。

2) 氧化铜与松香的化合物。此物质是绿色但绝不是腐蚀物，它具有高绝缘性，不影响品质，但客户不会同意，应清洗。

3) 基板制作时类似的残余物，在焊接后会产生绿色残余物。应要求基板制作厂在基板制作清洗后再做清洁度测试，以确保基板清洁度的品质。

9. 针孔及气孔

针孔与气孔的区别：针孔是在焊点上发现一个小孔，气孔则是焊点上的较大孔且可看到内部；针孔内部通常是空的，气孔则是内部空气完全喷出而造成的大孔。其形成原因是焊锡在气体尚未完全排出即已凝固而形成的。

1) 有机污染物。基板与焊件脚处都可能产生气体而造成针孔或气孔，其污染源可能来自自动植件机或储存状况不佳。此问题较为简单，只要用溶剂清洗即可，但如果发现污染物不容易被溶剂清洗，应在制作过程中考虑其他代用品。

2) 基板有湿气。如使用较便宜的基板材质，或使用较粗糙的钻孔方式，在贯孔处容易吸收湿气，焊接过程中受到高热蒸发出来而造成针孔或气孔。解决方法是放在120℃的烤箱中烤两小时。

3) 电镀溶液中的光亮剂。使用含大量光亮剂的电镀液时，光亮剂常与金同时沉积，遇到高温则挥发而造成针孔或气孔，特别是镀金时。解决方法是改用含光亮剂较少的电镀液，当然这要反馈到供货商。

10. 焊点灰暗

焊点灰暗分为两种：一是焊接后一段时间焊点颜色转暗，二是制造出来的成品焊点即是灰暗的。此现象主要是与助焊剂成分有关，原因是酸没有完全气化而造成"原电池短路效应"，通常采用良好的助焊剂焊接后焊点明亮是不会有明显变化的。

1) 焊锡内杂质。必须每三个月定期检验焊锡内的金属成分。

2) 助焊剂在热的表面上亦会呈现某种程度的灰暗色。如有机酸类助焊剂留在焊点上过久会造成轻微的腐蚀而呈灰暗色。在焊接后立刻清洗应可改善。某些无机酸类助焊剂会造成氯氧化锌，可先用1%的盐酸清洗，再水洗。

3) 在焊锡合金中，锡含量低者焊点亦较灰暗。

11. 焊点表面粗糙

焊点表面呈砂状突出表面，而焊点整体形状不改变。原因如下：

1) 金属杂质的结晶。必须每三个月定期检验焊锡内的金属成分。

2) 锡渣。锡渣被泵打入焊锡槽内经喷嘴涌出，因为焊锡槽焊锡液面过低，焊锡内含有锡渣而使焊点表面有砂状突出，焊锡槽内应追加焊锡并应清理焊锡槽及泵。

3) 外来物质。如毛边、绝缘材料等藏在元器件引脚处，亦会产生粗糙表面。

12. 黄色焊点

因焊锡温度过高造成，立即查看焊锡温度及温控器是否故障。

13. 短路

1) 基板吃锡时间不够，预热不足。调整锡炉即可。

2) 助焊剂不良。助焊剂比重不当、劣化等。

3) 基板前进方向与锡波配合不良。更改吃锡方向即可。

4) 电路设计不良，电路或接点间太过接近。若为排列式焊点或IC，则应考虑使用锡焊垫，或使用白漆予以分隔，此时的白漆厚度需为2倍以上焊垫厚度。

5) 被污染的锡或积聚过多的氧化物被泵带上造成短路。应清理锡炉或全部更新焊锡槽内的焊锡。

4.3 任务实施

4.3.1 电路板插装波峰焊接工艺设计

1) 波峰焊接前的准备。
① 对照材料清单识读电路原理图与元器件装配图。
② 印制电路板检查及元器件的识别与检测。
③ 元器件成形加工及导线准备。
④ 通孔插装元器件的插装。
⑤ 波峰焊接设备的准备。

2) 波峰焊接的实施。

3) 装接后检查测试。

4.3.2 通孔插装元器件的检测与准备

传统有引线元器件的安装采用插装技术，在电子产品生产中广泛应用。安装方法可以手工插装，也可以利用自动化设备进行安装，无论采用哪一种方法，都要求被装配元器件的形状和尺寸简单、一致，方向易于识别，插装前都要对元器件进行预处理等。

（1）插装的准备　在电子产品开始插装以前，除了要事先做好元器件的测试、筛选以外，还要进行两项准备工作：一是要检查元器件引线的可焊性，若可焊性不好，就必须进行镀锡处理；二是要根据元器件在印制电路板上的安装形式，对元器件的引线进行整形，直至符合安装要求。

（2）预处理　元器件引线在成形前必须进行加工处理。引线的加工处理主要包括引线的校直、表面清洁及上锡三个步骤，引线处理后，要求不允许有伤痕、镀锡层均匀、表面光滑、无毛刺和残留物。

（3）元器件引线成形　对于通孔安装的元器件，在安装前，都要对引线进行成形处理。对采用自动焊接的元器件，最好把引线加工成耐热的形状。

成形的基本要求是：元器件引线开始弯曲处，离元器件端面的最小距离应小于1.5mm，弯曲半径不应小于引线直径的两倍。元器件标称值应处在便于查看的位置，成形后不允许有机械损伤。怕热元器件要求引线增长，成形时绕成环。

为保证引线成形的质量和一致性，应使用专用工具和设备来成形。目前，元器件引线成形的主要方法有专用模具成形、专用设备成形以及用尖嘴钳进行简易加工成形等。

小规模生产时常用模具手工成形。模具的垂直方向开有供插入元器件引线的长条形孔，孔距等于格距。将元器件的引线从上方插入长条形孔后，插入插杆，引线即成形。然后拔出插杆，把元器件水平移动即可成形。这种方法加工的引线一致性好。

在自动化程度高的工厂，成形工序是在自动成形机上自动完成的。在没有专用工具或加工少量元器件时，可采用手工成形，常用的工具有平口钳、尖嘴钳、镊子等。

4.3.3 通孔插装元器件的插装

（1）插装的原则　元器件插装到印制电路板上应按工艺指导卡进行，元器件插装的总原则为：先小后大、先轻后重、先低后高、先里后外，先插装的元器件不能妨碍后插装的元器件。

（2）一般元器件的插装要求　要根据产品特点和设备条件安排装配的顺序，尽量减少元器件种类，同一种元器件尽可能安排给同一岗位。

所有组装件应按设计文件及工艺文件要求进行插装。

每个连接盘只允许插装一根元器件引线。当元器件引线穿过印制电路板后，折弯方向应沿印制导线方向，紧贴焊盘，折弯长度不应超出焊接区边缘或有关规定的范围。

尽量使元器件的标记（用色码或字符标注的数值、精度等）朝上或朝着易于辨认的方向，并注意标记的读数方向一致（从左到右或从上到下），这样有利于检验人员直观检查；凡带有金属外壳的元器件插装时，必须在与印制电路板的印制导线相接触部位用绝缘体衬垫。

卧式安装的元器件，尽量使两端引线的长度相等对称，把元器件放在两孔中央，排列要整齐；立式安装的色环电阻应该高度一致，最好让起始色环向上以便检查，上端的引线不要留的太长以免与其他元器件短路。

装接在印制电路板上的元器件不允许重叠，并在不必移动其他元器件的情况下就可拆装元器件。

0.5W以上的电阻一般不允许紧贴在印制电路板上装接，应根据其耗散功率的大小，使其电阻壳体距印制电路板有2~6mm间距。

凡不宜采用波峰焊接工艺的元器件，一般先不装入印制电路板，待波峰焊接后按要求装接。插装静电敏感元器件时，一定要在防静电的工作台上进行，戴好接地腕带。

（3）特殊元器件的插装要求　大功率晶体管、电源变压器、彩色电视机高压包等大型元器件的插孔要加固。体积、质量等都较大的大容量电解电容器容易发生倾斜、引线折断及焊点焊盘损坏现象，为此，在必要时，这种元器件的插孔除加固外，还要用黄色硅胶将其底部粘在印制电路板上。

中频变压器、输出输入变压器带有固定插脚，插入电路板插孔后，须将插脚压倒，以便焊锡固定。较大的电源变压器则采用螺钉固定，并加弹簧圈防止螺钉、螺母松动。

集成电路引脚比晶体管及其他元器件多得多，引脚间距也小，插装前应用夹具整形，插装时要弄清引脚排列顺序，并和插孔对准，用力时要均匀，不要倾斜，以防引脚折断或偏斜。

4.3.4 波峰焊接设备的准备

波峰焊接机要进行导轨尺寸调整、传送坡度调整、焊锡槽温度调整和助焊剂喷涂调整。

1. 生产用具、原材料

锡炉、排风机、空压机、夹子、刮刀、插好元器件的电路板、助焊剂、锡条、稀释剂、切脚机、波峰焊机。

2. 准备工作

1）按要求打开锡炉、波峰焊机的电源开关，将温度设定为 255～265℃（冬高夏低），加入适当锡条。

2）将助焊剂和稀释剂按工艺卡的比例要求调配好，并开起发泡机。

3）将切脚机的高度、宽度调节到相应位置，传送带的宽度及平整度与电路板相符，切脚高度为 1～1.2mm，将切脚机、传送带和切刀电源开关置于 ON 位置。

4）调整好上、下道流水线速度，打开排风设备。

5）检查待加工材料批号及相关技术要求，发现问题提前上报并进行处理。

6）按波峰焊操作规程对整机进行熔锡、预热、清洗，调节传送速度与电路板相应宽度，直到启动灯亮为止。

4.3.5 波峰焊接的实施

波峰焊机由涂助焊剂装置、预热装置、焊料槽、冷却风扇和传动机构等组成。根据各组成部分的作用和功能，一般波峰焊接按先后顺序的流水工艺为：印制电路板（插好元器件的）上夹具→喷涂助焊剂→预热→波峰焊接→冷却→质检→出线。

电路板通过传送带进入波峰焊机以后，会经过某个形式的助焊剂涂敷装置，在这里助焊剂利用波峰、发泡或喷雾的方法涂敷到电路板上。由于大多数助焊剂在焊接时必须达到并保持一个活化温度来保证焊点的完全浸润，因此电路板在进入波峰槽前要先经过一个预热区。助焊剂涂敷之后的预热可以逐渐提升印制电路板的温度并使助焊剂活化，这个过程还能减小组件进入波峰时产生的热冲击。它还可以用来蒸发掉所有可能吸收的潮气或稀释助焊剂的载体溶剂，如果这些不去除的话，它们会在过波峰时沸腾并造成焊锡溅射，或者产生蒸气留在焊锡里面形成中空的焊点或砂眼。波峰焊机预热区的长度由产量和传送带速度来决定，产量越高，为使板子达到所需的浸润温度就需要越长的预热区。

4.3.6 装接后的检查测试

波峰焊是进行高效率、大批量焊接电路板的主要手段之一，操作中如有不慎，就可能出现焊接质量问题。所以操作人员应对波峰焊机的构造、性能、特点有全面的了解，并熟悉设备的操作方法。在操作中还要做好三检查：

（1）焊前检查　工作前应对设备的各个部分进行可靠性检查。

（2）焊中检查　在焊接过程中应不断检查焊接质量，检查焊料的成分，及时去除焊料表面的氧化层，添加防氧化剂，并及时补充焊料。

（3）焊后检查　对焊接质量进行抽查，及时发现问题，少数漏焊可用手工补焊。

4.4 相关知识

4.4.1 焊接工艺概述

1. 焊接分类

（1）熔焊　熔焊是指焊接过程中焊件和焊料均熔化的焊接方式。常见的熔焊有气焊、等离子焊、电子束焊等。

（2）钎焊　钎焊是在焊接过程中焊件不熔化，而焊料熔化的焊接方式。钎焊又分为软钎焊和硬钎焊。软钎焊为焊料熔点低于450℃的焊接，硬钎焊为焊料熔点高于450℃的焊接。

（3）加压焊　加压焊又分为加热和不加热两种方式。例如冷压焊、超声波焊等属于不加热方式。加热方式又分为两种：一种是加热到塑形，另一种是加热到局部熔化。

在电子产品制造过程中，应用最普遍的焊接形式是锡焊，是一种重要的软钎焊方式，锡焊能实现部件的电气连接，让两个金属部件连接达到电气导通，锡焊同时能够实现部件的机械连接，起到固定作用。常见的锡焊方式有手工烙铁焊、手工热风焊、浸焊、波峰焊及回流焊等。

2. 锡焊的特点

锡焊方法简便，只需要使用简单的工具即可完成焊接、焊点修整、元器件拆换、重新焊接等工艺过程。具体来说，锡焊的过程就是通过加热，让焊料在焊件的焊接面上熔化、流动、浸润、使焊料渗透到铜母材的表面内，并在两者的接触表面上形成脆性合金层。除了含有大量铬、铝等元素的一些合金材料不宜采用锡焊焊接外，其他金属材料大都可以采用锡焊焊接。此外，锡焊具有成本低、易实现自动化的优点，在电子工程技术里，它是使用最早、最广、占比重最大的焊接方法。锡焊的主要特点有：

1）焊料熔点低于焊件。

2）焊接时将焊料与焊件共同加热到锡焊温度，焊料熔化而焊件不熔化。

3）焊接的形成依靠熔化的焊料浸润焊接面，由毛细作用使焊料进入焊件的间隙，形成一个合金层，从而实现焊件的连接。

3. 锡焊的原理

锡焊是一种典型的钎焊，是将焊件和熔点比焊件低的焊料共同加热到锡焊温度，在焊件不熔化的情况下，焊料熔化并浸润焊接面，依靠二者原子的扩散形成焊件的连接。焊接的物理基础是浸润，浸润也叫润湿。

如果焊接面上有阻隔浸润的污垢或氧化层，不能生成两种金属材料的合金层，或者温度不够高没有使焊料充分熔化，都不能使焊料浸润。进行锡焊必须具备的条件有以下几点：

（1）焊件必须具有良好的可焊性　所谓可焊性是指在适当的温度下，被焊金属材料与焊锡能形成良好的合金性能。不是所有的金属都具有好的可焊性，有些金属如铬、钼、钨等的可焊性就比较差；有些金属的可焊性又比较好，如紫铜、黄铜等。另外，焊接时的高温易使金属表面产生氧化膜，影响材料的可焊性。所以为了提高可焊性，常在焊件表面镀锡、镀银来防止焊件表面的氧化。

（2）焊件表面必须保持清洁　为了使焊锡和焊件达到良好的结合，焊件表面一定要保持清洁。即使是可焊性良好的焊件，由于储存或被污染，都可能在焊件表面产生对浸润有害的氧化膜和油污。在焊接前务必把污垢清除干净，否则无法保证焊接质量。焊件表面轻度的氧化层可以通过助焊剂来清除，氧化程度严重的应采用机械或化学方法清除，例如进行刮除或酸洗等。

(3) 要使用合适的助焊剂　助焊剂的作用是清除焊件表面的氧化膜。不同的焊接工艺，应该选择不同的助焊剂，如镍铬合金、不锈钢、铝等材料，没有专用的特殊助焊剂是很难实施焊接的。在焊接印制电路板时，为使焊接可靠稳定，通常采用以松香为主的助焊剂。

(4) 焊件要加热到适当温度　焊接时，热能的作用是熔化焊锡和加热焊件，使焊料渗透到被焊金属表面的晶格中而形成合金。焊接温度过低，对焊料原子渗透不利，无法形成合金，极易形成虚焊；焊接温度过高，会使焊料处于非共晶状态，加速助焊剂的挥发速度，使焊料品质下降，严重时还会导致印制电路板上的焊盘脱落。

需要强调的是，不但焊锡要加热到熔化，而且应该同时将焊件加热到能够熔化焊锡的温度。

(5) 合适的焊接时间　焊接时间是指整个焊接过程所需要的时间，它包括被焊金属达到焊接温度的时间、焊锡的熔化时间、助焊剂发挥作用及生成金属合金的时间几个部分。当焊接温度确定后，就应根据焊件的形状、性质、特点等来确定合适的焊接时间。焊接时间过长，易损坏元器件或焊接部位；焊接时间过短，则达不到焊接要求。

4. 锡焊焊点的质量要求

(1) 应实现可靠的电气连接　焊接是从物理上实现电气连接的主要手段。锡焊连接是靠焊接过程中形成的合金层来实现电气连接的，合金层必须牢固可靠。如果焊锡仅仅是堆在焊件的表面或只有很少一部分形成合金层，也许在最初的测试中不会发现焊点存在的问题，但随着条件的改变和时间的推移，接触层渐渐氧化，电路就可能产生时通时断或者干脆不工作的现象，而这时观察焊点外表，依然连接如初。这是电子产品制造中必须十分重视的问题。

(2) 连接应有足够的机械强度　焊接不仅起到电气连接的作用，同时也是固定元器件，保证机械连接的手段。由于锡焊材料本身强度是比较低的，要想增加强度，就要有足够的连接面积。另外，在元器件插装后把引线弯折，实行钩接、铰合后再焊，也是增加强度的有效措施。

(3) 焊点应光滑整齐　良好的焊点要求焊料用量恰到好处，外表圆润，有金属光泽。外表是焊接质量的反映，焊点表面有金属光泽是焊接温度合适、生成合金层的标志。若焊点表面出现发黑现象，焊点就容易老化；若出现毛刺现象，焊点就容易出现放电、短路等缺陷。

4.4.2　新型焊接

1. 无铅焊接的现状和发展

到目前为止，电子产品中是含有金属铅元素的，而铅是一种有毒物质，一旦被人体吸收，将损害健康。在电子产品中铅主要用于与锡组成铅锡合金作为焊料。传统的电子产品在焊接组装时，无一不是用铅锡合金做焊料的。而且在其他环节也会用到铅，如贴片用锡膏、元器件在出厂前引线浸锡、印制电路板上的油墨、压电陶瓷材料等。因为以上原因，结合目前人类越来越重视环保和健康,无铅焊接组装电子产品的课题理所当然地被提出来了。

2003年2月13日,欧盟WEEE和ROHS指令正式生效,规定自2006年7月1日起在欧洲市场上销售的电子产品必须是无铅产品。同时各成员国必须在2004年8月13日之前完成相应的立法工作。

日本是对无铅焊接研究和应用较早的国家,松下公司1999年10月推出第一款无铅组装电子产品,并计划在2003年3月31日前实现全制品无铅化。1999年10月,NEC公司推出无铅组装笔记本电脑。2000年3月,索尼公司推出无铅组装摄像机。其他大型的电子公司如日立、东芝、夏普等也制订了各自的无铅化计划,各大公司已基本上实现在国内的无铅化制造。

1999年7月29日,美国环境保护署修改有害化学物质排出的报告义务基准值,对于铅及其化合物类有害物质,基准值由原来的10000磅减少至10磅。2000年1月,美国NEMI正式向工业界推荐标准化无铅焊料。

2003年3月,中国信息产业部经济运行司拟定《电子信息产品生产污染防治管理办法》,规定电子信息产品制造者应保证自2003年7月1日起实行有毒有害物质的减量化生产措施;自2006年7月1日起投放市场的国家重点监管目录内的电子信息产品不能含有铅、镉、汞、六价铬、聚合溴化联苯或聚合溴化联苯乙醚等。无铅化组装已成为电子组装产业的不可逆转的趋势。

2. 无铅焊接的技术难点

从上述可以看出,无铅化电子组装主要指无铅化焊接,包括波峰焊和回流焊。需要解决的技术问题是焊料和焊接两个基本问题。

(1) 焊料 电子行业使用的焊料通常是由63%的锡和37%的铅组成的,这种合金焊料的特点是:共晶熔点低,只有183℃;铅能降低焊料表面张力,便于润湿焊接面;成本低。

目前,国际上并无无铅焊料的统一标准。通常无铅焊料是以锡为基体,添加少量的铜、银、铋、锌或铟等组成。例如,美国推荐的锡、4%银、0.5%铜的焊料,日本推荐的锡、3.2%银、0.6%铜的焊料。应该指出,这些焊料中并不是一点铅都没有,通常规定其含量小于0.1%。

使用无铅焊料带来的问题有:熔点高(260℃以上),润湿差,成本高。

(2) 焊接 由于焊料的成分和性能发生了变化,焊接过程中也出现了新的问题:

1) 由于成分不同而出现焊料的熔点及性能不同,焊接温度和设备的控制变得比铅锡焊料复杂。

2) 熔点的提高对设备和被焊接元器件的耐热要求也随之提高,对波峰炉材料、回流焊温区设置提出了新的要求。对被焊接元器件如LED、塑料件、印制电路板提出了新的耐高温问题。

3) 由于无铅焊料润湿性差,要求采用新的助焊剂和新的焊接设备,才能达到焊接效果。可以采取提高助焊剂的活性、延长预热区等措施。

4) 由于新焊料的成本较高,须设法减少焊料损耗,采用充氮工艺等。

3. 国内无铅焊电子组装的发展状况

在国内外无铅焊电子组装的呼声日益高涨,国内各电子产品制造商也十分关注并行动起来。焊接设备制造商日东公司、劲拓公司、科隆威公司等几乎所有的大中型公司,均从20

世纪90年代开始研制、仿造无铅波峰焊设备，目前已形成一定的规模和水平。但从考查情况分析，国内生产的无铅焊设备还是以出口和供应国内的外资企业为主，内资企业包括一些大型企业，有的处于观望状态，有的在进行试点，有的在少量生产出口产品。之所以推进缓慢，主要是迫于成本压力。例如：一台普通波峰焊机售价为7万元左右，一台无铅波峰焊机售价为18~28万元，63度铅锡焊料售价为每千克50元，无铅焊料的售价将近翻倍。又由于无铅电子产品还需要元器件、原材料等其他方面条件的配合，也就更增加了这一项目推进的难度。但是，困难虽有，方向却是一定的，电子产品制造厂商们必须克服困难，实现这一跨越。

4. 其他焊接方法

除了上述几种焊接方法以外，在微电子器件组装中，超声波焊、热超声金丝球焊、机械热脉冲焊都有各自的特点。例如新近发展起来的激光焊，能在几微秒的时间内将焊料加热到熔化而实现焊接，热应力影响小，可以同锡焊相比，是一种很有潜力的焊接方法。

随着计算机技术的发展，在电子焊接中使用微处理器控制的焊接设备已经普及。例如，微机控制电子束焊接已在我国研制成功。还有一种光焊技术，已经应用在CMOS集成电路的全自动生产线上，其特点是采用光敏导电胶代替焊剂，将电路芯片粘在印制电路板上用紫外线固化焊接。

随着电子工业的不断发展，传统的方法将不断得到改进和完善，新的高效率的焊接方法也将不断涌现。

4.5 任务总结

1）常见的通孔插装元器件的锡焊方式有手工烙铁焊、浸焊、波峰焊。

2）锡焊是将焊件和熔点比焊件低的焊料形成焊件的连接。进行锡焊，必须具备的条件：良好的可焊性、焊件表面清洁、合适的助焊剂、适当温度、焊接时间。

3）锡焊焊点的质量要求：可靠的电气连接，连接有足够的机械强度，焊点应光滑整齐。

4）浸焊是将插装好元器件的印制电路板，浸入盛有熔融锡的锡锅内，一次性完成印制电路板上全部元器件焊接的方法，它可以提高生产效率。常用的浸焊机有两种：一种是带振动头的浸焊机，另一种是超声波浸焊机。常见的浸焊有手工浸焊和自动浸焊两种形式。手工浸焊是由装配工人用夹具夹持待焊接的印制电路板（已插装好元器件）浸在锡锅内完成浸锡的方法；自动浸焊一般利用具有振动头或是超声波的浸焊机进行浸焊。

5）波峰焊是让插装好元器件的印制电路板与熔融焊料的波峰相接触，实现焊接的一种方法。这种方法适合于大批量焊接印制电路板，特点是质量好、速度快、操作方便，如果与自动插件器配合，即可实现半自动化生产。

6）新型波峰焊机主要有高波峰焊机、斜坡式波峰焊机和双波峰焊机等。

7）现代焊接方法有超声波焊、热超声金丝球焊、机械热脉冲焊、激光焊等。

4.6 练习与巩固

1. 什么叫浸焊，什么叫波峰焊？
2. 操作浸焊机时应注意哪些问题？
3. 浸焊机是如何分类的？各类的特点是什么？
4. 波峰焊机分几类？各有什么特点？
5. 简述波峰焊的主要工艺流程。
6. 请列举其他的焊接方法。
7. 如何进行波峰焊机的温度工艺参数调整？
8. 无铅焊接的特点及技术难点是什么？
9. 如何进行波峰焊机的检查工作？
10. 简述波峰焊机的操作工艺流程。
11. 简述波峰焊焊接缺陷和产生的原因。

第 5 章 表面贴装元器件电子产品的手工装接

5.1 任务驱动：贴片调频收音机的手工装接

5.1.1 任务描述

表面贴装技术（SMT）是目前十分流行的组装技术，SMT 大部分采用自动化生产线进行生产，但在产品研制、维修，以及一些小规模、小型电子产品的生产中，仍应用手工贴装及手工焊接。因此对于元器件的手工贴装及焊接，是从事电子技术工作人员所必须掌握的技能。本章通过 2031 贴片调频收音机的装接工作任务，引出 SMC 及 SMD 电子元器件的手工装接工艺。通过实际对 2031 贴片调频收音机装接任务的实施完成，使学生掌握焊接的基本理论知识和技能知识，能够熟练、规范地进行 SMC 及 SMD 元器件的手工装接，掌握手工焊接的技巧和方法。

5.1.2 任务目标

1. 知识目标

1）掌握 SMC 及 SMD 的特点及安装要求。
2）掌握 SMD 设计及检验。
3）掌握 SMT 工艺过程。
4）掌握调频收音机的简单原理。
5）掌握调频收音机的产品结构及安装要求。

2. 技能目标

1）能正确使用工具进行表面贴装元器件的贴装。
2）能使用手动工具进行表面贴装元器件的焊接。
3）能遵守焊接安全操作规范，正确选择手工焊接工具和焊料，进行手工焊接与拆焊；掌握焊接与拆焊技巧。

5.1.3 任务要求

1）根据印制电路板及元器件装配图对照电路原理图和材料清单，对已经检测好的元器件进行成形加工处理。
2）对照印制电路板及元器件装配图按照正确的装配顺序进行元器件的插装及贴装，用 25W 内热式电烙铁进行手工焊接。
3）装接后进行检查，无误后装入机壳通电试机。
4）2031 贴片调频收音机的电路原理图和装配图。

① 2031 贴片调频收音机的电路原理图如图 5-1 所示。

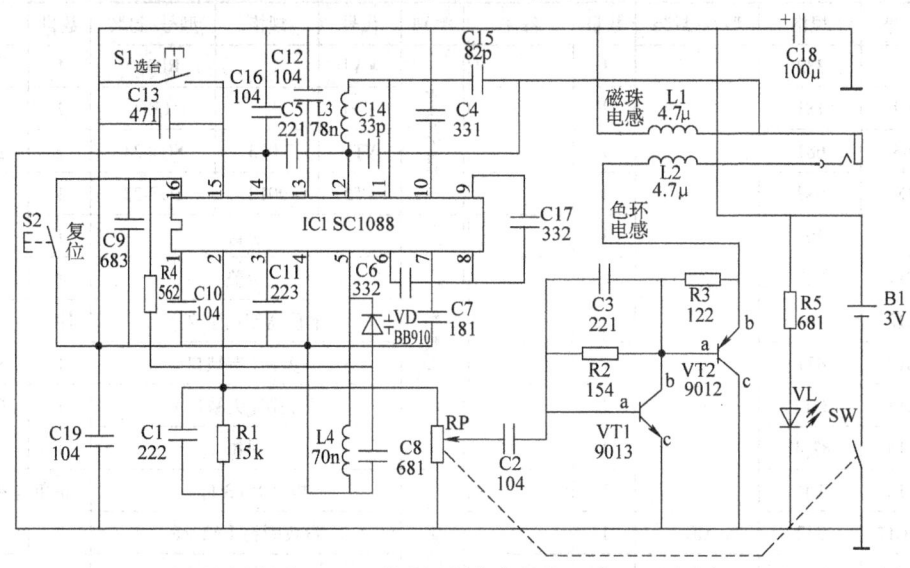

图 5-1　2031 贴片调频收音机的电路原理图

② 印制电路板及元器件装配图(焊接面)如图 5-2 所示。

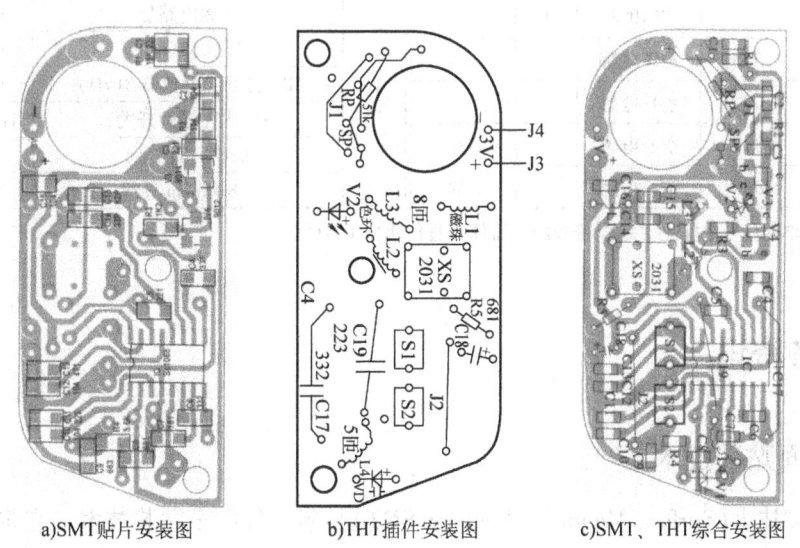

a)SMT贴片安装图　　　b)THT插件安装图　　　c)SMT、THT综合安装图

图 5-2　印制电路板及元器件装配图(焊接面)

③ 2031 贴片调频收音机的材料清单见表 5-1。

表 5-1　2031 贴片调频收音机的材料清单

类别	代号	规格	型号/封装	数量	备注	类别	代号	规格	型号/封装	数量	备注
电阻器	R1	153	2012 (2125) RJ1/8W	1		电容器	C1	222		1	
	R2	154		1			C2	104		1	
	R3	122		1			C3	221		1	
	R4	562		1			C4	331		1	
	R5	681		1			C5	221		1	

(续)

类别	代号	规格	型号/封装	数量	备注	类别	代号	规格	型号/封装	数量	备注
电容器	C6	332		1		半导体管	*VD		BB910	1	
	C7	181		1			*VL		LED	1	
	C8	681		1			VT1	9013	SOT-23	1	或9014
	C9	683		1			VT2	9012	SOT-23	1	
	C10	104		1		塑胶件	前盖			1	
	C11	223		1			后盖			1	
	C12	104		1			电位器钮(内、外)			各1	
	C13	471		1			开关钮(有缺口)			1	Scan 键
	C14	33pF		1			开关钮(无缺口)			1	Reset 键
	C15	82pF		1			别扣			1	
	C16	104		1		金属件	电池片(3件)			1	正负连接片各1
	*C17	332	CC	1			自攻螺钉 PA2×8			2	
	*C18	100μF	CD	1	6×6		自攻螺钉 PA2×5			1	
	*C19	104	CT	1	223-104		电位器螺钉 KM1.6×5			1	
IC	A		SC1088	1		其他	印制电路板			1	
电感器	*L1	4.7μH	磁珠电感	1			耳机 32Ω×2			1	
	*L2	4.7μH	色环电感	1			RP(带开关电位器51kΩ)			1	
	*L3	78nH	空心电感	1	8匝		S1、S2(轻触开关)			各1	
	*L4	70nH	空心电感	1	5匝		XS(耳机插座)			1	
							0.8×6mm 导线			2	

注:材料清单的代号中标注"*"符号的元器件为通孔插装元器件。

5.2 任务资讯

5.2.1 表面贴装技术

表面贴装技术(Surface Mount Technology,SMT)是新一代电子贴装技术,它将传统的电子元器件压缩成为体积只有原来的几十分之一的元器件,从而实现了电子产品贴装的高密度、高可靠性、小型化、低成本,以及生产的自动化。将这些元器件装配到电路板上的工艺方法称为SMT工艺,相关的贴装设备则称为SMT设备。目前,先进的电子产品,特别是计算机及通信类电子产品,已普遍采用表面贴装技术。

表面贴装技术是目前电子产品贴装行业里最流行的一种技术和工艺,有以下特点:

1)贴装密度高,电子产品体积小、重量轻,贴片元器件的体积和重量只有传统插装元器件的1/10左右,一般采用表面贴装技术之后,电子产品体积缩小40%~60%,重量减轻60%~80%。

2)可靠性高、抗振能力强,焊接缺陷率低。

3)高频特性好,减少了电磁和射频干扰。

4)易于实现自动化,提高生产效率,降低成本达30%~50%。

5.2.2 表面贴装元器件

表面贴装元器件主要分为片式无源元器件和有源器件两大类。它们的主要特点是:微型化、无引线(扁平或短引线),适合在印制电路板上进行表面组装。同时,一些机电器件,如开关、继电器、滤波器、延迟线、热敏和压敏电阻,也都实现了片式化。

1. 表面贴装元器件的特点与优势

与传统的插装元器件相比,表面贴装元器件具有如下特点和明显的优势:

1)在表面组装元器件的电极上,有些焊端完全没有引线,有些只有非常短的引线;相邻电极之间的间距比传统的双列直插式集成电路的引线间距(2.54mm)小很多,IC 的引脚中心距已由 1.27mm 减小到 0.3mm;在集成度相同的情况下,表面组装元器件的体积比传统的元器件小很多,片式电阻电容已经由早期的 3.2mm × 1.6mm 缩小到 0.4mm × 0.2mm;而且随着裸芯片技术的发展,BGA 和 CSP 类高引脚数元器件已广泛应用到生产中。

2)表面组装元器件直接贴装在印制电路板表面,将电极焊接在元器件同一面的焊盘上。这样,印制电路板上的通孔只起电路连通导线作用,孔的直径仅由制作电路板时金属化孔的工艺水平决定,通孔的周围没有焊盘,使印制电路板的布线密度大大提高。

3)形状简单、结构牢固,紧贴在印制电路板表面上,提高了可靠性和抗振性;组装时没有引线打弯、剪线,在制造印制电路板时,减少了插装元器件的通孔;尺寸和形状标准化,能够采取自动贴装机进行自动贴装,效率高、可靠性高,便于大批量生产,而且综合成本较低。

2. 表面贴装元器件的分类

表面组装元器件基本上都是片状结构。这里所说的片状结构是个广义概念,从结构形状说,包括薄片矩形、圆柱形、扁平形等;表面组装元器件同传统元器件一样,也可以从功能上分为无源器件、有源器件和机电器件三类,表面贴装元器件的分类见表 5-2。

表 5-2 表面贴装元器件的分类

类 别	封装器件	种 类
无源器件	电阻器	厚膜电阻器、薄膜电阻器、热敏器件、电位器等
	电容器	多层陶瓷电容器、有机薄膜电容器、云母电容器、片式钽电容器等
	电感器	多层电感器、线绕电感器、片式变压器等
	复合器件	电阻网络、电容网络、滤波器等
有源器件	分立组件	二极管、晶体管、晶体振荡器等
	集成电路	片式集成电路、大规模集成电路等
机电器件	开关、继电器	钮子开关、轻触开关、簧片继电器等
	连接器	片式跨接线、圆柱形跨接线、接插件连接器等
	微电机	微型微电机等

3. 片式无源器件(SMC)

片式无源器件(SMC)包括片状电阻器、电容器、滤波器和陶瓷振荡器等。单片陶瓷电容器、钽电容器和厚膜电阻器为最主要的无源器件，它们一般呈方形或圆柱形，这些表面组装形式已获得广泛应用，其质量大约为插装器件的1/10。

(1) 电阻器　表面组装电阻器最初为矩形片状，20世纪80年代初出现了圆柱形。随着表面贴装元器件和机电器件等向集成化、多功能化方向发展，又出现了电阻网络、阻容混合网络、混合集成电路等短小、扁平引脚的复合器件。

1）矩形片式电阻器。片式电阻器根据制造工艺不同可分为两种类型，一类是厚膜型（RN型），另一类是薄膜型（RK型），其电阻温度系数分F、G、H、K、M五级。厚膜型是在扁平的高纯度Al_2O_3基板上网印电阻膜层，烧结后经光刻而成，它的精度高、温度系数小、稳定性好，但阻值范围较窄，适用于精密和高频领域。薄膜型是在基体上喷射一层镍铬合金而成，它的性能稳定，阻值精度高，但价格较贵。

表面贴片电阻器的基本结构如图5-3所示，电极一般采用三层结构：内层电极、中间电极和外层电极。内层为银钯（Ag-Pd）合金（0.5mil），它与陶瓷基板有良好的结合力。中间为镍层（0.5mil），它是防止在焊接期间银层的浸析。最外层为端焊头，不同的国家采用不同的材料，日本通常采用Sn-Pb合金，厚度为1mil，美国则采用Ag或Ag-Pd合金。

2）圆柱形片式电阻器。圆柱形片式电阻器的结构、外形和制造方法基本上与带引脚电阻器相同，只是去掉了轴向引脚，做成无引脚形式，因而也称为金属电极无引脚面接合（Metal Electrode Leadless Face, MELF）。MELF主要有碳膜ERD型、高性能金属膜ERO型及跨接用的0Ω电阻器三种，它是由传统的插装电阻器改型而来。

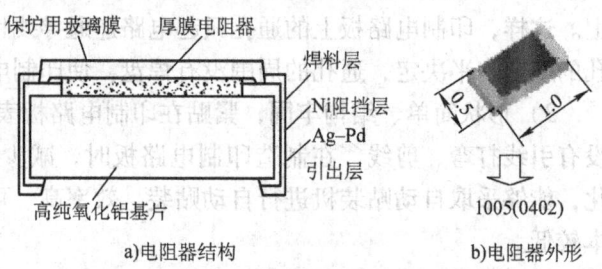

图5-3　表面贴片电阻器的基本结构和外形

电极不用插装焊接用的引线，而是使电极金属化和涂覆焊料，以用于表面贴装。MELF吸取了现代制造技术的优点，因而其成本稍低于矩形片式电阻器。

与矩形片式电阻器相比，MELF无方向性和正反面性，包装、使用方便，装配密度高，固定到印制电路板上有较高的抗弯曲能力，噪声电平和3次谐波失真都比较低，常用于高档音响电器产品中。

3）标志方法。片式电阻器的阻值和一般电阻器一样，标称法就是在电阻体上，用三位数字来标明其阻值。它的第一位和第二位为有效数字，第三位表示在有效数字后面所加"0"的个数，这一位不会出现字母。例如："472"表示"4700Ω"，"151"表示"150Ω"。如果是小数，则用"r"表示小数点，并占用一位有效数字，其余两位是有效数字。例如："2r4"表示"2.4Ω"，"r15"表示"0.15Ω"。

(2) 电容器　电容器的基本结构十分简单，它是由两块平行金属极板以及极板之间的绝缘电介质组成。绝缘电介质的绝缘强度（单位是V/mil，1mil = 0.001in = 2.54×10^{-5}m）和厚度决定了电容器的最高直流耐压值。

1）瓷介质电容器。片式瓷介质电容器有矩形和圆柱形两种。圆柱形是单层结构，生产量很少；矩形则少数为单层结构，大多数为多层叠层结构，又称MLC，有时也称独石电容器。

① 矩形瓷介质电容器。单层盘形电容器为多层单片陶瓷电容器的基础，因为它改善了组装效率。在多层陶瓷电容器上，电极位于内部且与陶瓷介质交错放置。同时，两个电极在两端处裸露并连在电容器的端片上。

MLC 通常是无引脚矩形结构，如图 5-4 所示。外电极的结构与片式电阻器一样，采用三层结构：内层为 Ag 或 Ag-Pd，厚度为 20~30μm；中间层镀 Ni 或 Cd，厚度为 1~2μm，主要作用是阻止 Ag 离子迁移；外层镀 Sn 或 Sn-Pb，厚度为 1~2μm，主要作用是易于焊接，改善耐焊接性和耐湿性。这种陶瓷的结构形成一个坚固的方块，可以承受恶劣的环境及像浸入焊料等一些与表面组装工艺有关的处理。

MLC 的特点包括：短小、轻薄化；因无引脚，寄生电感小、等效串联电阻低、电路损耗小。不但电路的高频特性好，而且有助于提高电路的应用频率和传输速度。电极与介质材料共烧结，耐潮性好、结构牢固、可靠性高，对环境温度等具有优良的稳定性和可靠性。

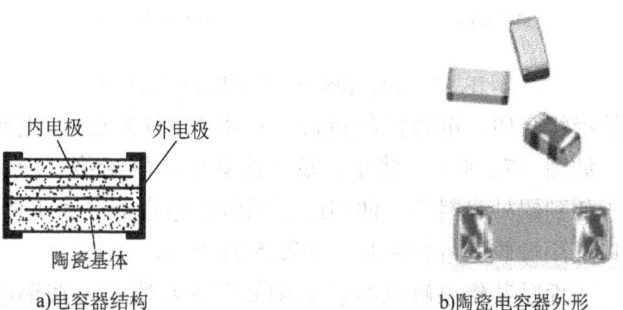

图 5-4 多层瓷介质电容器

② 圆柱形瓷介质电容器。圆柱形瓷介质电容器的主体是一个覆盖有金属内表面电极和外表面电极的瓷管。为了满足表面组装工艺的要求，瓷管的直径已从传统管形电容器的 3~6mm 减小到 1.4~2.2mm，瓷管的内表面电极从一端引出到外壁，和外表面电极保持一定的距离，外表面电极引至瓷管的另一端。瓷管的外表面再涂覆一层树脂，在树脂上打印有关标记，这样就构成了圆柱形瓷介质电容器。

2) 片式钽电解电容器。钽电解电容器具有最大的单位体积电容量，因而电容量超过 0.33μF 的表面组装元器件通常要使用钽电解电容器。钽电解电容器的电解质响应速度快，由于价格上的优势，适合在消费类电子设备中应用。片式钽电解电容器有矩形和圆柱形两大类。

① 矩形钽电解电容器。固体钽电解电容器的结构如图 5-5 所示。固体钽电解电容器的正极是钽粉烧结块，绝缘介质为 TaO_5，负极为 MnO_2 固体电解质。将电容器的芯子焊上引出线后再装入外壳内，然后用橡胶塞封装，便构成了固体钽电解电容器。有的电容器芯子采用环氧树脂包封的形式以构成固体钽电解电容器。

图 5-6 为钽电解电容器实物。矩形钽电解电容器外壳为有色塑料封装，一端印有深色标志线，为正极。在封面上有电容器的电容值及耐压值，一般有醒目的标志，以防用错。

② 圆柱形钽电解电容器。圆柱形钽电解电容器由阳极、固体半导体阴极组成，采用环氧树脂封装。

钽电解电容器主要用于铝电解电容器的性能参数难以满足要求的场合，如要求电容器体积小、上下限温度范围宽、频率特性及阻抗特性好、产品稳定性高的军用和民用整机电路。

3) 铝电解电容器。铝电解电容器是有极性的电容器，它的正极板用铝箔，将其浸在电解液中进行阳极氧化处理，铝箔表面上便生成一层 Al_2O_3 薄膜，这层氧化膜便是正、负极板

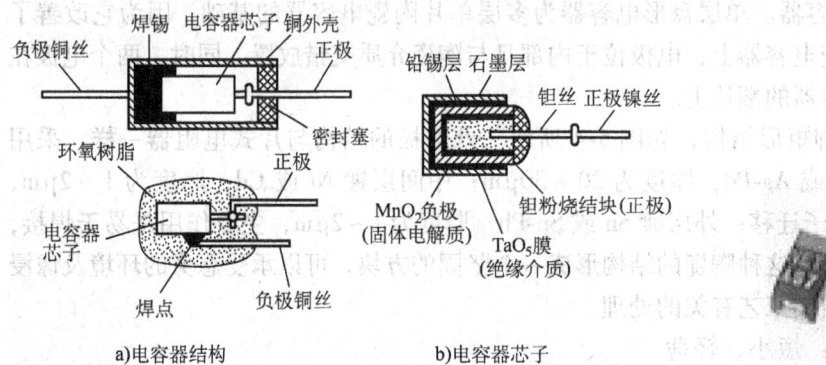

a) 电容器结构　　　　　b) 电容器芯子

图 5-5　固体钽电解电容结构示意图　　　图 5-6　钽电解电容器

间的绝缘介质。电容器的负极是由电解液构成的，电解液一般由硼酸、氨水、乙二醇等组成。如图 5-7a 所示，将正、负极按其中心轴卷绕，便构成了铝电解电容器的芯子，然后将芯子放到铝外壳封装，便构成了铝电解电容器。为了保证电解液不泄漏、不干涸，在铝外壳的口部用橡胶塞进行密封，如图 5-7b 所示。

表面贴装铝电解电容器实物如图 5-8 所示，在铝电解电容器外壳上的深色标志代表负极，电容值及耐压值在外壳上也有标注。铝电解电容器适合在直流或脉动电路中作整流、滤波和音频旁路使用。

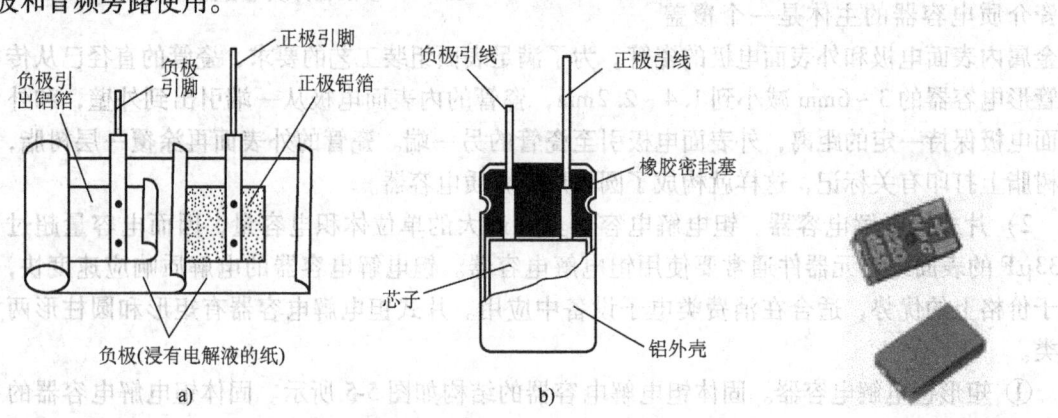

图 5-7　铝电解电容器的构造　　　图 5-8　表面贴装铝电解电容器

4) 标志方法。片式电容器表面印有英文字母及数字，它们均代表特定的数值，只要查表格就可以估算出电容器的电容值，见表 5-3。

表 5-3　片式电容器的电容值系数

字母	A	B	C	D	E	F	G	H	J	K	L
电容量值系数	1.0	1.1	1.2	1.3	1.5	1.6	1.8	2.0	2.2	2.4	2.7
字母	M	N	P	Q	R	S	T	U	V	W	X
电容量值系数	3.0	3.3	3.6	3.9	4.3	4.7	5.1	5.6	6.2	6.8	7.5
字母	Y	Z	a	b	c	d	e	f	m	n	t
电容量值系数	8.2	9.1	2.5	3.5	4.0	4.5	5.0	6.0	7.0	8.0	9.0

(3) 电感器　片式电感器亦称表面贴装电感器,它与其他片式元器件(SMC 及 SMD)一样,是适用于表面贴装技术(SMT)的新一代无引线或短引线微型电子元件。其引出端的焊接面在同一平面上。

从制造工艺来分,片式电感器主要有四种类型,即绕线型、叠层型、薄膜片式和编织型电感器。常用的是绕线型和叠层型两种类型。前者是传统绕线电感器小型化的产物;后者则采用多层印制技术和叠层生产工艺制作,体积比绕线型片式电感器还要小,是电感元件领域重点开发的产品。

1) 绕线型。它的特点是电感量范围广、精度高、损耗小,允许电流大、制作工艺继承性强、简单、成本低。不足之处是在进一步小型化方面受到限制。以陶瓷为芯的绕线型片式电感器在高频率下能够保持稳定的电感量和相当高的 Q 值,因而在高频回路中占据一席之地。

2) 叠层型。它具有良好的磁屏蔽性、烧结密度高、机械强度好。不足之处是合格率低、成本高、电感量较小、Q 值低。它与绕线型片式电感器相比有许多优点:尺寸小,有利于电路的小型化;磁路封闭,不会干扰周围的元器件,也不会受临近元器件的干扰,有利于元器件的高密度安装;一体化结构,可靠性高;耐热性、可焊性好;形状规整,适用于自动化表面安装生产。

3) 薄膜片式。它具有在微波频段保持高 Q 值、高精度、高稳定性和小体积的特性。其内电极集中于同一层面,磁场分布集中,能确保贴装后的元器件参数变化不大,在 100MHz 以上呈现良好的频率特性。

4) 编织型。它的特点是在 1MHz 以下的单位体积电感量比其他片式电感器大、体积小、容易安装在基片上,可用作功率处理的微型磁性元器件。

各类型电感器外形如图 5-9 所示。

a) 信号电路用 SMD 电感器

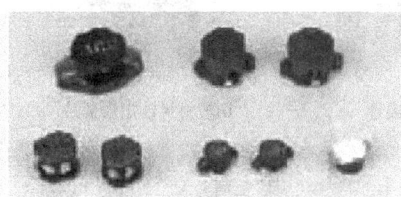
b) 电源电路用 SMD 电感器

c) 电路滤波电感器

图 5-9　各类型电感器外形图

5) 标志方法。小功率电感器有 nH 及 μH 两种单位。用 nH 做单位时,用 N 或 R 表示小数点。例如,4N7 表示 4.7nH,4R7 则表示 4.7μH;10N 表示 10nH,而 10pH 则用 10p 来表示。大功率电感上有时印有 680K、220K 字样,分别表示 68μH、22μH。

4. 片式有源器件(SMD)

为适应 SMT 的发展,各类半导体器件,包括分立器件中的二极管、晶体管、场效应晶体管,小规模、中规模、大规模、超大规模、甚大规模集成电路及各种半导体器件,如气敏、色敏、压敏、磁敏和离子敏等器件,正迅速地向表面组装化发展,成为新型的表面组装器件(SMD)。

(1) 片状分立器件　大多数表面组装分立器件都是塑料封装。功耗在几瓦以下的功率器件的封装外形已经标准化。目前常用的分立器件包括二极管、晶体管、小外形晶体管和片式振荡器等。

典型 SMD 分立器件的分立引脚外形示意图如图 5-10 所示。

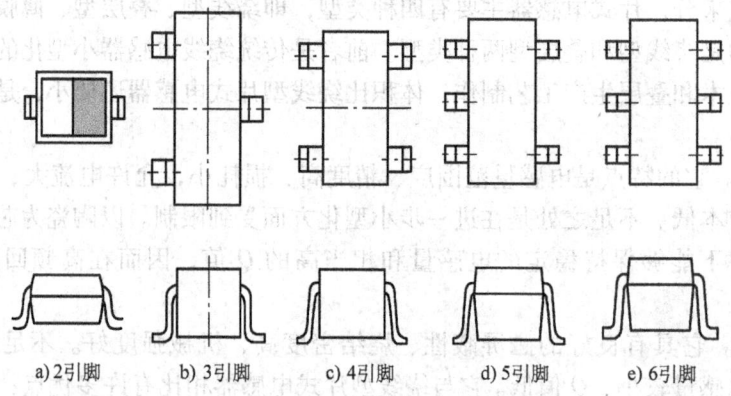

a) 2引脚　　b) 3引脚　　c) 4引脚　　d) 5引脚　　e) 6引脚

图 5-10　分立引脚外形示意图

二端 SMD 有二极管和少数晶体管器件，三端 SMD 一般为晶体管类器件，四至六端 SMD 大多封装了两只晶体管或场效应晶体管。

1）二极管。其外壳有玻璃封装、塑料封装等。

用于表面组装的二极管有三种封装形式，如图 5-11 所示。第一种是圆柱形的无引脚二极管，其封装结构是将二极管芯片装在具有内部电极的细玻璃管中，玻璃管两端装上金属帽作正负电极。外形尺寸有 1.5mm×3.5mm 和 2.7mm×5.2mm 两种。

a)圆柱形二极管　　b)塑料封装矩形薄片　　c)SOT-23封装二极管

图 5-11　二极管封装形式

第二种片状二极管为塑料封装矩形薄片，外形尺寸为 3.8mm×1.5mm×1.1mm，可用在 VHF(Very High Frequency, 甚高频) 频段到 S 频段，采用塑料编带包装。

第三种是 SOT-23 封装形式的片状二极管，多用于封装复合二极管，也用于封装高速开关二极管和高压二极管。

片状二极管极性的标志同传统二极管相似，一般情况下有颜色的一端就是负极。

2）晶体管。一般封装尺寸小的大都是小功率晶体管，封装尺寸大的多为中功率晶体管。片状晶体管很少有大功率管。片状晶体管有 3 引脚的，也有 4~6 引脚的，其中 3 引脚的为小功率普通晶体管，4 引脚的为双栅场效应晶体管或高频晶体管，而 5~6 引脚的为组合晶体管。

小外形塑封晶体管 SOT(Small Outline Transistor)，又称作微型片式晶体管，通常是一种三端或四端器件，主要用于混合式集成电路中，被组装在陶瓷基板上。小外形塑封晶体管主要包括 SOT-23、SOT-89 和 SOT-143 等，封装形式如图 5-12 所示。

a)SOT-23封装晶体管　　　　b)SOT-89封装晶体管　　　　c)SOT-143封装晶体管

图 5-12　小外形塑封晶体管封装形式

① SOT-23。SOT-23 是通用的表面组装晶体管，其外部结构如图 5-12a 所示。SOT-23 封装有三条翼形引脚，引脚材质为 42 号合金，强度好，但可焊性差。常见为小功率晶体管、场效应晶体管、二极管和带电阻网络的复合晶体管。

SOT-23 表面均印有标记，通过相关半导体器件手册可以查出对应的极性、型号与性能参数。SOT-23 采用编带包装，现在也普遍采用模压塑料空腔带包装。

② SOT-89。其外部结构如图 5-12b 所示。SOT-89 的集电极、基极和发射极从管子的同一侧引出，管子底面有金属散热片和集电极相连。SOT-89 具有三条薄的短引脚分布在晶体管的一端，通常用于较大功率的器件。在 25℃ 的空气中，它可以耗散 500mW 的热量，这类封装常见于硅功率表面组装晶体管。

③ SOT-143。SOT-143 有四条翼形短引脚，引脚中宽度偏大一点的是集电极。它的散热性能与 SOT-23 基本相同，这类封装常见于双栅场效应晶体管及高频晶体管，一般用作射频晶体管。其封装管芯、外形尺寸、散热性能、包装方式及在编带上的位置与 SOT-23 基本相同。SOT-143 的外形如图 5-12c 所示。

SOT-23、SOT-89 和 SOT-143 最常见的提供方式是采用 EIA 标准 RS-481 的编带或卷盘形式供应。其中，最流行的是带有放置器件的模压凹槽的导电带。这些封装是惟一采用波峰焊和再流焊两种方法焊接的有源器件。其余的有源器件，如 SOIC 和 PLCC，大都只用再流焊进行焊接。这些封装在外形尺寸上略有差别，产品的极性排列和引脚也基本相同，具有一定的互换性。

片状晶体管的极性标志一般是这样的：将器件有字样的一面对着自己，有一只引脚的一端朝上，上端为集电极，下左端为基极，下右端为发射极。

（2）片状集成电路　SMD 集成电路包括各种数字电路和模拟电路的 SSI～ULSI 集成电路器件。集成电路封装不仅起到集成电路芯片内键合点与外部进行电气连接的作用，也为集成电路芯片提供了一个稳定可靠的工作环境，对集成电路芯片起到机械和环境保护的作用，从而使得集成电路芯片能发挥正常的功能。

与传统的双列直插、单列直插式集成电路不同，商品化的 SMD 集成电路按照它们的封装方式，可以分为以下几类：

1）小外形集成电路。小外形集成电路（SOIC）又称小外形封装（SOP）或小外形（SO），在日本被称为小型扁平封装器件，它由双列直插式封装（DIP）演变而来，是 DIP 集成电路的缩小形式。它采用双列翼形引脚结构，中心距为 0.05in。小外形集成电路常见于线性电路、逻辑电路、随机存储器等单元电路中。SOIC 封装如图 5-13 所示。

J 形引脚的 SOIC 又称 SOJ，这种引脚结构不易损坏，且占用印制电路板的面积较小，能

a)SOJ封装　　　　　　b)SOP封装　　　　　　c)TSOP封装

图 5-13　SOIC 封装

够提高装配密度。与 J 形引脚封装相比，SOIC 在装卸搬运过程中需要格外小心，以防损坏引脚。翼形引脚的 SOP 封装的特点是引脚容易焊接，在工艺过程中检测方便，但占用印制电路板的面积较 SOJ 大。由于 SOJ 能节省较多的印制电路板面积，采用这种封装能提高装配密度，因而集成电路表面组装采用 SOJ 的比较多。

与 DIP 相比，SOIC 占用印制电路板的面积比较小，重量比 DIP 减轻了 1/9～1/3。与 PLCC 相比，当引脚数少于 20 时，小外形集成电路可以节省更大的覆盖面积，而且焊点也较容易检验。多数数字逻辑电路和各种线性电路都采用这种封装形式。

SOIC 中引脚 1 的位置与 DIP 的相同。SOIC 视外形、间距大小采用以下几种不同的包装方式：塑料编带包装，带宽分别为 16mm、24mm 和 44mm；32mm 粘接式编带包装；棒式包装和托盘包装。

2）无引脚陶瓷芯片载体（LCCC）。陶瓷芯片载体封装的芯片是全密封的，具有很好的环境保护作用，一般用于军品中。陶瓷芯片载体分为无引脚和有引脚两种结构，前者称为 LCCC，后者称为 LDCC。由于 LCCC 没有金属线，若直接组装在有机电路板上，则会由于温度、热膨胀系数不同，而在焊点上造成应力，甚至引起焊点开裂，因而有了 LDCC 的出现。LDCC 用铜合金或可代合金制成 J 形或翼形引脚，焊在 LCCC 封装体的镀金凹槽端点，而成为有引脚陶瓷芯片载体。由于这种附加引脚的工艺复杂繁琐，成本高且不适于大批量生产，故目前这类封装很少采用。

LCCC 封装的特点是没有引脚，在封装体的四周有若干个城堡状的镀金凹槽，作为与外电路连接的端点，可直接将它焊到印制电路板的金属电极上。这种封装因为无引脚，故寄生电感和寄生电容都较小。同时，由于 LCCC 采用陶瓷基板作为封装，密封性和抗热应力都较好。但 LCCC 成本高，安装精度高，不宜规模生产，仅在军事及高可靠领域使用的表面组装集成电路中采用，如微处理单元、门阵列和存储器等。LCCC 封装如图 5-14 所示。

  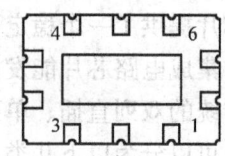

a)LCCC外形　　　　　　b)LDCC外形　　　　　　c)LCCC底视图

图 5-14　LCCC 封装

LCCC 的电极中心距主要有 1.0mm 和 1.27mm 两种，其外形有矩形和方形。常用矩形 LCCC 有 18、22、28 和 32 个电极，方形 LCCC 则有 16、20、24、28、44、52、68、84、

109、124 和 156 个电极。

LCCC 封装有依靠空气散热和通过印制电路板基板散热两种类型。安装时可直接将 LCCC 贴装在印制电路板上，封装体盖板无论朝上或朝下都可以。盖板的朝向是对器件芯片背面而言的，芯片背面是封装热传导的主要途径。当芯片背面朝向印制电路板基板时，器件产生的热量主要通过基板传导出去。因此，采用盖板朝上的 LCCC 封装，不宜用空气对流冷却系统。

3）塑封有引脚芯片载体。塑封有引脚芯片载体（PLCC）也是由 DIP 演变而来的，相对于陶瓷芯片载体，它是一种较便宜的芯片载体形式。PLCC 几乎是引脚数大于 40 的塑料封装 DIP 所必需的替代封装形式。PLCC 封装如图 5-15 所示。

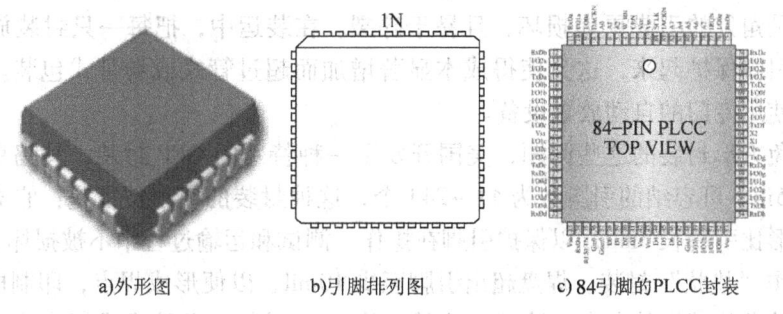

a) 外形图　　　　　　b) 引脚排列图　　　　c) 84引脚的PLCC封装

图 5-15　PLCC 封装

PLCC 封装体的四周具有下弯曲的 J 形短引脚，其间距为 0.05in，如图 5-15a 所示。由于 PLCC 组装在电路基板表面，不必承受插拔力，故一般采用铜材料制成，这样可以减小引脚的热阻柔性。当组件受热时，还能有效地吸收由于器件和基板间热膨胀系数不一致而在焊点上造成的应力，防止焊点断裂。但这种封装的集成电路（IC）被焊在印制电路板上后，检测焊点比较困难。PLCC 的引脚数一般为数十至上百条，这种封装一般用在计算机微处理单元 IC、专用集成电路 ASIC、门阵列电路等处。

每种 PLCC 表面都有标志点定位，以供贴片时判断方向，使用 PLCC 时要特别注意引脚的排列顺序。与 SOIC 不同，PLCC 在封装体表面并没有引脚标志，它的标志通常为一个斜角，如图 5-15b 所示。一般将此标志放在向上的左手边，若每边的引脚数为奇数，则中心线为 1 号引脚；若每边的引脚数为偶数，则中心两条引脚中靠左的引脚为 1 号。通常从标志处开始计算引脚的起止。

4）方形扁平封装（QFP）是专为小引脚间距表面组装 IC 而研制的新型封装形式。QFP 是适应 IC 容量增加、I/O 数量增多而出现的封装形式，目前已被广泛使用，常见封装为门阵列的 ASIC 器件。

QFP 引脚用合金制成，引脚的中心距为 1.0mm、0.8mm、0.6mm 的三种使用最普遍，0.5mm、0.3mm 的也已普及应用。引脚形状有翼形、J 形和 I 形。J 形引脚的 QFP 又称 QFJ。QFP 封装如图 5-16 所示。QFP 封装由于引脚数多，接触面较大，因而具有较高的焊接强度。但在运输、储存和安装中，引脚易折弯和损坏，使封装引脚的共面度发生改变，影响器件引脚的共面焊接，因而在使用中要特别注意。

方形封装的主要优点在于它能使封装具有高密度，0.6mm 引脚中心距封装的互连数超过 PLCC 两倍，从而大大地改善了封装密度。

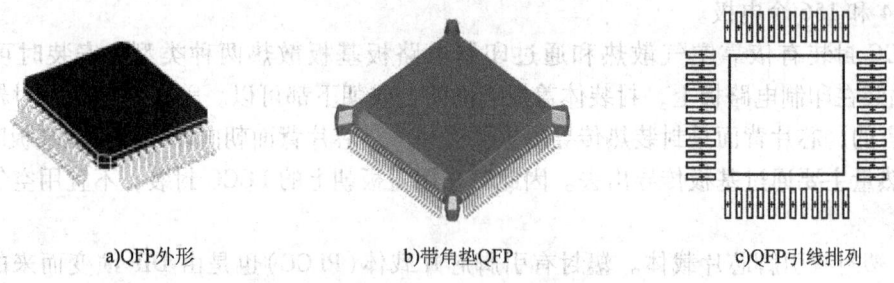

a)QFP外形　　　　　　b)带角垫QFP　　　　　c)QFP引线排列

图 5-16　QFP 封装

方形封装有某些局限性，就是在运输、操作和安装时，引脚易损坏，引脚共面度易发生畸变。尤其是角处的引脚更易损坏，且易于碎裂。在装运中，把每一只封装放入相应的载体，从而把引脚保护起来，这又使得成本显著增加而超过管式或卷带式包装。在组装工艺中，也必须使用专门的自动放置设备。

为了避免方形封装的这些问题，美国开发了一种特殊的 QFP 封装，其鸥翼形引脚中心间距为 0.025in，可容纳的引脚数为 44～244 个，这种封装的突出特征是：它有一个角垫减振，一般外形比引脚长 3mil，以保护引脚在操作、测试和运输过程中不被损坏。因此，这种封装通常称作"垫状"封装。焊盘超出引脚至少 10mil，以便形成焊点，印制电路板所占空间并不因这种角垫减振的存在而浪费，这就允许 QFP 封装以卷带式或管式输送而不损坏引脚，其结构如图 5-16b 所示。除了这些"耳朵"以外，其本体尺寸和 PLCC 一致。

5）BGA 封装。BGA 即球栅阵列，特点主要包括：芯片引脚不是分布在芯片的周围而是在封装的底面，实际是将封装外壳基板四面的引出脚变成以面阵布局的 Pb-Sn 凸点引脚，I/O 端子间距大（如 1.0mm、1.27mm、1.5mm），可容纳的 I/O 数目多（如 1.27mm 间距的 BGA 在 25mm 边长的正方形面积上可容纳 350 个 I/O 端子，而 0.5mm 间距的 QFP 在 40mm 边长的正方形面积上只容纳 304 个 I/O 端子）；I/O 引脚数虽然增多，但引脚之间的距离远大于 QFP 封装，提高了成品率；封装可靠性高，焊点缺陷率低，焊点牢固；虽然 BGA 的功耗增加，但由于用眼来观察，当引脚间距小于 0.4mm 时，对中与焊接十分困难，而 BGA 芯片的端子间距较大，借助对中放大系统，对中与焊接都不困难；焊接共面性较 QFP 容易保证，因为焊料在熔化后可以自动补偿芯片与印制电路板之间的平面误差，可靠性大大提高；有较好的电特性，特别适合在高频电路中使用；由于端子小，导体的自感和互感很低，频率特性好；再流焊时，焊点之间的张力产生良好的自动对中效果，允许有 50% 的贴片精度误差；信号传输延迟小，适应频率大大提高；能与原有的 SMT 贴装工艺和设备兼容，原有的丝印机、贴装机和再流焊设备都可使用。

BGA 通常由芯片、基座、引脚和封壳组成。按引脚排列分类，分为球栅阵列均匀分布、球栅阵列交错分布、球栅阵列周边分布、球栅阵列带中心散热和接地点的周边分布等；依据基座材料不同，BGA 可分为塑料球栅阵列（Plastic Ball Grid Array，PBGA）、陶瓷球栅阵列（Ceramic Ball Grid Array，CBGA）、陶瓷柱栅阵列（Ceramic Column Grid Array，CCGA）和载带球栅阵列（Tape Ball Grid Array，TBGA）四种。

① PBGA。PBGA 是目前应用最广泛的一种 BGA 器件，主要应用在通信产品和消费产品上，PBGA 封装如图 5-17 所示。

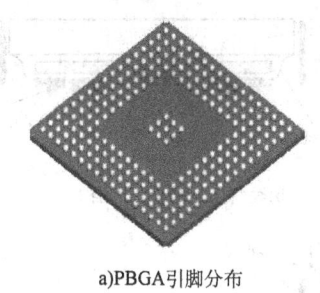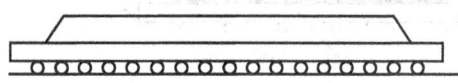

a)PBGA引脚分布   b)PBGA结构图

图 5-17　PBGA 封装图

PBGA 的包装一定要使用密封方式，包装开封后应在规定的时间内完成贴装与焊接，如果超过了规定的时间，贴装前应将器件烘干后使用。

② CBGA。CBGA 是为了解决 PBGA 吸潮性而改进的品种。CBGA 的芯片连接在多层陶瓷载体的上面，芯片与多层陶瓷载体的连接可以有两种形式：一种是芯片电路层朝上，采用金属丝压焊的方式实现连接；另一种是芯片电路层朝下，采用倒装片结构方式实现芯片与载体的连接。CBGA 的外形尺寸及包装与 PBGA 相同。

③ CCGA。CCGA 是 CBGA 在陶瓷尺寸大于 32mm×32mm 时的另一种形式。与 CBGA 不同的是，在陶瓷载体的小表面连接的不是焊球，而是焊料柱。焊料柱阵列可以是完全分布或部分分布，常见的焊料柱直径约为 0.5mm，高度约为 2.21mm，焊料柱阵列间距典型值为 1.27mm，CCGA 外形如图 5-18 所示。CCGA 的外形尺寸及包装也与 PBGA 相同。

④ TBGA。TBGA 是 BGA 相对较新的封装类型，其外形如图 5-19 所示。焊球通过采用类似金属丝压焊的微焊接工艺连接到过孔焊盘上，形成焊球阵列。TBGA 的焊球直径约为 0.65mm，典型的焊球间距有 1.0mm、1.27mm 和 1.5mm 几种。TBGA 的外形尺寸与 PBGA 相同。

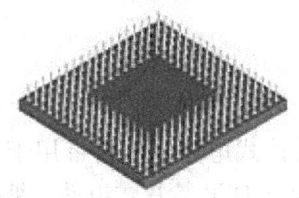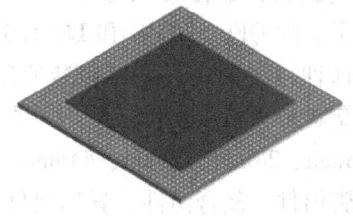

图 5-18　CCGA 外形图　　　　　　　　图 5-19　TBGA 外形图

6) CSP(Chip Scale Package)。它的封装尺寸与裸芯片相同或封装尺寸比裸芯片稍大（通常封装尺寸与裸芯片之比为 1.2∶1）。CSP 外端子间距大于 0.5mm，并能适应再流焊组装。

CSP 结构如图 5-20 所示。无论是柔性基板还是刚性基板，CSP 均是将芯片直接放在凸点上，然后由凸点连接引线，完成电路的连接。

CSP 器件具有的优点包括：CSP 器件是一种有品质保证的器件，即它在出厂时均经过半导体制造厂家的性能测试，确保器件质量是可靠的；封装尺寸比 BGA 小（如 Xilinx 公司的 XC953b 新封装，尺寸为 7mm×7mm，有 48 个 I/O 引脚，中心间距为 0.8mm；美国国家半导体公司的双运算放大器采用 CSP，尺寸为 1.6mm×1.6mm，有 8 个 I/O 引脚，中心间距为

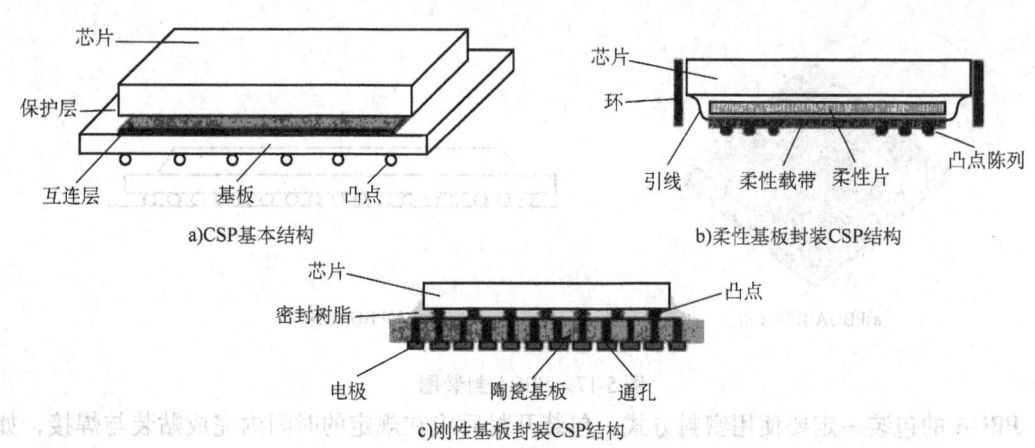

图 5-20　CSP 结构

0.5mm）；安装高度低，可达 1mm；CSP 比 BGA 更平，更易于贴装，贴装公差小于 ±0.3mm；CSP 比 QFP 提供了更短的互连，因此电性能更好，即阻抗低、干扰小、噪声低、屏蔽效果好，更适合在高频领域应用；具有高导热性。

CSP 封装的内存条如图 5-21 所示。可以看出，采用 CSP 技术后，内存颗粒所占用的 PCB 面积大大减小。

5. 表面贴装元器件的包装形式

表面贴装元器件的包装形式直接影响组装生产的效率，必须结合贴装机送料器的类型和数目进行优化设计。表面贴装元器件的包装形式主要有四种，即编带包装、管式包装、托盘包装和散装。

（1）编带包装　编带包装是应用最广泛、时间最久、适应性强、贴装效率高的一种包装形式，已经标准化了。除 QFP、PLCC 和 LCCC 外，其余元器件均采用这种包装形式。编带包装所用的编带主要有纸带、塑料带和粘接式带三种，主要尺寸有 8mm、

图 5-21　CSP 封装的内存条

12mm、16mm、24mm、32mm、44mm。纸带主要用于包装片式电阻。塑料带用于包装各种片式无引脚组件、复合组件、异形组件、SOT、SOP、小尺寸 QFP 等片式组件。纸带和塑料带的孔距为 4mm（1.0mm×0.5mm 以下的小组件为 2mm）或组件间距 4mm 的倍数，具体根据

a) 料带盘

b) 料带

图 5-22　编带包装料带盘及料带

元器件的长度而定。编带包装料带盘及料带如图 5-22 所示。

(2) 管式包装　管式包装主要用来包装矩形片式电阻、电容以及某些异形和小型元器件，主要用于 SMT 元器件品种很多且批量小的场合。包装时将元器件按同一方向重叠排列后一次装入塑料管内（一般 100～200 只/管），管两端用止动栓插入贴装机的供料器上，将贴装盒罩移开，然后按贴装程序，每压一次管就给基板提供一只片式元器件，如图 5-23 所示。从图中可以看出，集成电路的形状决定了塑料管的形状。同时，硬塑料可以避免 SMD/SMC 运输中被损坏。

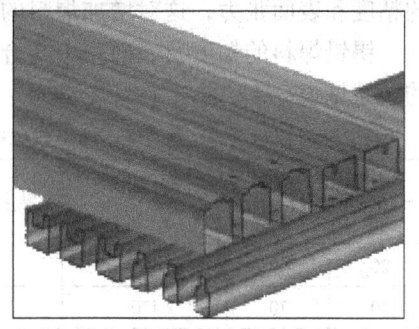

图 5-23　管式包装

管式包装材料的成本高，且包装的元器件数量受限。同时，若每管的贴装压力不均衡，则元器件易在细狭的管内被卡住。但对表面组装集成电路而言，采用管式包装的成本比托盘包装要低，不过贴装速度不及编带包装。包装管的端面型腔内为矩形的可用矩形包装元器件，型腔为异形的只用来包装微调电容等异形元器件。

(3) 托盘包装　托盘包装是用矩形隔板将托盘按规定的空腔等分，再将元器件逐一装入盘内，一般 50 只/盘，装好后盖上保护层薄膜。托盘有单层、3 层、10 层、12 层、24 层自动进料的托盘送料器。这种包装形式开始应用时，主要用来包装外形偏大的中、高、多层陶瓷电容。目前，也用于包装引脚数较多的 SOP 和 QTP 等元器件。

托盘包装的托盘有硬盘和软盘之分。硬盘常用来包装多引脚、细间距的 QTP 器件，这样封装引出线不易变形。软盘则用来包装普通的异形片式元器件。

单层托盘包装如图 5-24 所示。

a) 装有实物的托盘

b) 空托盘

图 5-24　托盘包装

(4) 散装　散装是将片式元器件自由地封入成形的塑料盒或袋内，贴装时把塑料盒插入料架上，利用送料器或送料管使元器件逐一送入贴装机的料口。这种包装形式成本低、体积小，但适用范围小，多为圆柱形电阻采用。散装料盒的型腔要与元器件、外形尺寸与供料架匹配。

SMT 元器件的包装形式也是一项关键的内容，它直接影响组装生产的效率，必须结合贴装机送料器的类型和数目进行最优化设计。

5.2.3　表面贴装工艺的材料

1. 锡铅焊料合金

(1) 密度 锡和铅混合时，总体积几乎等于分体积之和，即不收缩不膨胀。

(2) 粘度与表面张力 粘度与表面张力是焊料的重要性能，通常优良的焊料应具有低的粘度和表面张力，这对增加焊料的流动性及被焊金属之间的润湿性是非常有利的。

锡铅焊料的粘度及表面张力与合金的成分有密切关系，锡铅合金配比与表面张力及粘度的关系见表5-4。

表5-4 锡铅合金配比与表面张力及粘度关系(280℃测试)

配比(%)		表面张力 /N·m^{-1}	粘度/mPa·s	配比(%)		表面张力 /N·m^{-1}	粘度/mPa·s
Sn	Pb			Sn	Pb		
20	80	467	2.72	63	37	490	1.97
30	70	470	2.45	80	20	514	1.92
50	50	476	2.19				

(3) 锡铅合金的电导率 不同配比锡铅合金的电导率见表5-5。

表5-5 不同配比锡铅合金的电导率

配比(%)		电导率(设铜为100%)/S·m^{-1}	密度/g·cm^{-3}	配比(%)		电导率/(设铜为100%)/S·m^{-1}	密度/g·cm^{-3}
Sn	Pb			Sn	Pb		
100	0	13.9	7.29	42	58	10.2	9.15
95	5	13.7	7.40	35	75	9.7	9.45
60	40	11.6	8.45	30	70	9.3	9.73
50	50	10.27	8.86	0	100	7.9	11.34

(4) 热膨胀系数(CTE) 在0~100℃之间，纯锡的CTE是23.5×10^{-6}，纯铅的CTE是29×10^{-6}，63Sn37Pb合金的CTE是24.5×10^{-6}，从室温升温到183℃，体积会增大1.2%，而从183℃降到室温，体积的收缩却为4%，故锡铅焊料焊点冷却后有时有微微的缩小现象。在25~100℃的温度范围内，Cu_6Sn_5的CTE约为20.0×10^{-6}，Cu_3Sn的CTE是18.4×10^{-6}，可见，Cu_3Sn与63Sn37Pb的CTE之差为最大，这也是Cu_3Sn易引起焊点缺陷的原因。

2. 无铅焊料合金

目前无铅焊料仍是以锡为主体的焊料，在这类焊料中仍含有微量的铅。无铅焊料无统一的标准，欧盟EUELVD协会的标准是：Pb质量含量<0.1%；美国JEDEC协会的标准是：Pb质量含量<0.2%；国际标准组织(ISO)提案，电子装连用无铅焊料合金中Pb质量含量应低于0.1%。

无论是0.1%还是0.2%，均是很低的数值。所以目前国际公认的无铅焊料的定义为：以Sn为基体，添加了其他金属元素，而Pb的质量含量在0.1wt%~0.2wt%(wt%重量百分比)以下的主要用于电子组装的软钎料合金焊接。

目前应用最多的用于再流焊的无铅焊料是三元共晶或近共晶形式的Sn-Ag-Cu焊料。Sn(3wt%~4wt%)Ag(0.5wt%~0.7wt%)是可接受的范围，其熔点为217℃左右。Sn-Ag-Cu合金相当于在Sn-Ag合金里添加Cu，能够在维持Sn-Ag合金良好性能的同时稍微降低熔点，因此Sn-Ag-Cu合金已成为国际上应用最多的无铅合金。

3. 焊膏

焊膏是由焊料粉末与具有助焊功能的糊状助焊剂混合而成的，通常合金焊料粉末占总重量的 85%～90% 左右，占总体积的 50% 左右，其余是化学成分。焊料粉末与助焊剂的重量比与体积比如图 5-25 所示。焊膏是一个复杂的物料系统，制造焊膏需涉及流体力学、金属冶炼学、有机化学、物理学等综合知识。锡膏的包装外观如图 5-26 所示。

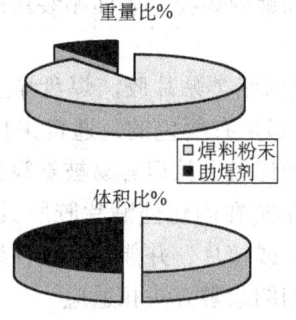

图 5-25　焊料粉末与助焊剂的重量比与体积比

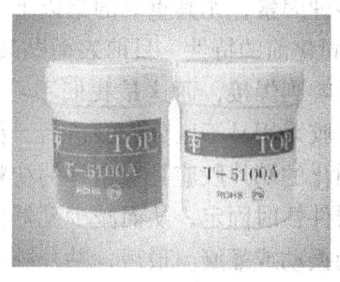

图 5-26　锡膏的包装外观

下面详细介绍几类常用的焊膏。

（1）松香型焊膏　松香具有优良的助焊性，并且焊接后松香的残留物成膜性好，对焊点有保护作用，有时即使不清洗，也不会出现腐蚀现象。特别是松香具有增粘作用，焊膏印刷能粘附片式元器件，不易产生移位现象，此外松香易与其他成分相混合起到调节粘度的作用，故焊膏中的金属粉末不易沉淀和分层。更多品牌的焊膏使用改性松香，如 KoKi 焊膏中松香的颜色很浅，焊点光亮，近于无色。

（2）水溶性焊膏　水溶性焊膏在组成结构上同松香型焊膏完全类似，其成分包括 Sn/Pb 粉末和糊状助焊剂。但在糊状助焊剂中却以其他的有机物取代了松香，在焊接后可以直接用纯水进行冲洗，去掉焊后的残留物。虽然水溶性焊膏已面世多年，但由于糊状助焊剂中未使用松香，焊膏的粘结性能受到一定的限制，易出现粘结力不够大的问题，故水溶性焊膏尚未能全面推广。当然，随着研究的深入，不远的将来也许会解决水溶性焊膏的粘结性能，而使它获得广泛的应用。

（3）免清洗低残留物焊膏　免清洗低残留物焊膏也是适应环保需要而开发出的焊膏，顾名思义，它在焊接后不再需要清洗。其实它在焊接后仍具有一定量的残留物，且残留物主要集中在焊点区，有时仍会影响到测试针床的检测。

免清洗低残留物焊膏的特点：一是活性剂不再使用卤素；二是减少松香部分的用量，增加其他有机物质的用量。实践表明，松香用量的减少是相当有限的，这是因为一旦松香用量低到一定程度，必然导致助焊剂活性的降低，而对于防止焊接区二次氧化的作用也会降低。

因此，要想达到免清洗的目的，通常要求在使用免清洗低残留物焊膏时，采用氮气保护再流焊。采用氮气保护焊接可以有效增强焊膏的润湿作用，防止焊接区的二次氧化。此外，在氮气保护下，焊膏的残留物挥发速度比在常态下明显加快，减少了残留物的数量。

4. 贴片胶

贴片胶又叫粘合剂。它的作用有：在混合组装中把表面贴装元器件暂时固定在印制电路板的焊盘图形上，以便随后的波峰焊接等工艺操作得以顺利进行；在双面表面组装情况下，辅助固定表面贴装元器件，以防翻板和工艺操作中出现振动时导致表面贴装元器件掉落。因此，在贴装表面贴装元器件前，就要在印制电路板上设定的焊盘位置涂敷贴片胶。

贴片胶的主要成分为基本树脂、固化剂、固化剂促进剂、增韧剂、填料等。

为了使贴片胶具有明显区别于印制电路板的颜色，需要加入色料，通常为红色，因此贴片胶又俗称红胶。

常用的表面贴装贴片胶主要有两类，即环氧树脂类和聚丙烯类。表面贴装用的贴片胶必须考虑多种因素，尤其重要的是以下三个主要方面。

1）固化前的特性。目前表面贴装绝大多数使用环氧树脂类贴片胶。焊盘涂上过量贴片胶后会影响到焊接，而这是我们不希望的。常用贴片胶都是有颜色的，通常采用红色和橙色，贴片胶采用易于区分的颜色后，如果使用过量，涂到焊盘上就很容易被觉察到并得以清除。未固化的贴片胶应具有良好的初粘强度。初粘强度是指在固化前贴片胶所具有的强度，即将元器件暂时固定，从而减少元器件贴装时产生的飞片或掉片，并能够经受住装贴、传输过程中的振动或颠簸。最后，贴片胶必须与生产中所采用的涂敷方法相适应。

2）固化中的特性。固化中的特性与达到希望的粘结强度所需的固化时间和固化温度有关。达到希望的粘结强度所需的时间越短，温度越低，说明贴片胶越好。表面贴装用的贴片胶必须在较低的温度下具有较快的固化速度，固化后必须有一定的粘结强度将元器件固定住。如果粘结强度过大，则返修困难；相反，粘结强度太小，则元器件可能掉到焊槽中。贴片胶的固化温度应避免过高，以防止印制电路板翘曲和元器件损坏。为了保证有足够高的生产率，要求固化时间较短。固化中的另一个特性是固化期间贴片胶的收缩量要尽量小，使粘贴的元器件受到较小的应力，防止应力过大损伤到元器件。

3）固化后的特性。贴片胶固化后的重要特性之一是可返修能力。为了保证可返修能力，固化的贴片胶玻璃化转变温度应较低，一般应在75～95℃。在返修期间元器件的温度一般超过100℃，只要固化的贴片胶玻璃化转变温度低于100℃并且贴片胶的用量不是过分多，返修就不成问题。贴片胶固化后的另一些重要特性包括非导电性、耐湿性、耐腐蚀性等。

5.2.4 表面贴装元器件的手工装接工艺

1. 表面贴装元器件手工装接所需的工具和材料

手工贴片所使用的工具一般有吸笔、贴片台和BGA专用贴装系统，为了保证贴片效率和品质，需要根据元器件的封装类型选择合适的工具。

吸笔是一种跟自动贴片机的贴装头很相似的工具，它的头部有一个用真空泵控制的吸盘，在笔杆的中部有一个小孔，当用手指堵塞小孔时，头部的负压把元器件从料盒里吸起，当手松开时，元器件就被释放到电路板上。吸笔主要用于贴装尺寸比较小的元器件，如果贴装大型的芯片，则需要使用贴片台。

贴片台是将吸笔固定在贴装头上，起稳定作用，吸取头的真空靠手动按钮控制，它比吸笔有更高的精度和稳定性，配合微调台可以保证贴片的准确性。贴片台主要用于贴装引脚多、引脚间距比较小的芯片，如QFP、TSOP等。如果芯片的封装是BGA形式，那么需要使用BGA专用贴装系统。

BGA专用贴装系统是贴片台与对准系统的组合，它通过光学棱镜将BGA焊锡球与PCB焊盘对准，实现准确贴装。

焊接工具中需要有 25W 的铜头小烙铁，有条件的可使用温度可调和带 ESD 保护的焊台，注意电烙铁尖要细，顶部的宽度不能大于 1mm。需要一把尖头镊子，可以用来移动和固定芯片以及检查电路。还要准备细焊锡丝、助焊剂、异丙基酒精等。使用助焊剂的目的主要是增加焊锡的流动性，这样焊锡可以用烙铁头牵引，并依靠表面张力的作用光滑地包裹在引脚和焊盘上。在焊接后用酒精清除板上的助焊剂。

2. 手工贴片过程

1) 在贴装前首先按照工艺文件对物料进行核对，做到元器件本体标志、物料盒标志与工艺文件中规定的物料规格型号一致。

2) 作业时，按照工艺文件规定的位置和方向放置元器件，有极性的元器件要注意其极性。

3) 应尽量避免用手去直接接触元器件，以防止元器件的焊端氧化。

4) 放置元器件时，应尽量抬高手腕部位，同时手应尽量少抖动，以防将印刷的锡膏抹掉或将前工序已贴好的元器件抹掉或移位，而且焊盘上的焊膏被破坏也将影响焊接质量。

5) 将元器件放到焊盘上后需稍稍用力将元器件压一下，使其与焊膏良好结合，防止在传送的途中元器件移位，但是不可用力太大，否则容易将焊膏挤压到焊盘外的阻焊层上，容易产生锡球。

6) 放置时尽量一次放好，特别是多个引脚的集成电路，因为引脚间距很小，如果一次放不好，就需要去修正，这样会破坏焊盘上的锡膏，使其连在一起，极易造成虚焊或连焊。

7) 贴装 BGA 芯片时，需要使用 BGA 专用贴装系统，不能以元器件边框和印制电路板上的白线框为对准参照物，需要将 BGA 的焊锡球与印制电路板焊盘完全对准才能保证焊接品质。如果一次没有贴正，则需要将元器件吸起来重新对准再贴装，严禁拨正，否则容易出现桥联等不良现象。

3. 表面贴装元器件的手工焊接

手工焊接是一名电子工程技术人员的基本技能，最常见的手工焊接有两种：接触焊接与热风焊接。

(1) 接触焊接　接触焊接是在加热的烙铁嘴或烙铁环直接接触焊接点时完成的。烙铁嘴或烙铁环安装在焊接工具上，烙铁嘴用来加热单个焊接点，而烙铁环用来同时加热多个焊接点，主要用于多脚元器件的拆除。烙铁环的结构有多种形式，如两面和四面的离散环，可用其拆卸矩形和圆柱形的元器件及集成电路等。烙铁环对取下已经用胶粘结的元器件非常有用，在焊锡熔化后，烙铁环可拧动元器件，打破胶的粘结。对于塑料引脚芯片载体(PLCC)的四边元器件，用烙铁环焊取元器件时很难同时接触所有的引脚，有些焊点不熔化，这种情况易造成在取下元器件时将印制电路板的铜箔拉起。由于表面贴装通常所需的热量比通孔焊接所需的热量小，接触焊接系统一般采用限温或控温焊接电烙铁，操作温度一般控制在 335~365℃ 之间。

接触焊接最大的缺点是烙铁头直接接触元器件，容易对元器件造成温度冲击，导致陶瓷元器件损伤，特别是多层陶瓷电容等。

(2) 热风焊接　热风焊接通过用喷嘴把加热的空气或惰性气体(如氮气)吹向焊接点和引脚来完成，手工操作一般选用手持式热风枪，用手持式热风枪取下和更换矩形、圆柱形和其他小型元器件比较方便。热风焊接可以避免接触焊接的局部过热，热风温度范围一般是

300~400℃，熔化焊锡所要求的时间取决于热风量的大小。较大的元器件在取下或更换之前，加热时间可能会超过60s。

热风焊接由于传热效率较低，加热过程缓慢，减少了对某些元器件的热冲击，并且热风对每个焊盘的加热及熔化是均匀的，而且热风的温度和加热率是可控制、可重复和可预测的，当然热风枪的价格比电烙铁要高得多。

下面以常见的 PQFP(Plastic Quad Flat Package,塑料平块平面封装)封装芯片为例，介绍表面贴装元器件的基本焊接方法。

1) 在焊接之前先在焊盘上涂上助焊剂，用电烙铁处理一遍，以免焊盘镀锡不良或被氧化，造成不好焊接，芯片则一般不需处理。

2) 用镊子小心地将 PQFP 封装芯片放到印制电路板上，注意不要损坏引脚。使其与焊盘对齐，要保证芯片的放置方向正确。

把电烙铁的温度调到300℃以上，将烙铁头沾上少量的焊锡，用工具向下按住已对准位置的芯片，在两个对角位置的引脚上加少量的助焊剂，仍然向下按住芯片，焊接两个对角位置上的引脚，使芯片固定而不能移动。在焊完对角位置的引脚后重新检查芯片的位置是否对准。

3) 开始焊接所有的引脚时，应在烙铁头上加上焊锡，将所有的引脚涂上助焊剂使引脚保持润湿。用烙铁头接触芯片每个引脚的末端，直到看见焊锡流入引脚。在焊接时要保持烙铁头与被焊引脚并行，防止因焊锡过量发生搭接。

4) 焊完所有的引脚后，用助焊剂浸湿所有引脚以便清洗焊锡。在需要的地方吸掉多余的焊锡，以消除任何短路和搭接。最后用镊子检查是否有虚焊，检查完成后，清除电路板上的助焊剂，将硬毛刷浸上酒精沿引脚方向仔细擦拭，直到助焊剂消失为止。

5.3 任务实施

5.3.1 装接工艺设计

装配流程如图 5-27 所示。

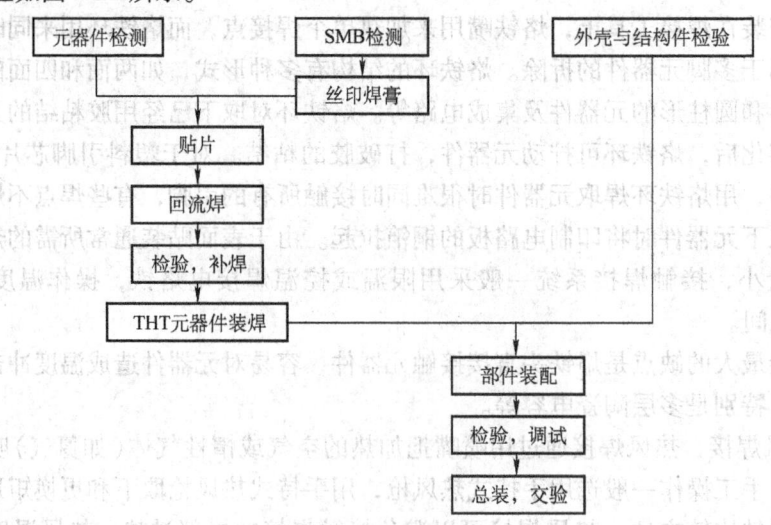

图 5-27 装配流程图

5.3.2 元器件的检测与准备

1. 技术准备

（1）了解表面贴装技术（SMT）的基本知识

1）片式无源元器件（SMC）及表面组装器件（SMD）的特点及安装要求。

2）SMB 设计及检验。

3）SMT 工艺过程。

（2）产品简单原理　电路的核心是单片收音机集成电路 SC1088。它采用特殊的低中频（70kHz）技术，外围电路省去了中频变压器和陶瓷滤波器，使电路简单可靠，调试方便。

1）FM 信号输入。调频信号由耳机馈入，经 C14、C13、C15 和 L1 的输入电路进入 IC 的 11、12 脚混频电路。此时的 FM 信号没有调谐信号，即所有调频电台信号均可输入。

2）本振调谐电路。本振调谐电路中关键元器件是变容二极管，它是利用 PN 结的结电容与偏压有关的特性制成的"可变电容"。如图 5-28a，变容二极管加反向电压 U_d，其结电容 C_d 与 U_d 的特性如图 5-28b 所示，是非线性关系。这种电压控制的可变电容广泛应用于电调谐、扫频等电路。

本电路中，控制变容二极管 VD 地的电压由 IC 第 16 脚给出。当按下扫描开关 S1 时，IC 内部的 RS 触发器打开恒流源，由 16 脚向电容 C9 充电，C9 两端电压不断上升，电压由 R4 到 VD，VD 电容量不断变化，由 VD、C8、L4 构成的本振电路的频率不断变化而进行调谐。当收到电台信号后，信号检测电路使 IC 内的 RS 触发器翻转，恒流源停止对 C9 充电，同时在 AFC（Automatic Frequency Control）电路作用下，锁住

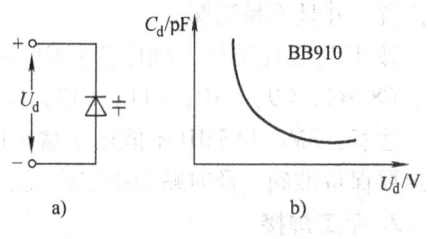

图 5-28　变容二极管

所接收的广播节目频率，从而可以稳定接收电台广播，直到再次按下 S1 开始新的搜索。当按下复位开关 S2 时，电容 C9 放电，本振频率回到最低端。

3）中频放大、限幅与鉴频电路。电路中的中频放大、限幅及鉴频电路的有源元器件及电阻均在 IC 内。FM 广播信号和本振电路信号在 IC 内的混频器中混频产生 70kHz 的中频信号，经内部 1dB 放大器、中频限幅器，送到鉴频器检查出音频信号，经内部环路滤波后由 2 脚输出音频信号。电路中 1 脚的 C10 为静噪电容，3 脚的 C11 为 AF（音频）环路滤波电容，6 脚的 C6 为中频反馈电容，7 脚的 C7 为低通电容，8 脚与 9 脚之间的 C17 为中频耦合电容，10 脚的 C4 为限幅器的低通电容，13 脚的 C12 为中频限幅器失调电压电容，C13 为滤波电容。

4）耳机放大电路。由于耳机收听所需功率很小，本机采用了简单的晶体管放大电路，2 脚输出的音频信号经电位器 RP 调节电量后，由 VT1、VT2 组成复合管甲类放大。R1 和 C1 两个组成音频输出负载，线圈 L1 和 L2 为射频与音频隔离线圈。这种电路的耗电大小与有无广播信号以及音量大小关系不大，不收听时要关断电源。

2. 装前检查

（1）SMB 检查

1）图形完整，有无短、断缺陷。

2）孔位及尺寸。

3) 表面涂覆(阻焊层)。
(2) 外壳及结构件
1) 按材料表清查零件规格及数量。
2) 检查外壳有无缺陷及外观损伤。
3) 耳机。
(3) THT 元器件检测
1) 电位器阻值调节特性。
2) LED、线圈、电解电容、插座、开关的好坏。
3) 判断变容二极管的好坏及极性。

5.3.3 印制电路板的手工装接

1. 安装顺序

按电子元器件的装配原则,应是按先小后大、先轻后重、先分立后集成的顺序进行安装。但对于印制电路板上没有元器件符号标记的情况,按照这个原则往往容易出错。在实际生产实践中,先安装集成件,再安装分立件,先安装大器件,再安装小器件,这样很容易找对位置,并且不易遗漏。

按工艺流程贴片,顺序为:C1/R1,C2/R2,C3/VT1,C4/VT2,C5/R3,C6/SC1088,C7,C8/R4,C9,C10,C11,C12,C13,C14,C15 C16。

注意:SMC 和 SMD 不能用手拿,用镊子夹持不可夹到引线上,贴片电容表面没有标志,一定要保持准确、及时贴到指定位置。

2. 手工焊接

对照印制电路板及元器件装配图按照上述装配顺序进行元器件的插装,用 25W 内热式电烙铁(锥形头),按照手工焊接工艺要求进行焊接,焊点质量合格。

5.3.4 装接后的检查测试

1. 调试

(1) 所有元器件焊接完成后目视检查

元器件:型号、规格、数量及安装位置,方向是否与图样符合。

焊点:有无虚焊、漏焊、桥接、飞溅等缺陷。

(2) 测总电流 检查无误后将电源线焊到电池片上,在电位器开关断开状态下装入电池,插入耳机。用万用表 200mA(数字万用表)或 50mA(指针式万用表)跨接在开关两端测电路总电流(用指针式万用表时注意表笔极性),如图 5-29 所示。注意:如果总电流为零或超过 35mA 应检查电路。

(3) 搜索电台广播 如果电流在正常范围内,可按 S1 搜索电台广播。只要元器件质量完好,安装正确,焊接可靠,不用调任何部分即可收到电台广播。

如果收不到电台广播应仔细检查电路,特别要检查有无错装、虚焊、漏焊等缺陷。

(4) 调接收频段(俗称调覆盖) 我国调频广播的频率范围为 87~108MHz,调试时可找一个当地频率最低的 FM 电台(例如在北京,北京文艺台为 87.6MHz),适当改变 L4 的匝间距,使按过 RESET 键后第一次按 SCAN 键可收到这个低端电台。由于 SC1088 集成度高,如果元器件的一致性较好，一般收到低端电台后均可覆盖 FM 频段，故可不调高端而仅做检查(可用一个成品 FM 收音机对照检查)。

（5）调灵敏度　本机灵敏度由电路及元器件决定，一般可不调整，调好接收频段后即可正常收听。无线电爱好者可在收听频段中间台（例如 97.4MHz 音乐台）时适当调整 L4 的匝间距，使灵敏度最高(耳机监听音量最大)，不过实际效果不明显。

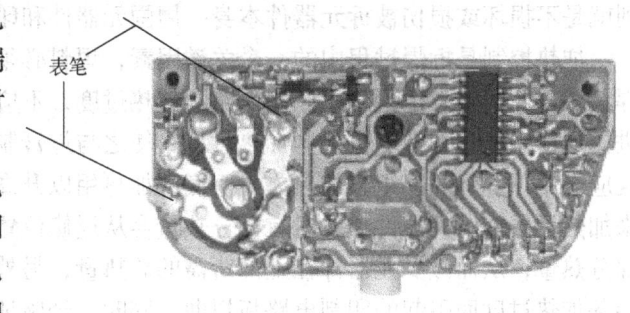

图 5-29　使用万用表测总电流

2. 总装

（1）蜡封线圈　调试完成后将适量泡沫塑料填入线圈 L4(注意不要改变线圈形状及匝间距)，滴入适量蜡使线固定。

（2）固定 SMB、装外壳

1）将外壳面板平放到桌面上(注意不要划伤面板)。

2）将两个按键帽放入孔内。

注意：SCAN 键帽上有缺口，放键帽时要对准机壳上凸起，RESET 键帽上无缺口。

3）将 SMB 对准位置，放入壳内。

注意：对准 LED 位置，若有偏差可轻轻掰动，偏差过大必须重焊；三个孔与外壳螺柱的配合；电源线不妨碍机壳装配。

4）装上中间螺钉，注意螺钉旋入方法。

5）装电位器旋钮，注意旋钮上凹点的位置。

6）装后盖，并安装两边的两个螺钉。

7）装别扣。

3. 检查

总装完毕，装入电池，插入耳机进行检查，要求：

1）电源开关手感良好。

2）音量正常可调。

3）收听正常。

4）表面无损伤，外观如图 5-30 所示。

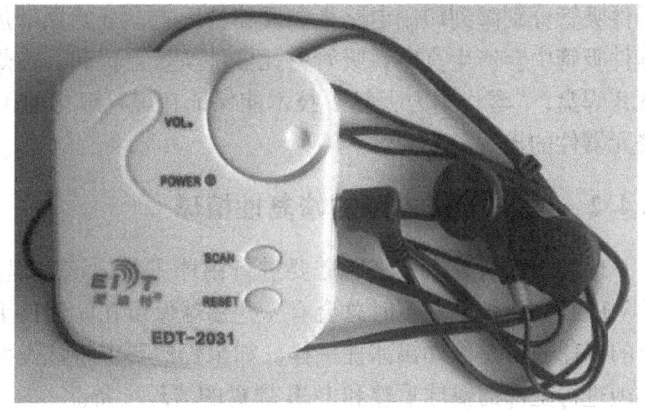

图 5-30　外观图

5.4　相关知识

5.4.1　SMT 元器件的手工拆焊

拆焊过程就是将返修元器件从已固定好 SMT 组件的印制电路板上取下，其最基本的原则就是不损坏或损伤被拆元器件本身、周围元器件和印制电路板焊盘。

加热控制是拆焊过程中的一个关键因素，焊料必须完全熔化，以免在取走元器件时损伤焊盘。与此同时，还要防止印制电路板加热过度，不应该因加热而造成印制电路板扭曲。先进的返修系统采用计算机控制加热过程，使之与焊膏制造厂商给出的规格参数尽量接近，并且应采用顶部和底部组合加热方式。底部加热用以升高印制电路板的温度，而顶部加热则用来加热元器件，元器件加热时有部分热量会从返修位置传导流走。而底部加热则可以补偿这部分热量，从而减少元器件在上部所需的总热量，另外，使用大面积底部加热器可以消除因局部加热过度而引起的印制电路板扭曲。同时，经验证明，在拆焊过程中防止邻近元器件加热也很重要。因为将焊点加热到熔点以下温度可能实际上已影响到焊点的可靠性。一个好的经验是：在返修期间的任何时候，使得返修区域内没有相邻元器件会受热高于150℃，其次尽量选择能密封住拆焊元器件而不影响相邻元器件的加热喷嘴。

拆卸返修元器件所要设置的温度曲线是非常重要的一个环节。加热曲线应精心设置，先预热，然后使焊点回焊。好的加热曲线能提供足够但不过量的预热时间，以激活助焊剂，时间太短或温度太低则不能做到这一点。正确的再流焊温度和高于此温度的停留时间非常重要，温度太低或时间太短会造成浸润不够或焊点开路。温度太高或时间太长会形成金属氧化物。最常用的设计最佳加热曲线的方法是将一根热电偶放在返修位置的焊点处，先推测设定一个最佳温度值、温升率和加热时间，然后开始试验，并把测得的数据记录下来，将结果与所希望的曲线相比较，根据比较情况进行调整。这种试验和调整过程可以重复多次，直至获得理想的效果。

一旦加热曲线设定好，就可准备取走元器件，返修系统应保证这部分工艺尽可能简单并具有重复性。加热喷嘴对准元器件以后即可进行加热，一般先从底部开始，然后将喷嘴和元器件吸管分别降到印制电路板和元器件上方，开始顶部加热。加热结束时许多返修工具的元器件吸管中会产生真空，吸管将元器件从板上提起。在焊料完全熔化以前吸起元器件会损伤PCB焊盘，"零作用力吸起"技术能保证在焊料熔化前不会取走元器件。至此，就完成了返修元器件的拆焊。

5.4.2 BGA集成电路的修复性植球

球栅阵列封装取下之后需要进行锡球重整，该过程通常又称为植球。BGA类封装元器件从印制电路板上取下时总会有一些锡球保留在元器件上，另一些留在焊盘上。残留在焊盘上的锡球通常是像焊锡冰柱一样，如果仍然要求将该类元器件重新安装于印制电路板上，就必须进行全部的锡球重整和PCB焊盘的清理准备。

因此，BGA类封装元器件的返修极为繁琐，有以下几个步骤。

1. 去除BGA底部焊盘上的残留焊锡并清洗

用电烙铁将PCB焊盘上残留的焊锡清理干净，平整，可采用拆焊编织带和扁铲形烙铁头进行清理，操作时注意不要损坏焊盘和阻焊膜。用专用清洗剂将助焊剂残留物清洗干净。

2. 在BGA底部焊盘上印刷助焊剂

一般情况下采用高粘度的助焊剂，起到粘结和助焊作用，应保证印刷后助焊剂图形清晰、不漫流。有时也可以采用焊膏代替，采用焊膏时焊膏的金属组分应与焊球的金属组分相匹配。

印刷时采用 BGA 专用小模板，模板厚度与开口尺寸要根据球径和球距确定，印刷完毕必须检查印刷质量，如不合格，必须清洗后重新印刷。

3. 选择焊球

选择焊球时要考虑焊球的材料和球径的大小。目前 BGA 焊球的焊膏材料一般都是 63Sn/37Pb，与目前再流焊使用的材料是一致的，因此必须选择与 BGA 元器件焊球材料一致的焊球。

焊球尺寸的选择也很重要，如果使用高粘度助焊剂，应选择与 BGA 元器件焊球相同直径的焊球；如果使用焊膏，应选择比 BGA 元器件焊球直径小一些的焊球。

4. 植球

(1) 采用植球器法　如果有植球器，选择一块与 BGA 焊盘匹配的模板，模板的开口尺寸应比焊球直径大 0.05~0.1 mm，将焊球均匀地撒在模板上，摇晃植球器，把多余的焊球从模板上滚到植球器的焊球收集槽中，恰好使模板表面每个漏孔中保留一个焊球。

把植球器放置在工作台上，把印好助焊剂或焊膏的 BGA 元器件吸在吸嘴上，按照贴装 BGA 元器件的方法进行对准，将吸嘴向下移动，把 BGA 元器件贴装到植球器模板表面的焊球上，然后将 BGA 元器件吸起来，借助助焊剂或焊膏的粘性将焊球粘在 BGA 元器件相应的焊盘上。用镊子夹住 BGA 元器件的外边框，关闭真空泵，将 BGA 元器件的焊球面向上放置在工作台上，检查有无缺少焊球的地方，若有，用镊子补齐。

(2) 采用模板法　把印好助焊剂或焊膏的 BGA 元器件放置在工作台上，助焊剂或焊膏面向上。准备一块与 BGA 焊盘匹配的模板，模板的开口尺寸应比焊球直径大 0.05~0.1 mm，把模板四周用垫块架高，放置在印好助焊剂或焊膏的 BGA 元器件上方，使模板与 BGA 之间的距离等于或略小于焊球的直径，在显微镜下对准。将焊球均匀地撒在模板上，把多余的焊球用镊子拨(取)下来，恰好使模板表面每个漏孔中保留一个焊球。移开模板，检查并补齐。

(3) 手工贴装　把印好助焊剂或焊膏的 BGA 元器件放置在工作台上，助焊剂或焊膏面向上，如同贴片一样用镊子或吸笔将焊球逐个放好。

(4) 刷适量焊膏法　加工模板时，将模板厚度加厚，并略放大模板的开口尺寸，将焊膏直接印刷在 BGA 的焊盘上。由于表面张力的作用，再流焊后形成焊料球。

5. 再流焊接

进行再流焊处理，焊球就固定在 BGA 元器件上了。

6. 清洗

完成植球工艺后，应将 BGA 元器件清洗干净，并尽快进行贴装和焊接，以防焊球氧化和器件受潮。

5.5　任务总结

1) 表面贴装技术(Surface Mount Technology，SMT)是新一代电子贴装技术，它将传统的电子元器件压缩成为体积只有原来的几十分之一的元器件，从而实现了电子产品贴装的高密度、高可靠性、小型化、低成本，以及生产的自动化。

2) 表面贴装元器件主要分为片式无源元器件和有源器件两大类。它们的主要特点是：

微型化、无引线(扁平或短引线)，适合在印制电路板上进行表面组装。

3) 表面贴装元器件的包装形式直接影响组装生产的效率，必须结合贴装机送料器的类型和数目进行优化设计。表面贴装元器件的包装形式主要有四种，即编带包装、管式包装、托盘包装和散装。

4) 焊膏是由焊料粉末与具有助焊功能的糊状助焊剂混合而成的，通常合金焊料粉末占总重量的 85%~90% 左右，占总体积的 50% 左右。

5) 贴片胶又叫粘合剂。它的作用有：在混合组装中把表面贴装元器件暂时固定在印制电路板的焊盘图形上，以便随后的波峰焊接等工艺操作得以顺利进行；在双面表面贴装情况下，辅助固定表面贴装元器件，以防翻板和工艺操作中出现振动时导致表面贴装元器件掉落。因此，在贴装表面贴装元器件前，就要在印制电路板上设定的焊盘位置涂敷贴片胶。

6) 最常见的手工焊接有两种：接触焊接与热风焊接。

7) 加热控制是拆焊过程中的一个关键因素，焊料必须完全熔化，以免在取走元器件时损伤焊盘。

8) 球栅阵列封装取下之后需要进行锡球重整，该过程通常又称为植球。BGA 类封装元器件从印制电路板上取下时总会有一些锡球保留在元器件上，另一些留在焊盘上。残留在焊盘上的锡球通常是像焊锡冰柱一样，如果仍然要求将该类元器件重新安装于印制电路板上，就必须进行全部的锡球重整和 PCB 焊盘的清理准备。

9) BGA 类封装元器件的返修过程可分为四个步骤：

① 清理 BGA 底部焊盘及 PCB 焊盘表面的残余焊球或焊锡等物质，整理原来的焊球焊盘以保持平整。

② 将配好的助焊剂均匀地涂敷到焊盘上。

③ 将已准备的与元器件焊球直径相对应的焊球颗粒手工移植到对应焊盘上。

④ 根据焊球、助焊剂温度要求将已完成植球的 BGA 置于合适的温度氛围中"固化"，以使焊球与焊盘紧密可靠连接。

5.6 练习与巩固

1. 什么是 SMT？
2. SMT 有哪些优点？
3. 表面贴装元器件主要有哪些封装种类？
4. 表面贴装元器件主要有何特点？
5. 表面贴装元器件的包装形式主要有哪几种？
6. 焊膏主要有哪些成分？
7. 贴片胶有何作用？
8. BGA 封装元器件的返修有哪些步骤？
9. 实操练习：找一块废旧的带有表面贴装元器件的印制电路板，进行手工拆焊和手工焊接训练。

第6章 表面安装元器件的贴片再流焊工艺

6.1 任务驱动：调幅/调频收音机电路板的贴片再流焊接

6.1.1 任务描述

电子产品的微型化和集成化是当代电子科技革命的重要标志，也是未来发展的方向。日新月异的高性能、高可靠性、高集成化、微型化、轻型化的电子产品，正在改变我们的生活，促进人类文明的进程。而这一切都要求元器件安装工艺的改革。20世纪70年代问世，80年代成熟的表面贴装技术，是实现电子产品微型化和集成化的关键。

本次任务将复杂的工艺过程简单化，神秘的设备表面化，使学生在极短的时间里掌握SMT的基本工作过程，并亲自动手实践，完成实用小产品——调幅/调频收音机的制作。

6.1.2 任务目标

1. 知识目标

1) 掌握SMT元器件的分类与认知。
2) 掌握SMT印制电路板设计与制作技术，了解SMT的特点。
3) 学习SMT工艺流程，熟悉其基本工艺过程，掌握基本的操作技能。

2. 技能目标

1) 能够正确识读表面贴装元器件的类别、规格参数和质量参数。
2) 熟悉印刷机、贴片机、再流焊接设备的操作规程和工艺要求。
3) 能够根据生产设备完成印制电路板的贴装与再流焊接。

6.1.3 任务要求

1) 根据印制电路板及元器件装配图，对照电路原理图和材料清单，对已经检测好的元器件进行成形加工处理。

2) 对照印制电路板及元器件装配图，按照正确装配顺序进行锡膏印刷、元器件贴装和再流焊接。

3) 装配焊接后进行检查，无误后装入机壳通电试机。

4) ZX-2031贴片收音机电路原理图和PCB图。

① ZX-2031贴片收音机电路原理图如图6-1所示。

② 印制电路板及元器件装配图（焊接面）如图6-2所示。

③ ZX-2031调幅收音机材料清单见表6-1。

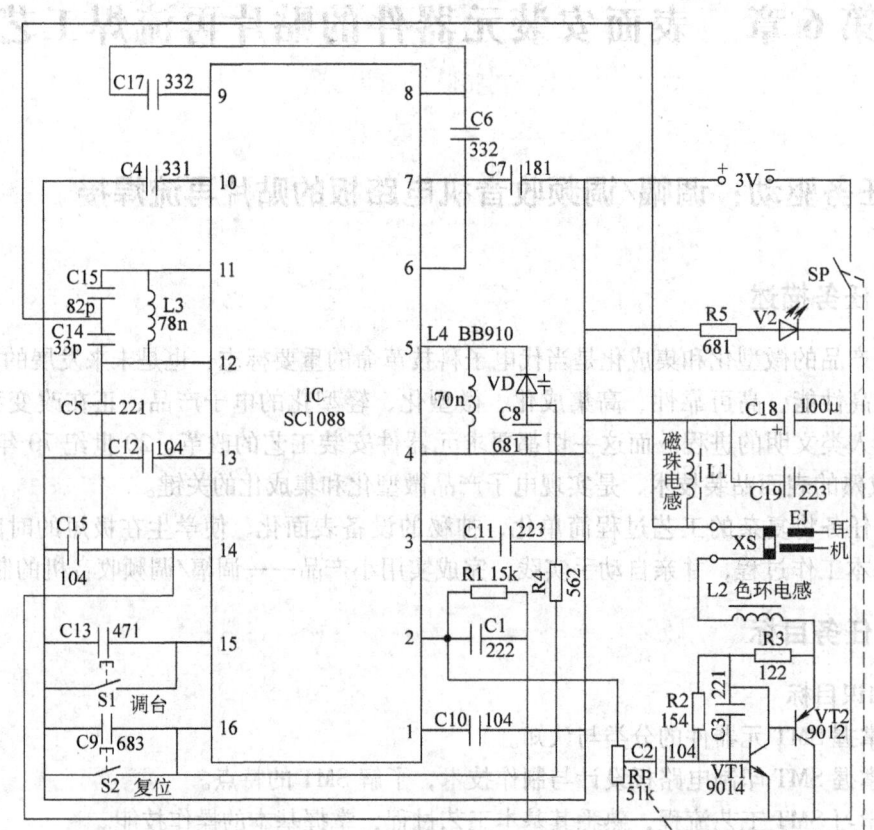

图 6-1 ZX-2031 贴片收音机电原理图

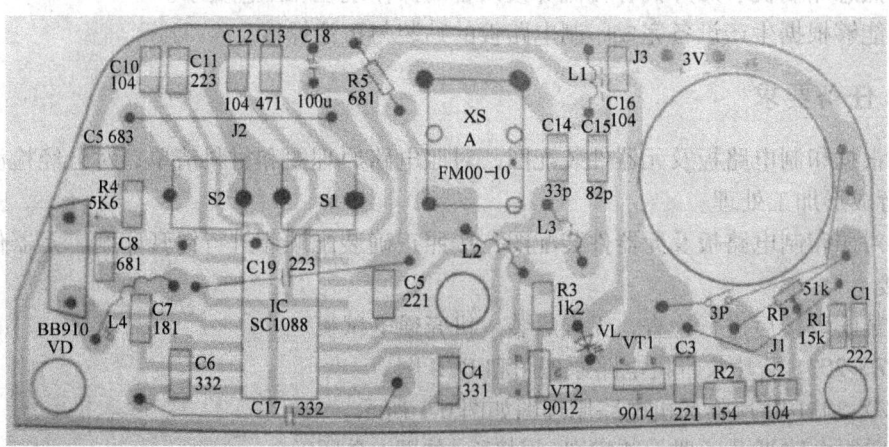

图 6-2 印制电路板及元器件装配图（焊接面）

表 6-1 ZX-2031 调幅收音机材料清单

序号	名称	规格	数量	安装位	序号	名称	规格	数量	安装位
1	集成块	SC1088	1	IC	26	贴片电容器	104	2	C10
2	贴片晶体管	9014	1	VT1	27	贴片电容器	223	2	C11
3	贴片晶体管	9012	1	VT2	28	贴片电容器	104	1	C12
4	二极管	BB910	1	VD	29	贴片电容器	471	2	C13
5	二极管	LED	1	VL	30	贴片电容器	33	1	C14
6	磁珠电感器	4.7μH	1	L1	31	贴片电容器	82	1	C15
7	色环电感器	4.7μH	1	L2	32	贴片电容器	104	1	C16
8	空心电感器	78nH8 圈	1	L3	33	插件电容器	332	1	C17
9	空心电感器	78nH5 圈	1	L4	34	电解电容器	100μF	1	C18
10	耳机	32Ω×2	1	EJ	35	插件电容器	223	1	C19
11	贴片电阻器	153	1	R1	36	导线	Φ0.6mm×6mm	1	
12	贴片电阻器	154	1	R2	37	后盖		1	
13	贴片电阻器	122	1	R3	38	前盖		1	
14	贴片电阻器	562	1	R4	39	电位器钮	(内、外)	2	
15	插件电阻器	681	1	R5	40	开关按钮	(有缺口)	1	SCAN 键
16	电位器	51kΩ	1	RP	41	开关按钮	(无缺口)	1	RESET 键
17	贴片电容器	222	1	C1	42	挂钩		1	
18	贴片电容器	104	1	C2	43	电池片	正负连体片	2	
19	贴片电容器	221	1	C3	44	印制电路板	55mm×25mm	4	
20	贴片电容器	331	1	C4	45	轻触开关	6×6 二脚	1	S1,S2
21	贴片电容器	221	1	C5	46	耳机插座	Φ3.5mm	1	XS
22	贴片电容器	322	1	C6	47	电位器螺钉	Φ1.6mm×5mm	1	
23	贴片电容器	181	1	C7	48	自攻螺钉	Φ2mm×8mm	2	
24	贴片电容器	681	1	C8	49	自攻螺钉	Φ2mm×5mm	1	
25	贴片电容器	683	1	C9	50				

6.2 任务资讯

6.2.1 表面安装元器件的贴焊工艺

1. 再流焊的种类

再流焊是 SMT 工艺流程中非常关键的一环,其作用是将焊膏熔化,使表面贴装元器件与印制电路板牢固地粘接在一起,如不能较好地对其进行控制,将对所生产产品的可靠性及使用寿命产生灾难性影响。再流焊的方式有很多,较早前比较流行的方式有红外式及气相式,现在较多厂家采用的是热风式再流焊,还有部分先进的或特定场合使用的再流焊方式,如：热型芯板、白光聚焦、垂直烘炉等。以下将对现在比较流行的热风式再流焊作简单介绍。

2. 热风式再流焊

现在所使用的大多数新式的再流焊接炉，叫做强制对流式热风再流焊炉。它通过内部的风扇，将热空气吹到装配板上或周围。这种炉的一个优点是可以对装配板逐渐地、一致地提供热量，不管零件的颜色和质地。虽然，由于不同的厚度和元器件密度，热量的吸收可能不同，但强制对流式热风再流焊炉逐渐地供热，同一印制电路板上的温差没有太大的差别。另外，这种炉可以严格地控制给定温度曲线的最高温度和升温速率，它提供了更好的区到区的稳定性，和一个更受控的回流过程。

3. 温区分布及各温区功能

热风式再流焊过程中，焊膏需经过以下几个阶段：溶剂挥发，助焊剂清除焊件表面的氧化物，焊膏的熔融、再流动以及焊膏的冷却、凝固，如图6-3所示。一个典型的温度曲线（指通过回焊炉时，印制电路板上某一焊点的温度随时间变化的曲线）分为预热区、保温区、回流区及冷却区。

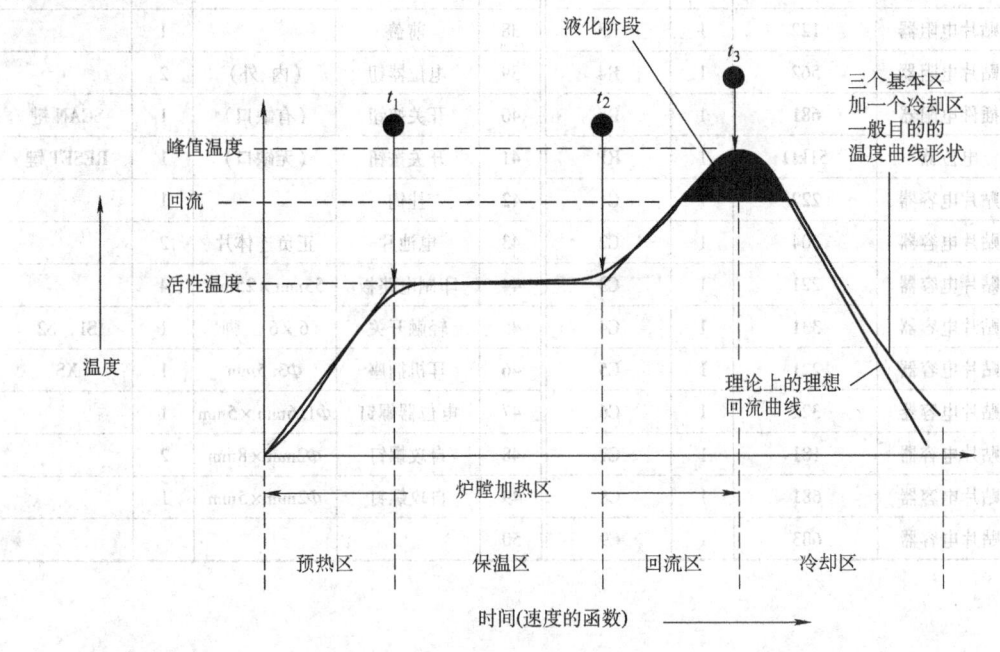

图6-3 再流焊曲线图

（1）预热区 预热区的目的是使印制电路板和元器件预热，达到平衡，同时除去焊膏中的水分、溶剂，以防焊膏发生塌落和焊料飞溅。升温速率要控制在适当的范围内（过快会产生热冲击，如：引起多层陶瓷电容器开裂，造成焊料飞溅，使在整个印制电路板的非焊接区域形成焊料球以及焊料不足的焊点；过慢则助焊剂活性作用降低），一般规定最大升温速率为4℃/s，升温速率设定为（1~3）℃/s，一般为低于2.5℃/s。

（2）保温区 指从120℃升温至160℃的区域。主要目的是使印制电路板上各组件的温度趋于均匀，尽量减少温差，保证在达到再流焊温度之前焊料能完全干燥，到保温区结束时，焊盘、焊料球及组件引脚上的氧化物应被除去，整个电路板的温度达到均衡。过程时间约为 60～120s，根据焊料的性质有所差异。一般为：130～160℃，最大为 120s（即图中的 t_2 温度）。

（3）回流区　这一区域里的加热器的温度设置得最高，焊接峰值温度视所用焊膏的不同而不同，一般推荐为焊膏的熔点温度加 20～40℃。此时焊膏中的焊料开始熔化，再次呈流动状态，替代液态助焊剂润湿焊盘和元器件。有时也将该区域分为两个区，即熔融区和再流区。理想的温度曲线是超过焊锡熔点的"尖端区"覆盖的面积最小且左右对称，一般情况下超过 200℃ 的时间范围为 30～40s。

（4）冷却区　用尽可能快的速度进行冷却，将有助于得到明亮的焊点及饱满的外形和低的接触角度。缓慢冷却会导致焊盘的更多分解物进入焊料中，产生灰暗毛糙的焊点，甚至引起沾锡不良和减弱焊点结合力。降温速率一般为 -4℃/s 以内，冷却至 75℃ 左右即可，一般情况下都要用离子风扇进行强制冷却。

4. 氮气的作用

使用惰性气体，一般采用氮气，这种方法在再流焊工艺中已被采用了相当长的一段时间，因为惰性气体可以减少焊接过程中的氧化，因此，这种工艺可以使用活性较低的焊膏材料。这一点对于低残留物焊膏和免清洗尤为重要，对于多次焊接工艺也相当关键。比如：在双面板的焊接中，氮气保护板子在多次回流工艺中有很大的优势，因为在氮气的保护下，板上的铜质焊盘与电路的可焊性得到了很好的保护。使用氮气的另一个好处是增加表面张力，它使得制造商在选择元器件时有更大的余地（尤其是超细间距元器件），并且增加了焊点表面光洁度，使薄型材料不易褪色。

5. 助焊剂简介

（1）焊膏的作用　在焊膏中，助焊剂是合金焊料粉的载体，其主要的作用是清除焊件以及合金焊料粉的表面氧化物，使焊料迅速扩散并附着在被焊金属表面。

对表面贴装用助焊剂的要求：具有一定的化学活性；具有良好的热稳定性；具有良好的润湿性；对焊料的扩展具有促进作用；留存于基板的助焊剂残渣对基板无腐蚀性；具有良好的可清洗性；氯的含量在 0.2% 以下。助焊剂的作用是：辅助热传导；去除金属表面和焊料本身的氧化物或其他污染物；浸润被焊接金属的表面；覆盖在高温焊料的表面，保护金属表面避免其被氧化和减少熔融焊料的表面张力；促进焊料扩展和流动，提高焊接质量。

（2）对助焊剂的要求　对助焊剂的要求主要有以下几点：①助焊剂与合金焊料粉要混合均匀。②要采用高沸点溶剂，防止再流焊时产生飞溅。③高粘度，使合金焊料粉与溶剂不会分层。④低吸湿性，防止因水蒸气引起飞溅。⑤氯离子含量低。通常，焊膏中的助焊剂应包括以下几种成分：活性剂、成膜剂、胶粘剂、润湿剂、触变剂、溶剂和增稠剂以及其他各类添加剂。

（3）焊膏的保存及使用注意事项

1）焊膏购买到货后，应登记到达时间、保质期、型号，并为每罐焊膏编号。

2）焊膏应以密封形式保存在恒温、恒湿的冰箱内，温度约为 2～10℃，温度过高，助焊剂与合金焊料粉起化学反应，使粘度上升，影响其印刷性；温度过低（低于 0℃），助焊剂中的松香会产生结晶现象，使焊膏形状恶化。

3）使用焊膏时，应至少提前 4h 从冰箱中取出，写下时间、编号、使用者、应用的产品，并密封置于室温下，待焊膏达到室温时打开瓶盖。如果在低温下打开，容易吸收水汽，再流焊时容易产生锡珠。注意：不能把焊膏置于热风器、空调等旁边来加速它的升温。

4）焊膏开封后，应用搅拌机或手工搅拌至少5min，使焊膏中的各成分均匀混合，降低焊膏的粘度。注意：用搅拌机进行搅拌时，搅拌频率要慢，大约1~2r/s。

5）焊膏置于漏版上超过30min未使用时，应先用丝印机的搅拌功能搅拌后再使用。若中间间隔时间较长，应将焊膏重新放回罐中并盖紧盖子，再次使用时应按上步进行操作。

6）根据印制电路板的幅面及焊点的多少，决定第一次加到漏版上的焊膏量，一般第一次加200~300g，印刷一段时间后再适当加入一点。

7）焊膏印刷后应在2~6h内贴装完，超过时间应把焊膏清洗后重新印刷。

8）焊膏开封后，原则上应在当天内一次用完，超过使用期的焊膏绝对不能使用。

9）从漏版上刮回的焊膏原则上不允许再放回瓶中。

10）焊膏印刷时的最佳温度为25±3℃，湿度以相对湿度60%为宜。温度过高，焊膏容易吸收水汽，在再流焊时产生锡珠。

6.2.2 贴片机的结构与工作原理

用贴装机或人工的方式，将SMC/SMD准确地贴放到印制电路板上印好焊膏或贴片胶的表面相应位置上的过程，叫做贴装（贴片）工序。目前在国内的电子产品制造企业里，主要采用自动贴片机进行自动贴片，也可以采用手工方式贴片。手工贴片现在一般用在维修或小批量的试制生产中。

要保证贴片质量，应该考虑三个要素：贴装元器件的正确性、贴装位置的准确性和贴装压力（贴片高度）的适度性。

1. 贴片工序对贴装元器件的要求

1）元器件的类型、型号、标称值和极性等特征标记，都应该符合产品装配图和明细表中的要求。

2）贴装元器件的焊端或引脚上不小于1/2的厚度要浸入焊膏，一般元器件贴片时，焊膏挤出量应小于0.2mm；窄间距元器件的焊膏挤出量应小于0.1mm。

3）元器件的焊端或引脚应尽量和焊盘图形对齐、居中。因为再流焊时的自定位效应，元器件的贴装位置允许一定的偏差。

2. 元器件贴装偏差范围

1）矩形元器件允许的贴装偏差范围。如图6-4所示，图6-4a所示元器件贴装优良，元器件的焊端居中位于焊盘上。图6-4b所示元器件在贴装时发生横向移位（规定元器件的长度方向为"纵向"），合格的标准是：焊端宽度的3/4以上在焊盘上，即D_1大于等于焊端宽度的75%，否则为不合格。图6-4c所示元器件在贴装时发生纵向移位，合格的标准是：焊端与焊盘必须交叠，如果$D_2 \geq 0$，则为不合格。图6-4d所示元器件在贴装时发生旋转偏移，合格的标准是：D_3大于等于焊端宽度的75%，否则为不合格。图6-4e表示元器件在贴装时与焊膏图形的关系，合

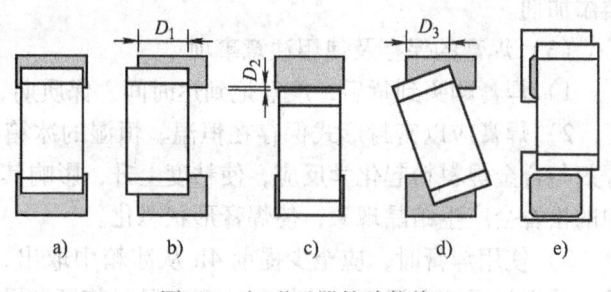

图6-4 矩形元器件贴装偏差

格的标准是：元器件焊端必须接触焊膏图形，否则为不合格。

2）小外形晶体管(SOT)允许的贴装偏差范围：允许有旋转偏差，但引脚必须全部在焊盘上。

3）小外形集成电路(SOIC)允许的贴装偏差范围：允许有平移或旋转偏差，但必须保证引脚宽度的3/4在焊盘上。如图6-5所示。

4）四边扁平封装器件和超小型器件(QFP，包括PLCC器件)允许的贴装偏差范围：要保证引脚宽度的3/4在焊盘上，允许有旋转偏差，但必须保证引脚长度的3/4在焊盘上。

5）BGA器件允许的贴装偏差范围：焊球中心与焊盘中心的最大偏移量小于焊球半径，如图6-6所示。

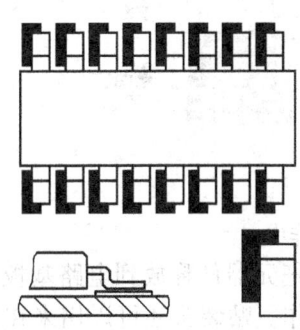

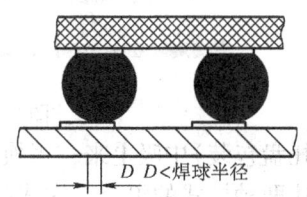

图6-5　SOIC贴装偏差　　　　　　　图6-6　BGA集成电路贴装偏差

3. 元器件贴装压力（贴片高度）

元器件贴装压力要合适，如果压力过小，元器件焊端或引脚就会浮放在焊膏表面，使焊膏不能粘住元器件，在传送和再流焊过程中可能会产生位置移动。

如果元器件贴装压力过大，焊膏挤出量过大，容易造成焊膏外溢粘连，再流焊时会产生桥接，同时也会造成元器件的滑动偏移，严重时会损坏元器件。

4. 自动贴片机的主要结构

片状元器件贴装机，又称贴片机。自动贴片机相当于机器人的机械手，能按照事先编制好的程序把元器件从包装中取出来，并贴放到印制电路板的相应位置上。由于SMT的迅速发展，国外生产贴片机的厂家很多，其型号和规格也有多种，但这些设备的基本结构都是相同的。贴片机包括设备本体、片状元器件供料系统、印制电路板传送与定位装置、贴装头及其驱动定位装置、贴装工具（吸嘴）、计算机控制系统等。为适应高密度超大规模集成电路的贴装，比较先进的贴片机还具有光学检测与视觉对中系统，保证芯片能够高精度、准确地定位。图6-7是多功能贴片机正在工作时的照片。

(1) **设备本体**　贴片机的设备本体是用来安装和支撑贴片机的底座，一般采用质量大、振动小、有利于保证设备精度的铸铁件制造。

(2) **贴装头**　贴装头也叫吸-放头，是贴片机上最复杂、最关键的部分，它相当于机械手，它的动作由拾取-贴放和移动-定位两种模式组成。第一，贴装头通过程序控制，完成三维的往复运动，实现从供料系统取料后移动到电路基板的指定位置上。第二，贴装头的端部有一个用真空泵控制的贴装工具（吸嘴）。不同形状、不同大小的元器件要采用不同的吸嘴拾放：一般元器件采用真空吸嘴，异形元器件（例如没有吸取平面的连接器等）用机械爪结构拾放。当换向阀门打开时，吸嘴的负压把SMT元器件从供料系统（散装料仓、管状料斗、盘

图 6-7 多功能贴片机正在工作中

状纸带或托盘包装)中吸上来;当换向阀门关闭时,吸盘把元器件释放到电路基板上。贴装头通过上述两种模式的组合,完成拾取-放置元器件的动作。贴装头还可以用来在电路板的指定位置上点胶,涂敷固定元器件的粘合剂。

贴装头的 $X\text{-}Y$ 定位系统一般用直流伺服电机驱动,通过机械丝杠传输力矩,磁尺和光栅定位的精度高于丝杠定位,但后者容易维护修理。

(3) 供料系统 适合于表面贴装元器件的供料装置有编带、管状、托盘和散装等几种形式。供料系统的工作状态根据元器件的包装形式和贴片机的类型而确定。贴装前,将各种类型的供料装置分别安装到相应的供料器支架上。随着贴装进程,装载着多种不同元器件的散装料仓水平旋转,把即将贴装的那种元器件转到料仓门的下方,便于贴装头拾取;纸带包装元器件的盘装编带随编带架垂直旋转,管状料斗和定位料斗在水平面上二维移动,为贴装头提供新的待取元器件。

(4) 电路板定位系统 电路板定位系统可以简化为一个固定了电路板的 $X\text{-}Y$ 二维平面移动的工作台。在计算机控制系统的控制下,电路板随工作台沿传送轨道移动到工作区域内,并被精确定位,使贴装头能把元器件准确地释放到一定的位置上。精确定位的核心是"对中",有机械对中、激光对中、激光加视觉混合对中以及全视觉对中方式。

(5) 计算机控制系统 计算机控制系统是指挥贴片机进行准确、有序操作的核心,目前大多数贴片机的计算机控制系统采用 Windows 界面;可以通过高级语言软件或硬件开关,在线或离线编制计算机程序并自动进行优化,自动控制贴片机的工作步骤。每个片状元器件的精确位置,都要编程输入计算机;具有视觉检测系统的贴装机,也是通过计算机实现对电路板上贴片位置的图形识别。

5. 贴片机的主要指标

衡量贴片机的三个重要指标是精度、速度和适应性。

(1) 精度 精度是贴片机技术规格中的主要指标之一,不同的贴片机制造厂家,使用的精度体系有不同的定义。精度与贴片机的对中方式有关,其中全视觉对中方式的精度最高。一般来说，贴片机的精度体系应该包含三个项目：贴装精度、分辨率、重复精度，三者之间有一定的关系。

贴装精度是指元器件贴装后相对于印制电路板上标准贴装位置的偏移量大小，被定义为贴装元器件焊端偏离指定位置最大值的综合位置误差。贴装精度由两种误差组成，即平移误差和旋转误差，如图6-8所示。平移误差主要是因为 $X\text{-}Y$ 定位系统不够精确，旋转误差主要是因为元器件对中机构不够精确和贴装工具存在旋转误差。定量地说，贴装 SMC 要求精度达到 ±0.01mm，贴装高密度、窄间距的 SMD 要求精度至少达到 ±0.06mm。

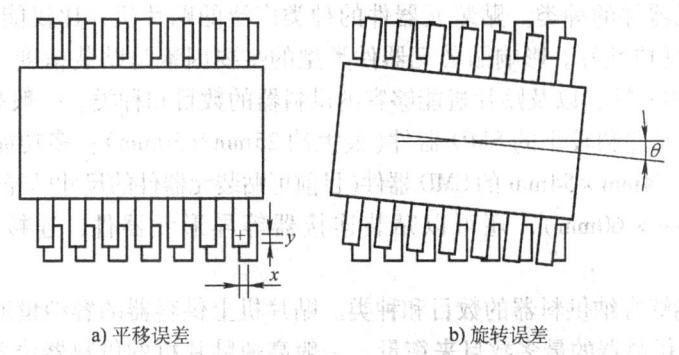

a) 平移误差　　　　b) 旋转误差

图6-8　贴片机的贴装精度

分辨率是描述贴片机分辨空间连续点的能力。贴片机的分辨率由定位驱动电动机和传动轴驱动机构上的旋转位置或线性位置检测装置的分辨率来决定，它是贴片机能够分辨的距离目标位置最近的点。分辨率用来度量贴片机运行时的最小增量，是衡量机器本身精度的重要指标，例如丝杠的每个步进为 0.01mm，那么该贴片机的分辨率为 0.01mm。但是，实际贴装精度包括所有误差的总和，因此，描述贴片机性能时很少使用分辨率，一般在比较不同贴片机的性能时才使用它。

重复精度描述贴装头重复返回标定点的能力。通常采用双向重复精度的概念，它定义为在一系列试验中，从两个方向接近任一给定点时，离开平均值的偏差，如图6-9所示。

（2）贴装速度　影响贴片机贴装速度的因素有许多，例如印制电路板的设计质量、元器件供料器的数量和位置等。一般高速贴片机的贴装速度高于 0.2s/Chip 元器件，目前最高贴装速度为 0.06s/Chip 元器件；高精度、多功能贴片机一般都是中速贴片机，贴装速度为 (0.3~0.6)s/Chip 元器件左右。贴装速度主要用以下几个指标来衡量：

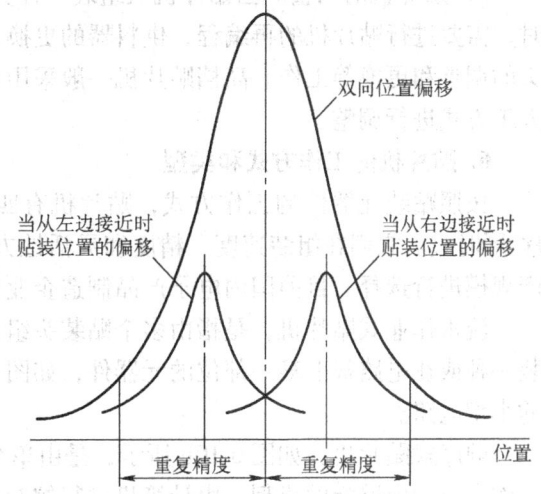

图6-9　贴片机的重复精度

1）贴装周期：指完成一个贴装过程所用的时间，它包括从拾取元器件、元器件定心、检测、贴放到返回到拾取元器件的位置这一过程所用的时间。

2）贴装率：指在一小时内完成的贴装周期数。测算时，先测出贴片机在 50mm ×

250mm 的印制电路板上贴装均匀分布的 150 只片式元器件的时间，然后计算出贴装一只元器件的平均时间，最后计算出一小时贴装的元器件数量，即贴装率。目前高速贴片机的贴装率可达每小时数万片。

3）生产量。理论上每班的生产量可以根据贴装率来计算，但实际的生产量会受到许多因素的影响，与理论值有较大的差距。影响生产量的因素有生产时停机、更换供料器或重新调整印制电路板位置的时间等。

(3) 适应性 适应性是贴片机适应不同贴装要求的能力，包括以下内容：

1）能贴装元器件的种类。贴装元器件的种类广泛的贴片机，比仅能贴装 SMC 或少量 SMD 的贴片机的适应性好。影响贴装元器件类型的主要因素是贴装精度、贴装工具、定位机构、元器件的相容性，以及贴片机能够容纳供料器的数目和种类。一般高速贴片机主要可以贴装各种 SMC 元件和较小的 SMD 器件（最大约 25mm×30mm）；多功能贴片机可以贴装 1.0mm×0.5mm~54mm×54mm 的 SMD 器件（目前可贴装元器件的尺寸已经达到最小 0.6mm×0.3mm，最大 60mm×60mm），还可以贴装连接器等异形元器件，连接器的最大长度可达 150mm。

2）贴片机能够容纳供料器的数目和种类。贴片机上供料器的容纳量通常用能装到贴片机上的 8mm 编带供料器的最多数目来衡量。一般高速贴片机的供料器位置大于 120 个，多功能贴片机的供料器位置在 60~120 个之间。由于并不是所有元器件都能包装在 8mm 编带中，所以贴片机的实际容量将随着元器件的类型而变化。

3）贴装面积。贴装面积由贴片机传送轨道以及贴装头的运动范围决定。一般可贴装的 PCB 尺寸，最小为 50mm×50mm，最大应大于 250mm×300mm。

4）贴片机的调整。当贴片机从组装一种类型的电路板转换到组装另一种类型的电路板时，需要进行贴片机的再编程、供料器的更换、电路板传送机构和定位工作台的调整、贴装头的调整和更换等工作。高档贴片机一般采用计算机编程方式进行调整，低档贴片机多采用人工方式进行调整。

6. 贴片机的工作方式和类型

按照贴装元器件的工作方式，贴片机有四种类型：流水作业式、顺序式、同时式和顺序-同时式。它们在组装速度、精度和灵活性方面各有特色，要根据产品的品种、批量和生产规模进行选择。目前国内电子产品制造企业里使用最多的是顺序式贴片机。

流水作业式贴片机，是指由多个贴装头组合而成的流水线式的机型，每个贴装头负责贴装一种或在电路板上某一部位的元器件，如图 6-10a 所示。这种机型适用于元器件数量较少的小型电路。

顺序式贴片机，如图 6-10b 所示，是由单个贴装头顺序地拾取各种片状元器件，固定在工作台上的电路板的机型。由计算机进行控制在 X-Y 方向上的移动，使板上贴装元器件的位置恰好位于贴装头的下面。

同时式贴片机，也叫多贴装头贴片机，是指它有多个贴装头，分别从供料系统中拾取不同的元器件，同时把它们贴放到电路基板的不同位置上，如图 6-10c 所示。

顺序-同时式贴片机，是顺序式和同时式两种机型功能的组合。片状元器件的放置位置可以通过电路板作 X-Y 方向上的移动或贴装头作 X-Y 方向上的移动来实现，也可以通过两者同时移动实现，如图 6-10d 所示。

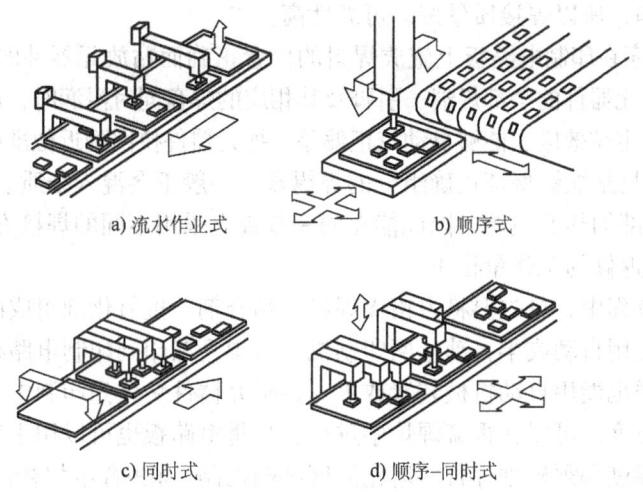

图 6-10 片状元器件贴片机的类型

在选购贴片机时，必须考虑其贴装速度、贴装精度、重复精度、送料方式和送料容量等指标，使它既符合当前产品的要求，又能适应近期发展的需要。如果对贴片机性能有比较深入的了解，就能够在购买设备时获得更高的性价比。例如，要求贴装一般的片状阻容元件和小型平面集成电路，则可以选购一台多贴装头的贴片机；如果还要贴装引脚密度更高的 PLCC 或 QFP 器件，就应该选购一台具有视觉识别系统的贴片机和一台用来贴装片状阻容元件的普通贴片机，两者配合起来使用。供料系统可以根据使用的片状元器件的种类来选定，尽量采用盘状纸带式包装，以便提高贴片机的工作效率。

6.2.3 再流焊接机

再流焊（Re-flow Soldering）也叫做回流焊，是伴随微型电子产品的出现而发展起来的锡焊技术，主要应用于各类表面组装元器件的焊接。这种焊接技术的焊料是焊锡膏。预先在印制电路板的焊接部位施放适量和适当形式的焊锡膏，然后贴放表面贴装元器件，焊锡膏将元器件粘在印制电路板上，利用外部热源加热，使焊料熔化而再次流动浸润，将元器件焊接到印制电路板上。

再流焊操作方法简单，效率高、质量好、一致性好，节省焊料（仅在元器件的引脚下有很薄的一层焊料），是一种适合自动化生产的电子产品装配技术。再流焊工艺目前已经成为 SMT 电路板安装技术的主流。

（1）再流焊技术的一般工艺流程 如图 6-11 所示。

（2）再流焊工艺的特点与要求 与波峰焊技术相比，再流焊工艺具有以下技术特点：

1）元器件不直接浸渍在熔融的焊料中，所以元器件受到的热冲击小（由于加热方式不同，有些情况下施加给元器件的热应力也会比较大）。

2）能在前道工序里控制焊料的施加量，减少了虚

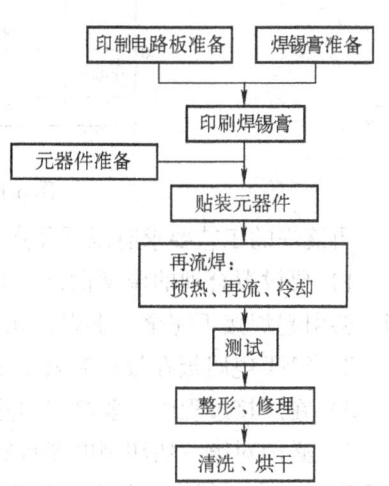

图 6-11 再流焊技术的一般工艺流程

焊、桥接等焊接缺陷，所以焊接质量好，可靠性高。

3) 假如前道工序在印制电路板上施放焊料的位置正确而贴放元器件的位置有一定偏差，在再流焊过程中，当元器件的全部焊端、引脚及其相应的焊盘同时浸润时，由于熔融焊料表面张力的作用，产生自定位效应，能够自动校正偏差，把元器件拉回到近似准确的位置。

4) 再流焊的焊料是能够保证正确组分的焊锡膏，一般不会混入杂质。

5) 可以采用局部加热的热源，因此能在同一基板上采用不同的焊接方法进行焊接。

6) 工艺简单，返修的工作量很小。

在再流焊工艺流程中，首先要将由铅锡焊料、粘合剂、抗氧化剂组成的糊状焊膏涂敷到印制电路板上，可使用自动或半自动丝网印刷机，将焊膏漏印到印制电路板上，也可以用手工涂敷。然后，同样也能用自动机械装置或手工，把元器件贴装到印制电路板的焊盘上。将焊膏加热到再流焊温度，可以在再流焊炉中进行，少量电路板也可以用手工热风设备加热焊接。当然，加热的温度必须根据焊膏的熔化温度准确控制（有些合金焊膏的熔点为223℃，则必须加热到这个温度）。加热过程可以分成预热区、焊接区（再流区）和冷却区三个最基本的温度区域，主要有两种实现方法：一种是沿着传送系统的运行方向，让电路板顺序通过隧道式炉内的三个温度区域；另一种是把电路板停放在某一固定位置上，在计算机控制系统的作用下，按照三个温度区域的梯度规律调节、控制温度的变化。理想再流焊的焊接温度曲线如图 6-12 所示。

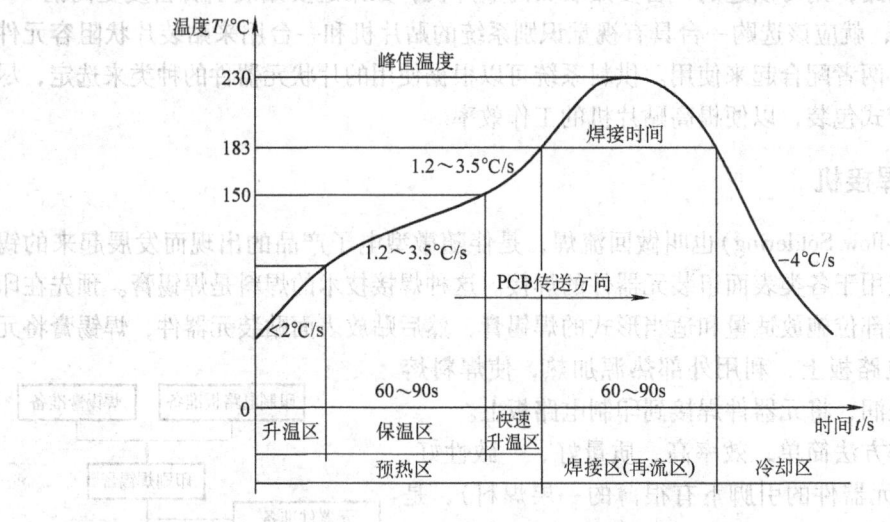

图 6-12 理想再流焊的焊接温度曲线

再流焊的工艺要求有以下几点：

1) 要设置合理的温度曲线。再流焊是 SMT 生产中的关键工序，假如温度曲线设置不当，会引起焊接不完全、虚焊、元器件翘立、锡珠飞溅等焊接缺陷，影响产品质量。

2) SMT 电路板在设计时就要确定焊接方向，应当按照设计的焊接方向进行焊接。

3) 在焊接过程中，要严格防止传送带振动。

4) 必须对第一块印制电路板的焊接效果进行判断，适当调整焊接温度曲线。检查焊接是否完全、有无焊膏熔化不充分或虚焊和桥接的痕迹、焊点表面是否光亮、焊点形状是否向内凹陷、是否有锡珠飞溅和残留物等现象，还要检查印制电路板的表面颜色是否改变。在批量生产过程中，要定时检查焊接质量，及时对温度曲线进行修正。

（3）再流焊炉的结构　再流焊炉主要由炉体、上下加热源、PCB 传送装置、空气循环装置、冷却装置、排风装置、温度控制装置以及计算机控制系统组成。

（4）再流焊工艺的主要加热方法　再流焊的核心环节是将预敷的焊料熔融、再流、浸润。再流焊工艺中对焊料加热有不同的方法，就热量传导来说，主要有辐射和对流两种方式；按照加热区域，可以分为对印制电路板整体加热和局部加热两大类。整体加热的方法主要有红外线加热法、气相加热法、热风加热法、热板加热法；局部加热的方法主要有激光加热法、红外线聚焦加热法、热气流加热法、光束加热法。

1）红外线再流焊（Infra Red Ray Re-flow）。加热炉使用远红外线辐射作为热源的叫做红外线再流焊炉。红外线再流焊是目前使用最为广泛的 SMT 焊接方法。这种方法的工作原理是：在设备的隧道式炉膛内，通电的陶瓷发热板（或石英发热管）辐射出远红外线，热风机使热空气对流均匀，让电路板随传送机构直线匀速地进入炉膛，顺序通过预热区、焊接区和冷却区三个温度区域。在预热区里，印制电路板在 100~160℃ 温度下均匀预热 2~3min，焊膏中的低沸点溶剂和抗氧化剂挥发，变成烟气排出；同时，焊膏中的助焊剂浸润焊接对象，焊膏软化塌落，覆盖了焊盘和元器件的焊端或引脚，使它们与氧气隔离；并且，电路板和元器件得到充分预热，以免它们进入焊接区时因温度突然升高而损坏。在焊接区，温度迅速上升，比焊料合金熔点高 20~50℃，漏印在印制电路板焊盘上的膏状焊料在热空气中再次熔融，浸润焊接面，时间大约为 30~90s。当焊接对象从炉膛内的冷却区通过，使焊料冷却凝固以后，全部焊点同时完成焊接。图 6-13 是红外线再流焊机的外观和工作原理示意图。

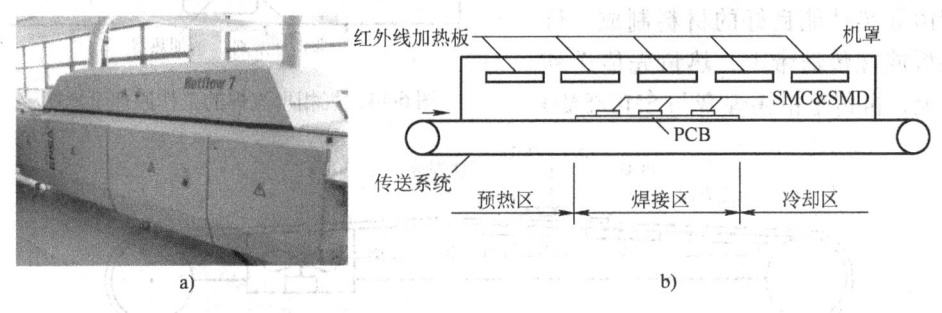

图 6-13　红外线再流焊机的外观和工作原理示意图

红外线再流焊炉的优点是热效率高，温度变化梯度大，温度曲线容易控制，双面焊接电路板时，印制电路板的上、下温度差别明显。缺点是同一电路板上的元器件受热不够均匀，特别是当元器件的颜色和体积不同时，受热温度就会不同，为使深颜色的和体积大的元器件同时完成焊接，必须提高焊接温度。

现在，随着温度控制技术的进步，高档的红外线再流焊设备的温度隧道细分了更多不同的温度区域，例如把预热区细分为升温区、保温区和快速升温区等。在国内设备条件最好的企业里，已经能够见到 7~10 个温区的红外线再流焊设备。

红外线再流焊设备适用于单面、双面、多层印制电路板上 SMT 元器件的焊接，以及在其他印制电路板、陶瓷基板、金属芯基板上的再流焊，也可以用于电子元器件、组件、芯片的再流焊，还可以对印制电路板进行热风整平、烘干，对电子产品进行烘烤、加热或固化粘合剂。红外线再流焊设备既能够单机操作，也可以连入电子装配生产线配套使用。

2）气相再流焊（Vapor Phase Re-flow）。这是美国西屋公司于1974年首创的焊接方法，在美国的SMT焊接中占有很高比例。其工作原理是：把介质的饱和蒸气转变成为相同温度（沸点温度）下的液体，释放出潜热，使膏状焊料熔融浸润，从而使电路板上的所有焊点同时完成焊接。这种焊接方法的液体介质要有较高的沸点（高于铅锡焊料的熔点），有良好的热稳定性，不自燃。美国3M公司配制的介质液体见表6-2。

表6-2　3M公司配制的介质液体

介质	FC70（沸点为215℃）	FC71（沸点为253℃）
用途	Sn/Pb焊料的再流焊	纯Sn焊料的再流焊
全称	（C5F11）3N全氟戊胺	

注：为了减少焊接时介质蒸气的耗散，还要采用二次保护蒸气FC113等。

气相再流焊的优点是焊接温度均匀、精度高、不会氧化。其缺点是介质液体及设备的价格高，工作时介质液体会产生少量有毒的全氟异丁烯（PFIB）气体。图6-14是气相再流焊的工作原理示意图。

3）热板传导再流焊。利用热板传导来加热的焊接方法称为热板传导再流焊。热板传导再流焊的工作原理如图6-15所示。

发热器件为板形，放置在传送带下，传送带由导热性能良好的材料制成。待焊电路板放在传送带上，热量先传送到电路板上，再传至铅锡焊膏与SMC/SMD

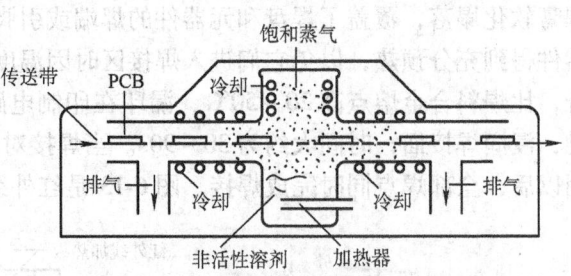

图6-14　气相再流焊的工作原理示意图

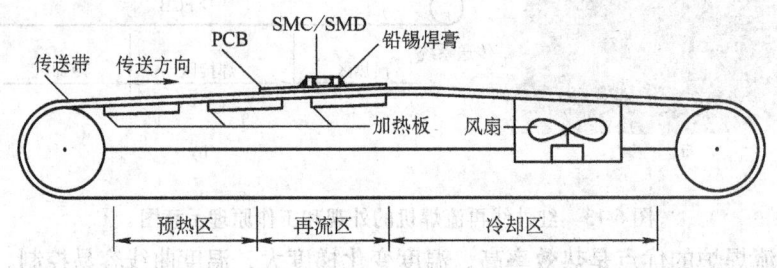

图6-15　热板传导再流焊的工作原理示意图

元器件上，软钎料焊膏熔化以后，再通过风冷降温，完成SMC/SMD元器件与电路板的焊接。这种设备的热板表面温度不能大于300℃，适用于高纯度氧化铝基板、陶瓷基板等导热性好的电路板单面焊接，对普通覆铜箔电路板的焊接效果不好。

4）热风对流再流焊与红外热风再流焊。热风对流再流焊是利用加热器与风扇，使炉膛内的空气或氮气不断加热并强制循环流动，工作原理如图6-16所示。这种再流焊设备的加热温度均匀但不够稳定，容易产生氧化，印制电路板上、下的温差以及沿炉长方向的温度梯度不容易控制，一般不单独使用。

改进型的红外热风再流焊是按一定热量比例和空间分布，同时混合红外线辐射和热风循环对流来加热的方式，也叫热风对流红外线辐射再流焊。这种方法的特点是

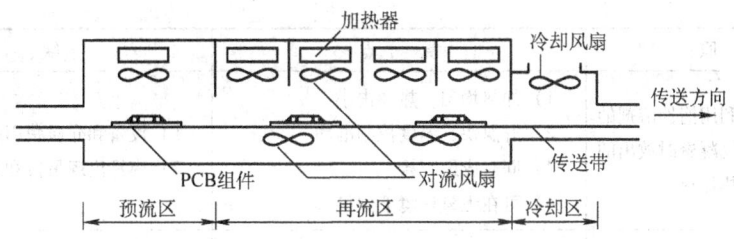

图 6-16 热风对流再流焊的工作原理示意图

各温区独立调节热量，减小热风对流，在电路板的下面采取制冷措施，从而保证加热温度均匀稳定，电路板表面和元器件之间的温差小，温度曲线容易控制。红外热风再流焊设备的生产能力高，操作成本低，是 SMT 大批量生产中的主要焊接设备之一。

图 6-17 是简易的红外热风再流焊设备。它是内部只有一个温区的小加热炉，能够焊接的电路板最大面积为 400mm×400mm（小型设备的有效焊接面积会小一些）。炉内的加热器和风扇受计算机控制，温度随时间变化，电路板在炉内处于静止状态，连续经历预热、再流和冷却的温度变化过程，完成焊接。这种简易设备的价格比隧道炉膛式红外热风再流焊设备低很多，适用于生产批量不大的小型企业。

5）激光加热再流焊。激光加热再流焊是利用激光束良好的方向性及功率密度高的特点，通过光学聚焦系统将激光束聚集在很小的区域内，在很短的时间内使被加热处形成一个局部的加热区，常用的激光有 CO2 和 YAG 两种。图 6-18 是激光加热再流焊的工作原理示意图。

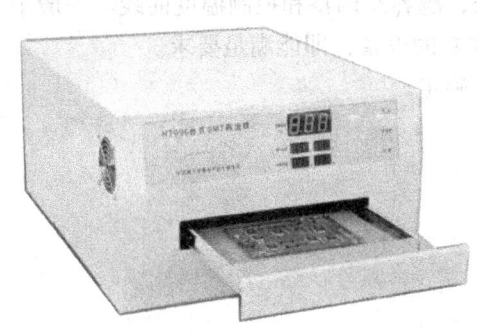

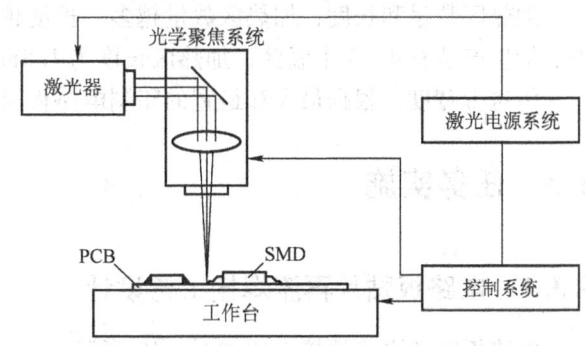

图 6-17 简易的红外热风再流焊设备　　图 6-18 激光加热再流焊的工作原理示意图

激光加热再流焊的加热具有高度局部化的特点，不产生热应力，热冲击小，热敏元器件不易损坏。但是设备投资大，维护成本高。

（5）再流焊工艺主要加热方法的优缺点　见表 6-3。

表 6-3　再流焊工艺主要加热方法的优缺点

加热方法	原理	优　点	缺　点
红外线	吸收红外线辐射加热	1）连续，同时成组焊接 2）加热效果好，温度可调范围宽 3）减少焊料飞溅、虚焊及桥接	材料、颜色与体积不同，热吸收不同，温度控制不够均匀

(续)

加热方法	原 理	优 点	缺 点
气相	利用惰性溶剂的蒸气凝聚时放出的潜热加热	1) 加热均匀, 热冲击小 2) 升温快, 温度控制准确 3) 同时成组焊接 4) 可在无氧环境下焊接	1) 设备和介质费用高 2) 容易出现吊桥和芯吸现象
热风	高温加热的气体在炉内循环加热	1) 加热均匀 2) 温度控制容易	1) 容易产生氧化 2) 强风会使元器件产生位移
热板	利用热板的热传导加热	1) 减少对元器件的热冲击 2) 设备结构简单, 价格低	1) 受基板热传导性能影响大 2) 不适用于大型基板、大型元器件 3) 温度分布不均匀
激光	利用激光的热能加热	1) 聚光性好, 适用于高精度焊接 2) 非接触加热 3) 用光纤传送能量	1) 激光在焊接面上反射率大 2) 设备昂贵

(6) 再流焊设备的主要技术指标

温度控制精度(指传感器灵敏度): 应该达到 ±(0.1~0.2)℃。

传输带横向温差: 要求 ±5℃以下。

温度曲线调试功能: 如果设备无此装置, 要外购温度曲线采集器。

最高加热温度: 一般为 300~350℃, 如果考虑温度更高的无铅焊接或金属基板焊接, 应该选择 350℃以上。

加热区数量和长度: 加热区数量越多、长度越长, 越容易调整和控制温度曲线。一般中小批量生产选择 4~5 个温区, 加热区长度为 1.8m 左右的设备, 即能满足要求。

传送带宽度: 根据最大和最宽的印制电路板尺寸确定。

6.3 任务实施

6.3.1 电路板贴片再流焊接工艺设计

电路板贴片再流焊接工艺如图 6-19 所示。

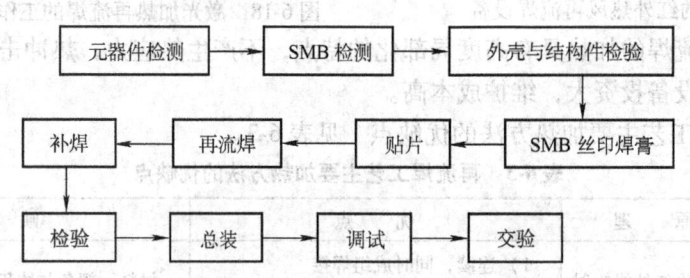

图 6-19 电路板贴片再流焊接工艺

6.3.2 电子元器件检测与准备

1. 领取任务，分析任务

领取任务，分析任务，明确任务的目标与要求。

2. 规划任务，制订计划

进行任务规划设计、制订工作计划。

3. 定标

根据入库单上物料的批量大小及质量验收标准确定样本大小，明确合格与否的质量判据。

4. 抽样

根据抽样方案和验收标准从入库物料中随机抽取样本数量要求的物料，物料抽样时注意要抽到所有物料批次，撕面胶时应小心，防止物料散落。

5. 观察和测量(试验)

按照验收标准与验收方法(或作业指导书)对样本进行质量检验(外观检验、性能检测)。

目测检验应在正常照明条件下进行(30W 荧光灯照明)，将料件置于距检验者(30±5)cm 的地方，料件可置于两种位置：相对检验员正常(视线与料件成45°)或垂直于料件表面，必要时使用放大镜。

6. 记录

如实记录检测数据。

7. 比较和判定

分析检测数据，并判定该元器件是否合格，如不合格，判断其缺陷类别。

8. 确认和处置

根据质量验收标准，确认所检批次物料是否合格，并正确处置合格和不合格的物料。

9. 填写入库验收单

按要求填写入库验收单。

6.3.3 表面贴装电子元器件的装贴

1. 印刷焊膏

印刷焊膏的功能是通过金属印刷模板将焊膏准确、适量地分配到 PCB 焊盘上。手动印刷用于没有全自动印刷设备或者中小批量生产的单位使用，该方法简单，成本极低，使用方便灵活。手动印刷一般使用手动印刷台，如图 6-20 所示。

（1）外加工金属模板　金属模板是用铜或不锈钢薄板经照相蚀刻、激光加工、电铸等方法制作而成的印刷用模板，要根据印制电路板的组装密度选择模板的材料和加工方法。模板是外加工件，其加工要求与印刷机用的模板基本相同。

铜模板的材料以锡磷青铜为宜，也可使用黄铜

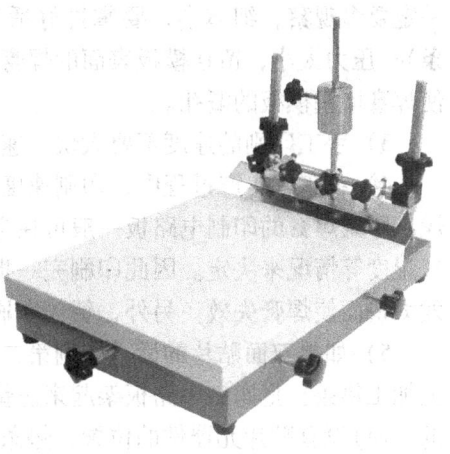

图 6-20　手动印刷台

加工后镀镍，或使用黄铜、铍青铜等材料。铜模板的厚度可根据产品需要调整，一般为 0.10~0.30mm。

模板印刷时，模板的厚度就等于焊膏的厚度。对于一般密度的 SMT 产品采用 0.2mm 厚的铜板，对于多引线窄间距的 SMD 产品应采用 0.10~0.15mm 厚的铜板或激光模板。

(2) 印刷焊膏

1) 准备焊膏（见焊膏相关资料）、模板、印制电路板。

2) 安装及定位。先用放大镜或立体显微镜检查模板上的漏孔有无毛刺或腐蚀不透等缺陷，如果有缺陷用锉修理好。

把检查过的模板装在印刷台上，上紧螺栓，取一块需要焊接的电路板（电路板上一般都有过孔，应选取两个或两个以上比较容易记住的和大头钉差不多粗的过孔）放到印刷台面上。移动电路板，将电路板上一些大的焊盘和模板的开口对准，差不多对准 90%，用大头针钉在选取的过孔上，用钳子剪掉大头钉多余的部分，敲平做定位钉。再用印刷台微调螺栓调准，即可印刷。

3) 印刷焊膏。把焊膏放在模板前端，尽量放均匀，注意不要放到漏孔里，焊膏量不要太多，在操作过程中可以随时添加。

用刮板从焊膏的前端向后均匀地刮动，刮板角度为 45°~60°为宜，刮完后将多余的焊膏放回模板的前端。

抬起模板，将印好焊膏的印制电路板取下来，再放上第二块印制电路板。

检查印刷结果，根据印刷结果判断造成印刷缺陷的原因，印刷下一块印制电路板时，可适当改变刮板角度、压力和印刷速度，直到满意为止。

印刷时，要经常检查印刷质量。发现焊膏图形沾污（连条）或模板漏孔堵塞时，随时用无水乙醇无纤维纸或纱布擦模板底面。印刷窄间距产品时，每印刷完一块印制电路板都必须将模板底面擦干净。

(3) 注意事项

1) 刮板角度一般为 45°~60°。角度太大，易产生焊膏图形不饱满；角度太小，易产生焊膏图形沾污。

2) 由于是手工印刷，在刮板的长度和宽度方向受力不容易均匀，因此刚开始印刷时，一定要多观察，细体会，要掌握好适当的刮板压力。压力太大，容易使焊膏图形沾污（连条）；压力太小，留在模板表面的焊膏容易把漏孔中的焊膏一起带上来，造成漏印，并容易使焊膏堵塞模板的漏孔。

3) 手工印刷的速度不要太快，速度太快容易造成焊膏图形不饱满的印刷缺陷。

4) 在正常生产过程中，印刷速度一般都比贴装速度快，而焊膏暴露在空气中很容易干燥，印刷焊膏的印制电路板一般可在空气中放置 2~6h，具体要根据所使用焊膏的粘度、空气湿度等情况来决定。因此印刷完一批后，要把焊膏回收到容器中，以免助焊剂中的溶剂挥发太快而使焊膏失效。另外，暂停印刷时要把模板擦干净，特别注意漏孔不能堵塞。

5) 如果双面贴片的话，印刷第二面时需要加工专门的印刷工装。即在印刷工装的台面上加工垫条，把印制电路板架起来。垫条必须加在印制电路板第一面（已经完成贴装和焊接的一面）没有贴片元器件的位置，垫条的材料可采用印制电路板的边角料或窄铝条，垫条的高度略高于印制电路板第一面上最高的元器件，由于印制电路板在印刷工装台面上的高度提高了,在印刷工装固定模板处垫片的高度和印刷工装台面上印制电路板定位钉的高度也要相应提高。

6) 一般应先印元器件小、元器件少的一面,待第一面贴装、焊接完成后,再进行元器件多或有大元器件一面的印刷、贴装和焊接。

2. 表面贴装电子元器件的装贴

用镊子把元器件从包装中取出,并贴放到印制电路板的相应位置上。

注意:有字的一面朝上,可借助放大镜进行操作。

本收音机每一个元器件都有一张图样和它对应,图样上有一红色标记,标出本元器件应该贴装的位置。所有元器件分为电阻、电容、晶体管、集成电路四种类型。

1) 贴装电阻时注意:电阻分为两面,一面标注阻值,另一面为白色,没有任何标记,有标注的一面向上贴装,以备检查。

2) 贴装电容时注意:因为电容没有极性,没有标注,而且大小、颜色都非常相似,所以贴装时一定要注意。如果贴错,将很难检查出问题。

3) 晶体管只要按图样的相应位置贴好即可。

4) 贴装集成电路时注意:贴装时可以使用精密 IC 贴片台,如图 6-21 所示,应注意集成电路标记和图样标记对应,一次贴好,如果没放正,要垂直拿起,重新贴放,不要直接挪动,以免造成短路。

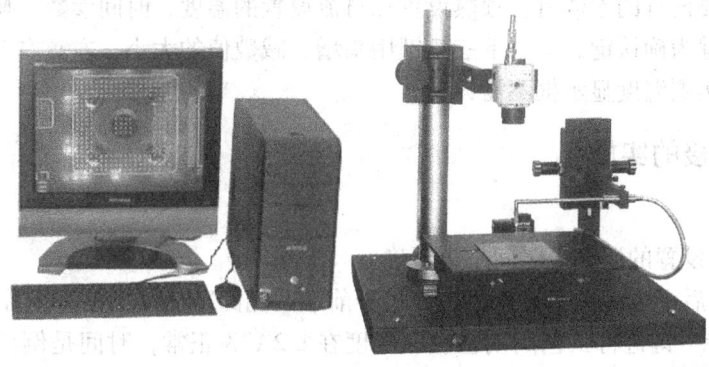

图 6-21　精密 IC 贴片台

了解了几种元器件贴装的注意事项后,可以开始贴片了。本步操作可以采用流水线的形式,每个元器件和图样按从小到大的顺序排列好,配套的图样上明显标出每个元器件的排列顺序。刮好焊锡膏后,按从小到大的顺序贴好每一个元器件。

注意检查:23 个元器件贴好以后,观察元器件有没有贴错、贴反、贴斜。检查无误后放入再流焊机。

6.3.4　再流焊接设备的特点

小型再流焊机的特点:

1) 由多温度控制段替代多温区设计,大大降低设备复杂程度,减小设备体积。

2) 进仓、预热、保温、焊接、冷却、出仓全过程由计算机自动控制,并具有全过程的图形界面显示。

① 作用：是焊接表面贴装元器件的设备。表面贴装技术中，表面贴装元器件的钎焊是通过再流焊完成的。组成该系统的再流焊机采用先进的强制热风与红外线混合加热方式，实现绝对静止状态下的焊接，具有预热时间短、内腔不易污染、能耗低、体积小、操作简便的特点。

② 基本结构：小型再流焊机包括炉体、上下加热源、空气循环装置、冷却装置、排风装置、温度控制装置以及计算机控制系统。

③ 再流焊炉的主要技术指标：

温度控制精度：应达到±(0.1~0.2)℃。

温度曲线调试功能：如果设备无此配置，应外购温度曲线采集器。

最高加热温度：一般为210~230℃，如果考虑无铅焊料或金属基板，应选择350℃以上。

加热区数量和长度：加热区数量越多、长度越长，越容易调整和控制温度曲线。一般中小批量生产选择4~5个温区即能满足要求。

温度曲线的设置：分预热-焊接-达到设置温度自动下降。

④ 工作过程：再流焊机的工件盘为抽屉式结构，将已贴装好的电路板置入工件盘，按"再流焊"键，工件即自动进入加热炉内，按设定的工艺条件依次完成预热、焊接和冷却后自动从加热炉内退出。整个过程约5min。

再流焊机需要设置的参数有：预热设置和再流设置的温度、时间参数。操作面板右边按键中，中间的圆键为确认键，上、下三角键用来增、减数值的大小，左、右三角键用来选择要修改的位置。实测温度显示框不需设置。

6.3.5 再流焊接的实施

1）接通电源。

2）检查工艺设置的温度、时间是否正确。

3）检查机身后上方的两个输入风机，机身前端两侧的冷却风机是否正常。

4）按"焊接"键进行工艺周期检查。温度在±2℃为正常，时间是倒计时。当第一声鸣叫时，表示焊接加热结束。在冷却至120℃左右时鸣叫第二声，工件盘即自动退出。一般检查2~3个循环周期，这有利于机器的热稳定。

5）上述各项正常后，即可将待焊的电路板放置在工件盘内，开始焊接工作。在批量生产的最初阶段，进行试焊是必要的，以找到最佳的工艺条件。

6）在焊接过程中，如有特殊情况，需要中断，可按"停止"键，工件盘即自动退出。在冷却过程中，若要提前结束冷却，可按"进入/退出"键，工件盘可立即退出。

7）关机后，请将插头从电源插座中拔出。

6.3.6 装接后的检查测试

在收音机焊接完成后，为了验证电路的工作是否正常，需要对收音机进行必要的测试，在本次组装过程中，主要的测试工作有（测试数据在验收时一并上交）：

（1）所有元器件焊接完成后目视检查

1）元器件：型号、规格、数量、安装位置及方向是否与图样符合。

2)焊点:有无虚焊、漏焊、桥接、飞溅等缺陷。

(2) 测总电流

1) 检查无误后将电源线焊到电池片上。

2) 在电位器开关断开的状态下装入电池。

3) 插入耳机。

4) 用万用表200mA档(数字万用表)或50mA档(指针式万用表)跨接在开关两端测电流,用指针式万用表时注意表笔极性。

正常总电流应为7~30mA(与电源电压有关),并且LED正常点亮。以下是样机测试结果,可供参考。

工作电压:1.8V、2V、2.5V、3V、3.2V。

工作电流:8mA、11mA、17mA、24mA、28mA。

注意:如果总电流为零或超过35mA,应检查电路。

(3) 搜索电台广播 如果总电流在正常范围,可按S1搜索电台广播。只要元器件质量完好,安装正确,焊接可靠,不用调任何部分即可收到电台广播。

如果收不到电台广播,应仔细检查电路,特别要检查有无错装、虚焊、漏焊等缺陷。

(4) 调接收频段(俗称调覆盖) 我国调频广播的频率范围为87~108MHz,调试时可找一个当地频率最低的FM电台(例如在北京,北京文艺台为87.6MHz),适当改变L4的匝间距,使按过RESET键后第一次按SCAN键可收到这个低端电台。由于SC1088集成度高,如果元器件一致性较好,一般收到低端电台后均可覆盖FM频段,故可不调高端而仅做检查(可用一个成品FM收音机对照检查)。

(5) 调灵敏度 本机灵敏度由电路及元器件决定,一般不用调整,调好覆盖后即可正常收听。

6.4 相关知识

6.4.1 表面组装涂敷技术

贴片胶,也称为粘接剂,它是均匀地分布着硬化剂、颜料及溶剂等的粘接剂,一般为红色的膏体,主要用来将元器件固定在印制板上,一般可以用印刷、点涂等方法进行涂敷。贴上贴片胶后的元器件放到固化炉中加热固化。使用贴片胶的目的是:双面再流焊工艺中,为防止已焊好的那一面上大型器件因焊料受热熔化而脱落;或者在使用波峰焊时,为防止印制板通过焊料槽时元器件掉落,而将元器件固定在印刷板上;此外,印制板和元器件批量改变时,用贴片胶作标记。

使用贴片胶进行表面组装的工艺流程主要包括:丝印或点胶、贴装、固化、再流焊接、清洗等。

丝印:其作用是将焊膏或贴片胶漏印到PCB的焊盘上,为元器件的焊接做准备。所用设备为丝印机(丝网印刷机)。

点胶:它是将胶水点涂(或印刷)到PCB的固定位置上,其主要作用是将元器件固定到PCB板上。所用设备为点胶机或胶印机。

贴装：其作用是将表面贴装元器件准确安装到 PCB 的固定位置上。所用设备为贴片机。

固化：其作用是将贴片胶融化，从而使表面贴装元器件与 PCB 牢固粘接在一起。所用设备为对流加热炉或红外炉。

再流焊接：其作用是将焊膏融化，使表面贴装元器件与 PCB 牢固粘接在一起。所用设备为再流焊焊炉。

清洗：其作用是将组装好的 PCB 上面的对人体有害的焊接残留物，如助焊剂等除去。所用设备为清洗机。

6.4.2　再流焊质量缺陷分析

再流焊接是表面贴装技术(SMT)特有的重要工艺，焊接工艺质量的优劣不仅影响正常生产，也影响最终产品的质量和可靠性。

常见再流焊接缺陷：桥连/桥接；焊料球；立碑；位置偏移；吸料/芯吸等现象。

1. 桥连

原因：一是端接头（或焊盘或导线）之间的间隔不够大，再流焊时，搭接可能由于焊膏厚度过大或锡膏颗粒太大引起的。另一个原因是由于锡膏太稀，包括锡膏内金属或固体含量低、锡膏容易炸开；再是再流焊温度峰值太高，也会对搭接有影响。

2. 焊料球

焊料球是最普通的缺陷形式，其原因是焊料合金被氧化或者焊料合金过小，由焊膏中溶剂的沸腾而引起的焊料飞溅的场合也会出现焊料球缺陷；还有一种原因是存在有焊料塌边缺陷，从而造成焊料球。

3. 立碑

片状元件常出现立起的现象，又称之为吊桥；曼哈顿现象。立碑缺陷发生的根本原因是元件两边的焊膏印刷量不均匀，润湿力不平衡；二是焊盘设计与布局不合理，焊盘有一个与地线相连或有一侧焊盘面积过大。

4. 位置偏移

这种缺陷可能是焊料润湿不良等综合性原因造成的。先观察发生错位部位的焊接状态，如果是润湿状态良好情况下的错位，可考虑能否利用焊料表面张力的自调整效果来加以纠正，如果是润湿不良所致，则要先解决不良状况。焊接状况良好时发生的元件错位，一是可能在再流焊接之前，焊膏粘度不够或受其他外力影响发生错位；二是在再流焊接过程中，焊料润湿性良好，且有足够的自调整效果，但发生错位，其原因可能是传送带上有振动等影响。

5. 芯吸现象

又称吸料现象或抽芯现象，是常见的焊接缺陷之一，多见于气相再流焊中。这种缺陷是焊料脱离焊盘沿引脚上行到引脚与芯片本体之间，会形成严重的虚焊现象。通常原因是引脚的导热率过大，升温迅速，以致焊料优先润湿引脚，焊料与引脚之间的润湿力远大于焊料与焊盘之间的润湿力，引脚的上翘更会加剧芯吸现象的发生。

6.5　任务总结

1）表面安装器件的贴焊工艺。表面安装器件的再流焊工艺流程：再流焊工艺所使用的设备和物料；热风式再流焊是最常用的再流焊工艺；再流焊温区分布分为预热区、保温区、回流区及冷却区。

2）贴片机结构与工作原理。贴片工序对贴装元器件的要求；自动贴片机的主要结构、技术指标；按照贴装元器件的工作方式，贴片机有四种类型：顺序式、同时式、流水作业式和顺序—同时式。

3）再流焊接机。再流焊技术的一般工艺流程；再流焊工艺的特点与要求；再流焊接机的分类及其使用；再流焊加热方式有红外线再流焊、气相再流焊、热板传导再流焊、热风对流再流焊与红外热风再流焊及激光加热再流焊等；再流焊设备的主要技术指标是再流焊的质量保证。

4）锡膏的保存和使用、助焊剂和贴片胶作用及其使用等。

5）再流焊质量缺陷及其产生原因分析。

6.6 练习与巩固

1. 热风式再流焊分为哪几个温区，简述各温区功能。
2. 焊膏的保存及使用注意事项有哪些？
3. 画出使用再流焊技术的一般工艺流程。
4. 再流焊工艺与波峰焊技术相比，再流焊工艺具有哪些特点？
5. 常见的再流焊质量缺陷有哪些，其主要原因是什么？

第7章 电子产品整机装配工艺

7.1 任务驱动：数字万用表整机装配

7.1.1 任务描述

电子整机产品是由许多电子元器件、电路板、零部件、机壳装配而成的。一个电子整机产品质量是否合格，其功能和各项技术指标能否达到设计规定的要求，与电子产品整机装配的工艺是否达到要求有直接关系。因此，必须遵循电子产品整机装配的工艺原则，符合整机装配的基本要求和工艺流程。本章通过DT-830B型数字万用表的整机装配工作任务，引出电子产品整机装配的工艺。通过DT-830B型数字万用表整机装配任务的实施完成，使学生掌握电子产品整机装配的工艺原则、基本要求和工艺流程等整机装配知识，并能够按照工艺要求对电子产品整机进行安装。

7.1.2 任务目标

1. 知识目标

1）掌握电子产品整机装配的工艺原则。
2）掌握电子产品整机装配的基本要求和工艺流程。
3）掌握整机连接的种类和方法。
4）掌握整机检验的方法。

2. 技能目标

1）能够遵守电子产品整机装配安全操作规范，能识读简单电子产品装配图及其工艺文件。
2）掌握电子产品整机手工装配的技能。
3）能进行整机的外观检验，并对整机装配过程作记录。
4）能独立制作电子产品整机装配工艺文件。
5）能够按照工艺要求对电子产品整机进行安装。

7.1.3 任务要求

根据印制电路板及元器件装配板图对照电路原理图和材料清单，制定DT-830B型数字万用表整机装配的工艺流程，进行DT-830B型数字万用表整机装配。

1. DT-830B型数字万用表套件

DT-830B型数字万用表套件如图7-1所示。

2. DT-830B型数字万用表装配文件

1）DT-830B型数字万用表电路原理图如图7-2所示。

第7章 电子产品整机装配工艺

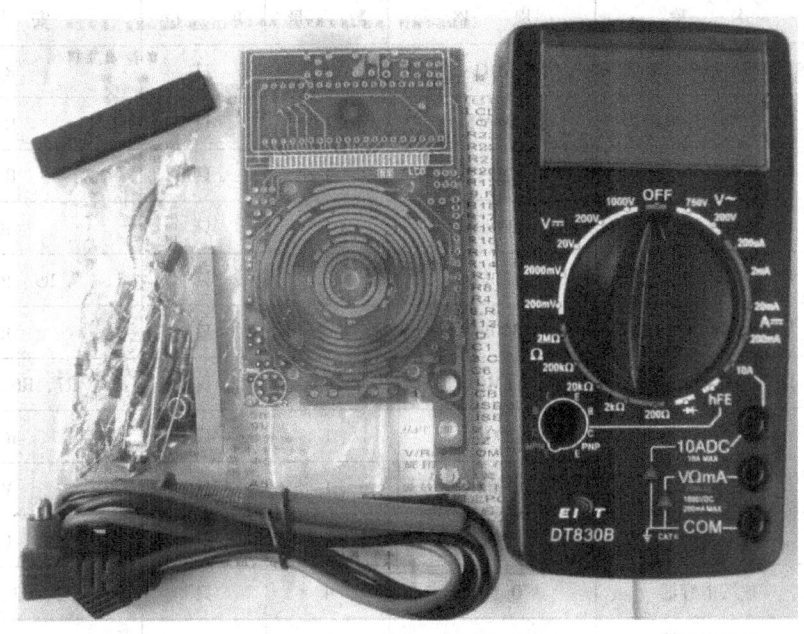

图 7-1 DT-830B 型数字万用表套件

2）DT-830B 型数字万用表装配板图如图 7-3 所示。

3）DT-830B 型数字万用表元器件装配清单，见表 7-1。

表 7-1 DT-830B 型数字万用表元器件装配清单

序号	名 称	规 格	数量	单位	安 装 位
1	电路板	DT830B	1	块	
2	集成块	CS7106AGP	1	块	IC（已固定好）
3	液晶层	LCD820	1	块	LCD
4	晶体管	C9013	1	只	VT
5	1/4W 五色环电阻器	0.99Ω	2	只	R23、R24
6	1/4W 五色环电阻器	9Ω	1	只	R22
7	1/4W 五色环电阻器	100Ω	1	只	R21
8	1/4W 五色环电阻器	909Ω	1	只	R20
9	1/4W 五色环电阻器	1.5kΩ	1	只	R13
10	1/4W 五色环电阻器	9kΩ	2	只	R19、R15
11	1/4W 五色环电阻器	90.9kΩ	1	只	R18
12	1/4W 五色环电阻器	352kΩ	1	只	R17
13	1/4W 五色环电阻器	548kΩ	1	只	R16

(续)

序号	名　称	规　格	数　量	单　位	安装位
14	1/4W 四色环电阻器	10Ω	1	只	R10
15	1/4W 四色环电阻器	910Ω	1	只	R11
16	1/4W 四色环电阻器	20kΩ	1	只	R14
17	1/4W 四色环电阻器	100kΩ	1	只	R1
18	1/4W 四色环电阻器	220kΩ	3	只	R9、R8、R2
19	1/4W 四色环电阻器	300kΩ	1	只	R4
20	1/4W 四色环电阻器	1MΩ	4	只	R7、R6、R5、R3
21	可调电阻器	200Ω	1	只	R12
22	二极管	1N4007	1	只	VD
23	瓷片电容器	100pF	1	只	C1
24	独石电容器	0.1μF	4	只	C2、C3、C4、C5
25	电解电容器	4.7μF/50V	1	只	C6
26	镀银电感器	φ1.5mm×38mm	1	只	L
27	导电胶条	56×6.5×2YP	1	条	LCD 和印制电路板之间
28	保险管	0.25A	1	只	FUSE
29	保险管卡	5mm	2	只	FUSE
30	电池扣	9V 扣	1	个	从 PCB 圆孔穿入焊在 BT 位
31	晶体管插座	1号管插	1	只	CZ
32	表笔插管	Φ4.0mm×8mm	3	只	V/R/MA、COM、10ADC
33	五金配件弹簧	Φ2.8mm×3.5mm	2	只	旋钮正面左右边孔内
34	五金配件钢珠	Φ3.2mm	2	只	放于弹簧上部
35	V 形弹片	AS1#	6	只	安装旋钮底下的槽位
36	螺钉	PA2.3mm×6mm	5	只	四个固定印制电路板
37	螺钉	PA2.3mm×10mm	2	只	固定后盖
38	EVA 单面胶垫	15×10×4H	1	只	贴于 LCD 上，定位导电条
39	表笔	830#	1	套	
40	电池	9VNEDA1604/6F22	1	只	
41	塑胶件	面壳、底壳	1	各一个	
42	塑胶件	旋钮、电池盖	1	各一个	

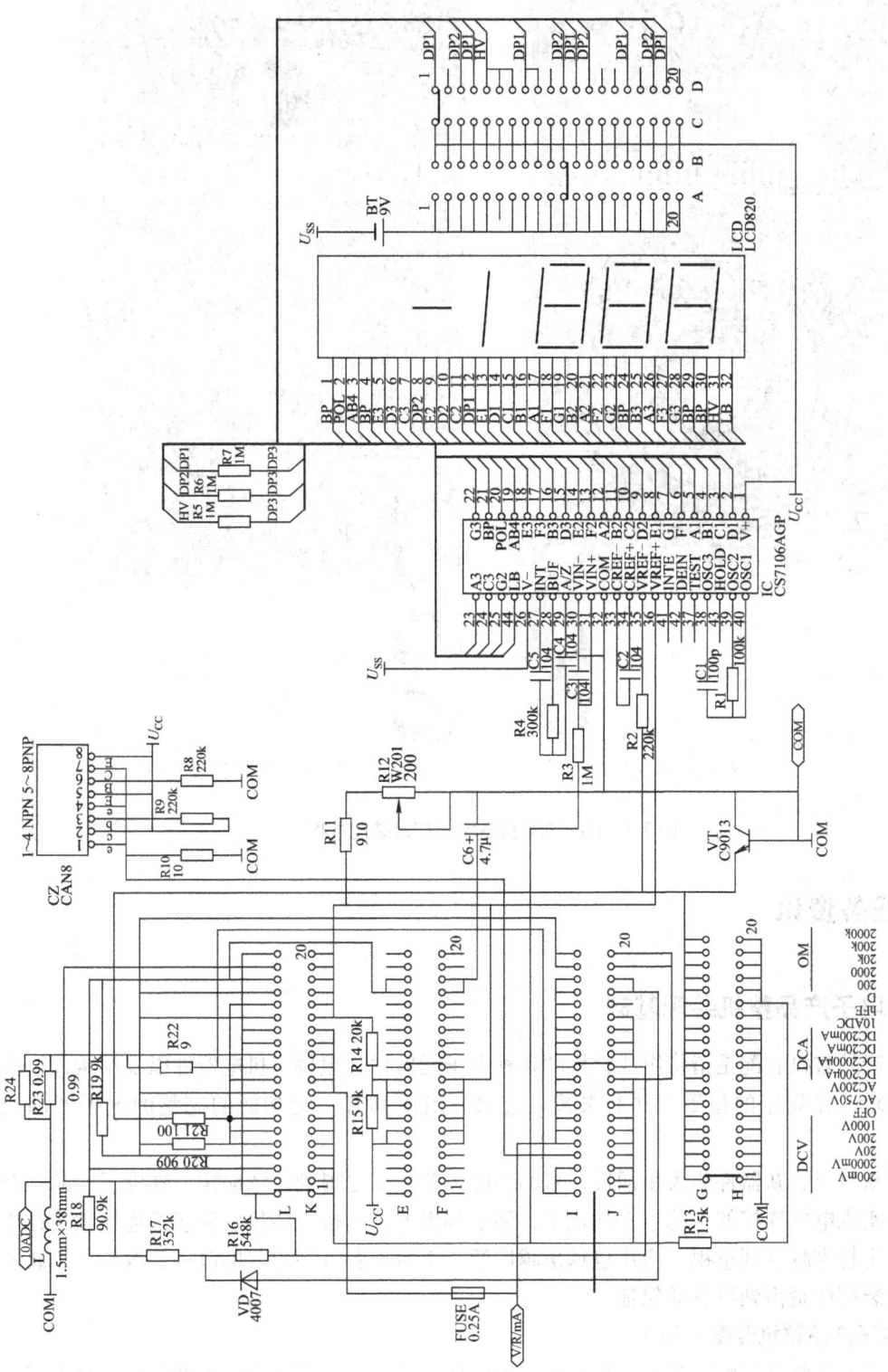

图 7-2 DT-830B 型数字万用表电路原理图

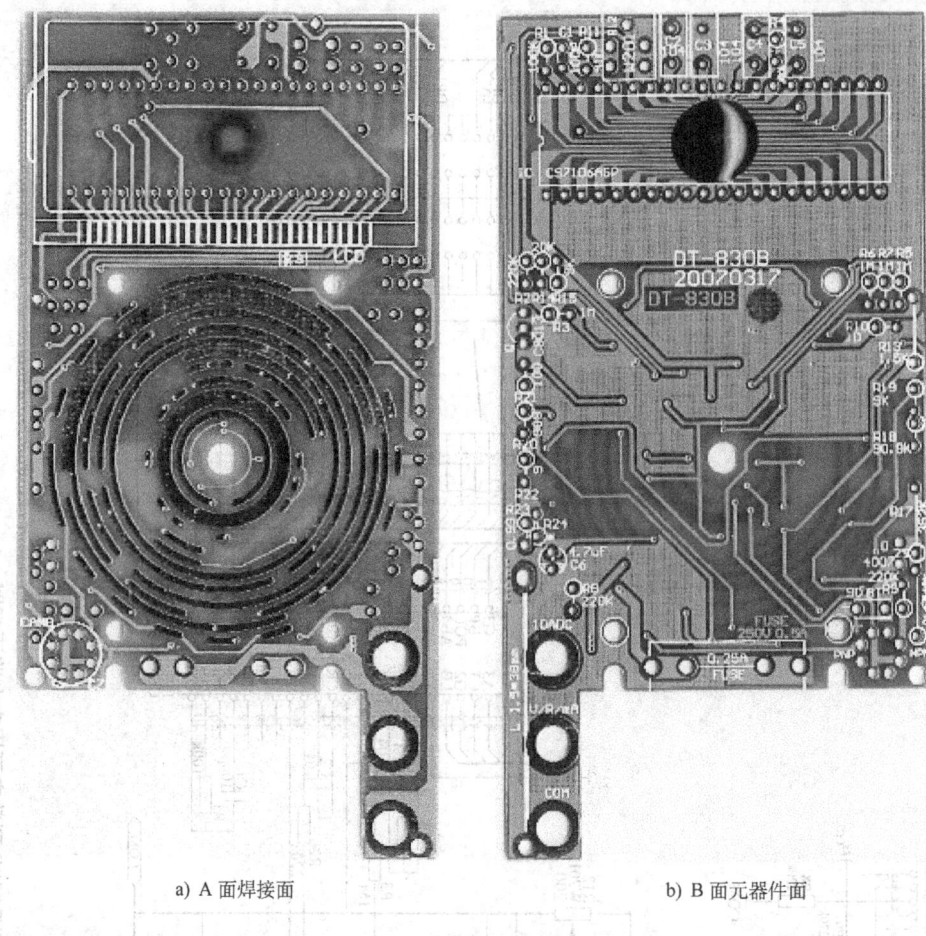

a) A 面焊接面　　　　　　　　b) B 面元器件面

图 7-3　DT-830B 型数字万用表装配板图

7.2　任务资讯

7.2.1　电子产品整机装配基础

电子产品整机装配是指将组成整机的各种电子元器件、组件、机电器件以及结构件，按照设计要求，在规定的位置上进行装配、连接，组成具有一定功能的完整的电子产品的过程。

随着新材料、新器件的大量涌现，新的装配工艺技术也得到广泛应用。在电子产品生产过程中，实现电气连接的工艺也多样化了，除了焊接外，压接、绕接、胶接等连接工艺在生产过程中也越来越受到重视，应用也越来越广泛。工装设备得到很好的改进，改变了工装的环境，使装配质量得到可靠的保证。

1. 电子产品整机装配的级别

在电子产品整机装配过程中，根据装配单位的大小、复杂程度和特点的不同，将电子产品整机装配分成不同的等级。

(1) 元器件级 是指通用电路元器件、分立元器件、集成电路等的装配,是装配级别中的最低级别。

(2) 插件级 是指组装和互连装有元器件的印制电路板或插件板等。

(3) 系统级组装 是将插件级组装件,通过连接器、电线电缆等组装成具有一定功能的完整的电子产品整机。

2. 组装方法

(1) 功能法 就是将电子产品整机的一部分放在一个完整的结构部件内,去完成某种功能的方法。

(2) 组件法 就是制造出一些在外形尺寸和安装尺寸上都统一的部件的方法。

(3) 功能组件法 就是兼顾功能法和组件法的特点,制造出既保证功能完整性又有规范化的结构尺寸的组件。

7.2.2 电路板组装

1. 电路板组装基础

电子产品整机装配是以印制电路板为中心展开的,印制电路板的组装是电子产品整机装配的基础和关键,它直接影响电子产品整机的质量。印制电路板组装工艺是根据工艺设计文件和工艺规程的要求将电子元器件按一定方向和次序插装(或贴装)到印制电路板规定的位置上,并用紧固件或锡焊的方法将其固定的过程。

(1) 印制电路板组装工艺流程 根据电子产品的生产性质、生产批量、设备条件等情况的不同,需采用不同的印制电路板组装工艺。常用的组装工艺有手工装配工艺和自动装配工艺,如图7-4和图7-5所示。

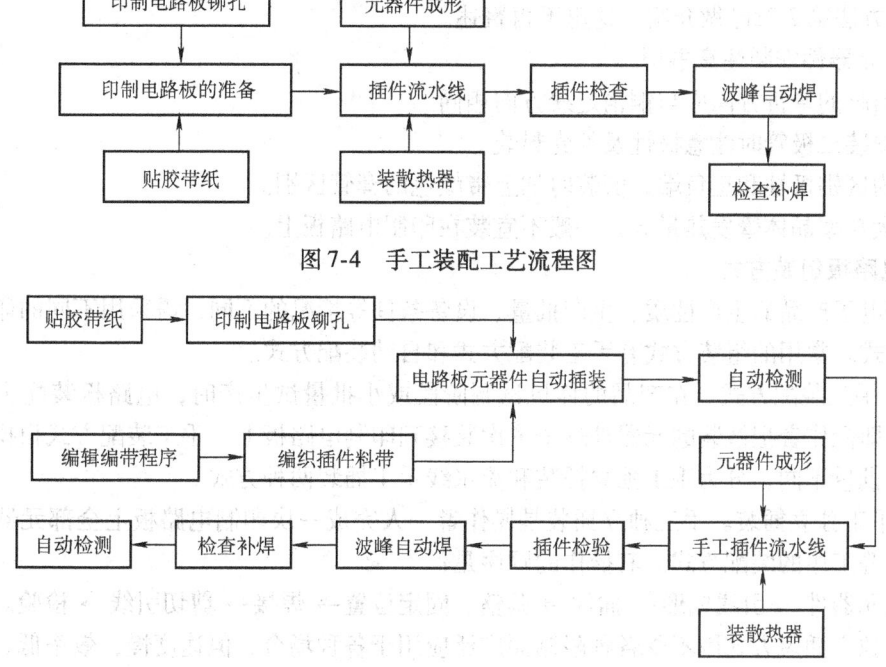

图 7-4 手工装配工艺流程图

图 7-5 自动装配工艺流程图

(2) 印制电路板组装要求 印制电路板组装质量的好坏，直接影响到电子产品的电路性能和安全使用性能。因此，印制电路板组装过程中必须遵循以下要求：

1) 各个工艺环节必须严格遵守工艺文件的规定，认真按照工艺指导卡操作。
2) 印制电路板应使用阻燃性材料，以满足安全使用性能要求。
3) 组装流水线各工序的设置要均匀，防止某些工序组件积压，确保均衡生产。
4) 印制电路板元器件的插装（或贴装）要正确，不能有错装、漏装现象。
5) 焊点应光滑，无拉尖、虚焊、假焊、桥连等不良现象，使组装的印制电路板的各种功能均符合电路的性能指标要求。
6) 做好印制电路板组装元器件的准备工作：

① 元器件引线成形。为了保证波峰焊焊接质量，元器件插装前必须进行引线成形。

② 印制电路板铆孔。质量比较大的电子元器件要用铜铆钉在印制电路板上的插装孔上加固，防止元器件插装、焊接后，因振动等原因而发生焊盘剥脱、损坏现象。

③ 装散热片。大功率的晶体管、功放集成电路等需要散热的元器件，要预先做好散热片的装配准备工作。

④ 印制电路板贴胶带纸。为防止波峰焊将不焊接元器件的焊盘孔堵塞，在元器件插装前，应先用胶带纸将这些焊盘孔贴住。

2. 元器件安装

因为电子元器件种类繁多，结构不同，引出线也多种多样，所以必须根据产品的要求、印制电路板的电路结构、装配密度、使用方法以及元器件的特点，采取不同的插装形式和工艺方法来插装元器件，才能获得良好的效果。

(1) 元器件的插装方法 元器件的插装方法可分为手工插装和自动插装。不论采用哪种插装方法，其插装形式都可分为立式插装、卧式插装、倒立插装、横向插装和嵌入插装。具体插装方法第2章已做介绍，这里不再赘述。

(2) 元器件安装注意事项
1) 引脚的弯折方向应与铜箔走线方向相同。
2) 安装二极管时注意极性及外壳封装。
3) 为区别极性和正负端，安装时加上带颜色的套管区别。
4) 大功率晶体管发热量大，一般不宜装在印制电路板上。

3. 电路板组装方式

根据电子产品的生产性质、生产批量、设备条件等情况的不同，需采用不同的印制电路板组装方式。常用的组装方式有手工装配方式和自动装配方式。

(1) 手工装配方式 在产品的样机试制阶段或小批量试生产时，电路板装配主要靠手工操作，即操作者把散装的元器件逐个依次装接到印制电路板上。手工装配方式根据生产阶段和生产批量不同，分为手工独立插装和流水线手工插装两种方式。

1) 手工独立插装。手工独立插装是操作者一人完成一块印制电路板上全部元器件的插装及焊接等工序的装配方式。其操作的顺序是：

待装元器件→ 引线成形→ 插件→ 调整、固定位置→ 焊接→ 剪切引线→ 检验。

手工独立插装方式因不受各种限制而广泛应用于各种场合，但速度慢，效率低，而且容易出差错，只适应于产品样机试制阶段和小批量试生产时，不适应于大批量生产的需要。

2) 流水线手工插装。流水线手工插装是把印制电路板的整体装配分解成若干道简单的工序，每个操作者在规定的时间内，完成指定的工作量的插装过程。

流水线手工插装的一般工艺流程是：

每节拍元器件插入→全部元器件插入→一次性剪切引线→一次性锡焊→检查。

流水线手工插装适应于大批量生产流水线装配。目前，多数电子产品的生产大都采用印制电路板插件流水线的方式。插件分为自由节拍和强制节拍两种形式。

① 自由节拍形式：是操作者按规定进行人工插装后，将印制电路板在流水线上传送到下一道工序，即由操作者控制流水线的节拍。每个工序插装元器件的时间限制不够严格，生产效率低。

② 强制节拍形式：是要求每个操作者必须在规定时间内把所要插装的元器件准确无误地插到印制电路板上，插件板在流水线上连续运行。

强制节拍形式带有一定的强制性，生产中以链带匀速传送的流水线属于该种形式的流水线。一条流水线设置工序数的多少，由产品的复杂程度、生产量、工人技能水平等因素决定。在分配每道工序的工作量时，应留有适当的余量，以保证插件质量，每道工序插装大约10~15个元器件。

手工装配方式的特点是设备简单、操作方便、使用灵活；但装配效率低、差错率高，不适用于现代化大批量生产的需要。

（2）自动装配方式　在产品设计已经定型，需大批量生产而元器件又无需选配时，宜采用自动装配方式。自动装配方式一般使用自动或半自动插件机、自动定位机等设备。

自动装配和手工装配的过程基本相同，都是将元器件逐一插入到印制电路板上。自动装配设备对元器件要求高，一般用于自动装配的元器件的外形、尺寸要求尽量简单一致，方向易于识别，并对元器件的供料形式有一定的限制。一块印制电路板中大部分元器件是由自动插件机完成插装的，但在自动插装后对不能自动插装的元器件仍需手工插装。

1）自动装配工艺

① 编辑编带程序。元器件自动插装前，首先要按照印制电路板上元器件自动插装路线模式，在编辑机上进行编带程序编辑。插装路线一般按"Z"字形走向，编带程序应反映元器件按此插装路线进行插件的顺序。

② 编带机编排插件料带。在编带机上，将编带程序输入编带机的控制计算机，编带机根据计算机发出的指令运行，并把编带机料架上放置的不同规格的元器件自动编排成以插装路线为顺序的料带。

编带过程中若发生组件掉落或不符合程序要求时，编带机的计算机自动监测系统会自动停止编带，纠正错误后编带机再继续运行，保证编出的料带质量完全符合编带程序要求。组件料带的编排速度由计算机控制，编排速度可达每小时25000个。电阻器料带如图7-6所示。

③ 自动插装过程。插件料带装在专用的传送带上，间歇地向前移动，每移动一次有一个元器件进到自动插装机装插头的夹具里，插装机自动完成切断引线、引线成形、移至基板、插入、弯

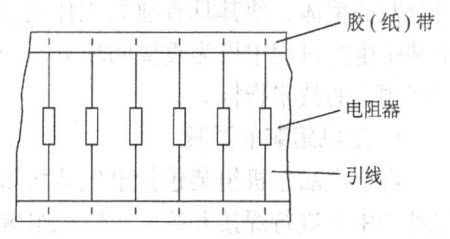

图7-6　电阻器料带

角等动作,随后发出插装完毕的信号,回到原来位置,准备装配第二个元器件。印制电路板基板由计算机控制自动传送到另一个装配工位,插装机完成第二个元器件的插装。当所有元器件插装完毕,印制电路板由传送带自动传送到下一个工序。

自动插装过程中,印制电路板的传递、插装、检测等工序,都是由计算机按程序进行控制的。自动插装工艺过程如图7-7所示。

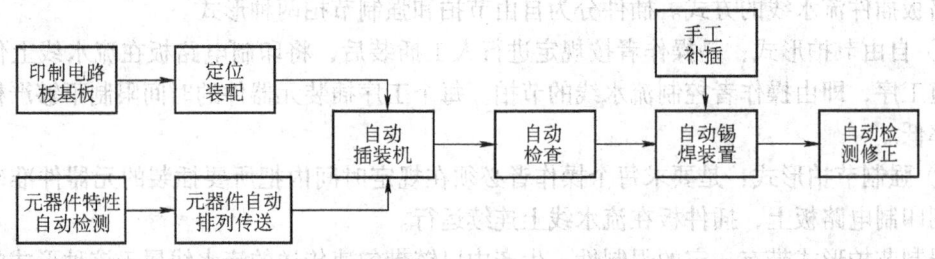

图7-7 自动插装工艺流程图

2) 自动插装对元器件的工艺要求

① 在进行自动插装时,最重要的是采用标准化元器件和尺寸。被插装元器件的外形和尺寸尽量简单、一致。

② 元器件的方向应易于识别,有互换性。

③ 被插装元器件的最佳方向应能确定。在自动插装中,为了使机器达到最大的有效插装速度,就要有一个最好的元器件排列,即要求元器件的排列沿着 x 轴或 y 轴取向,最佳设计要指定所有元器件只有一个轴上取向,最多排列在两个方向上。

④ 对于非标准化的元器件,或不适合自动插装的元器件,仍需要进行手工补插。

7.2.3 电子产品整机组装

整机组装是在各部件和组件安装检验合格的基础上进行整机装联,也称整机总装。整机装联包括机械装联和电气装联两部分。具体地说,就是将各元器件、部件、整件(如各机电器件、印制电路板、底座、面板以及在它们上面的元器件),按照设计要求,安装在整机不同的位置上,在结构上组合成一个整体,再用导线、插拔件等将元器件、部件、整件进行电气连接,形成一个具有一定功能的整机,以便进行整机调整和测试。

整机组装的装配方式以整机结构来分,可分为整机装配和组合件装配两种。整机是一个独立的整体,整机装配是把元器件、部件、整件通过各种连接方法安装在一起,组成一个不可分割的整体,使其具有独立工作的功能。如电视机、DVD机、示波器等。电子产品整机组装是生产过程中极为重要的环节,若组装工艺、工序不合理,就可能达不到产品的功能要求或预定的技术指标。

1. 整机组装的过程

电子产品整机组装包括电气装配和结构安装两大步,以电气装配为主,是以印制电路板组件为中心进行焊接和装配。整机组装的过程应根据产品的性能、用途和组装数量决定。工业化生产条件下,数量较大产品的组装过程是在流水线上进行的,以取得高效低耗、一致性好的结果。因设备的种类、规模不同,组装过程也有所不同,但基本过程大同小异。

电子产品整机组装的工艺过程一般包括:零部件的配套准备→零部件的装联→整机调试→

总装检验→包装→入库或出厂。整机装配的一般工艺过程如图 7-8 所示。

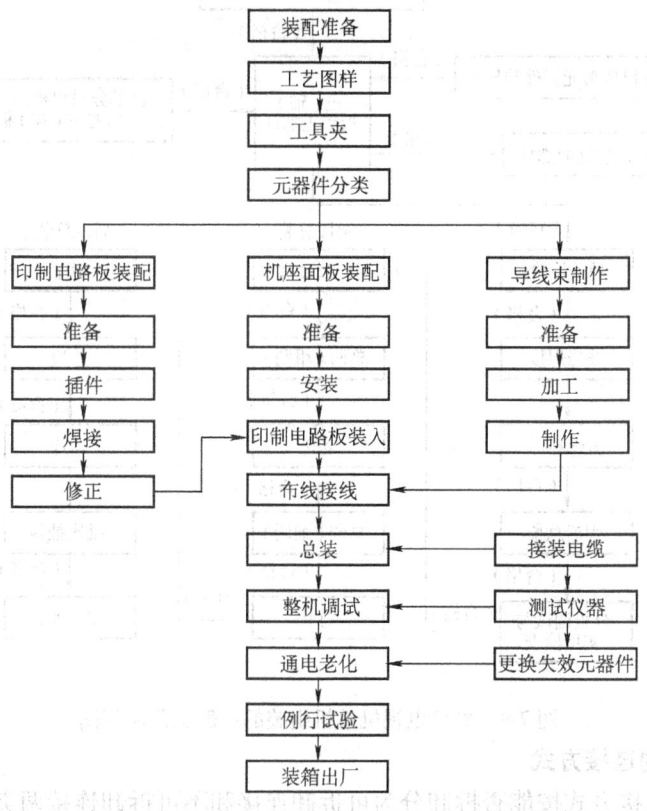

图 7-8　整机组装的一般工艺过程

（1）零部件的配套准备　在组装之前，应对装配过程中所有装配件（包括单元电路板）和紧固件等从配套数量和质量两个方面进行检查，并准备好整机装配与调试中的各种工艺文件、技术文件，以及装配所需的仪器设备。

（2）整机装联　整机装联是将单元功能电路板及其他零部件，通过各种连接工艺，安装在规定的位置上。在整机装联过程中，应注意各工序的检查，分段把好装配质量关，提高整机生产的一次合格率。

（3）整机调试　整机调试包括调整和测试两部分，各类电子产品整机在装配完成后，都要进行电路性能指标的初步调试，调试合格后再用面板、机壳等部件进行合拢总装。

（4）整机检验　整机检验应按照产品的技术文件要求进行，检验整机的各种电气性能、机械性能和外观等。通常有专职人员进行组装的各种零部件的检验，生产车间的工人进行工序间的互检和由专职检验员按比例对电子产品进行抽样综合检验。全部产品检验合格后，电子整机产品才能进行包装和入库。

（5）包装　包装是在电子整机产品组装过程中，对产品起保护和美化及促进销售的环节。电子整机产品的包装，通常着重于方便运输和储存两个方面。

（6）入库或出厂　合格的电子整机产品经过包装，就可以入库储存或出厂，直接运输到订购部门，完成整个组装过程。

彩色电视机整机组装的一般工艺流程如图 7-9 所示。

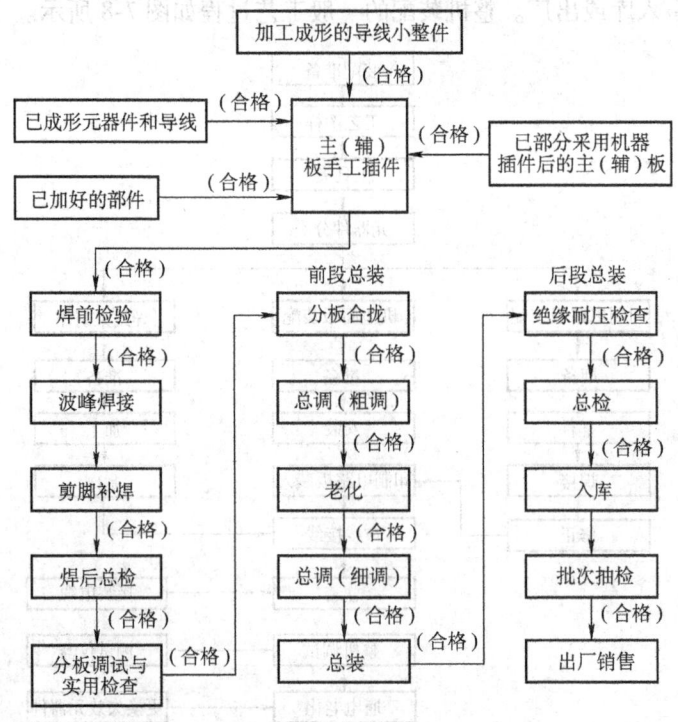

图 7-9　彩色电视机整机组装的一般工艺流程图

2. 整机组装的连接方式

整机组装的连接方式按能否拆卸分为可拆卸连接和不可拆卸连接两类。可拆卸连接，即拆散时不会损坏任何零部件或材料，如螺纹联接、销联接、夹紧和卡扣连接等。不可拆卸连接，即拆散时会损坏零部件或材料，如铆接、胶接等。

整机组装连接的基本要求是：牢固可靠，有足够的机械强度；不损伤元器件、零部件或材料；不碰伤面板、机壳表面的涂敷层；不破坏元器件和整机的绝缘性；安装件的方向、位置、极性正确；产品的各项性能指标稳定。

除了焊接之外，电子整机产品组装过程中，还有压接、绕接、胶接、螺纹联接等连接方式。这些连接中，有的是可拆卸的，有的是不可拆卸的。

（1）压接　压接是使用专用工具，在常温下对导线和接线端子施加足够的压力，使导线和接线端子产生塑性变形，从而达到可靠电气连接的方法。

压接技术的主要特点：

1）工艺简单，操作方便，无人员的限制。
2）压接点的接触面积较大，使用寿命长。
3）耐高温和低温，适应各种环境场合，且维修方便。
4）成本低，无污染，无公害。

缺点是压接点的接触电阻较大，因而压接处的电气损耗大；再就是因施力不同而造成质量不够稳定。

压接工具有手动压接工具、气动压接工具和电动压接工具等自动压接工具。常用的手动压接工具是压接钳。手动压接示意图如图 7-10 所示。

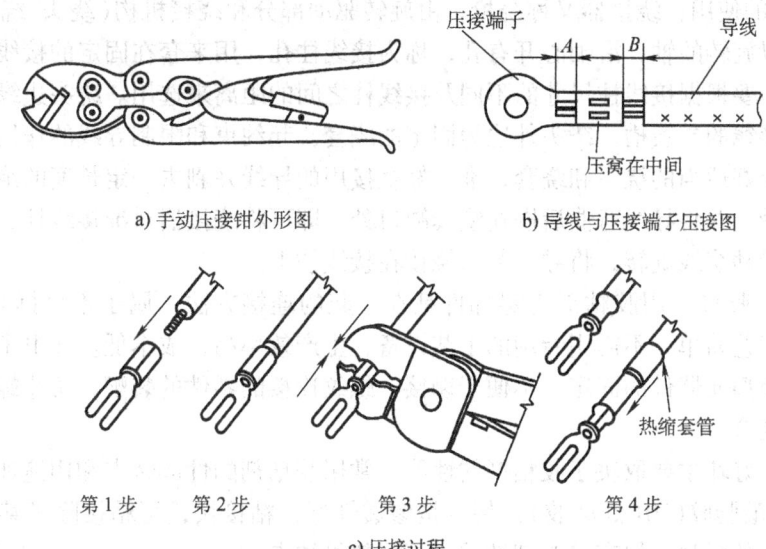

图 7-10 手动压接示意图

（2）绕接　绕接是用绕接器将一定长度的单股芯线高速地绕到带棱边的接线柱上，形成牢固的电气连接的方法。绕接属于压力连接。绕接时，导线以一定的压力同接线柱的棱边相互摩擦挤压，使两个金属接触面的氧化层被破坏，金属间的温度升高，从而使金属导线和接线柱之间紧密地结合，形成连接的合金层。绕接点要求导线紧密排列，不得有重绕、断绕的现象，如图 7-11 所示。

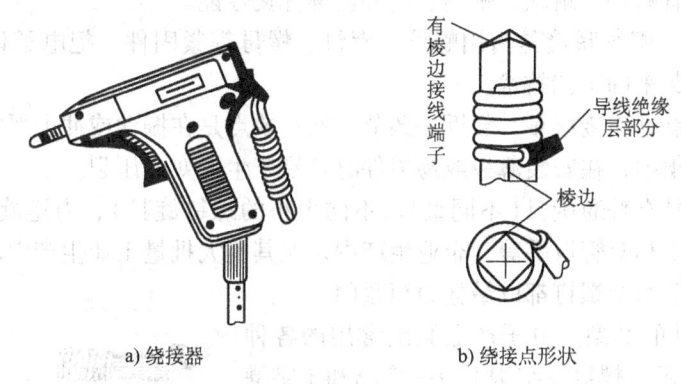

图 7-11 绕接示意图

1）绕接的特点：

① 接触电阻小，只有 $1m\Omega$。

② 抗振能力比锡焊强，可靠性高，工作寿命长。

③ 不存在虚焊及助焊剂腐蚀的问题，无污染。

④ 绕接无需加温，因而不会产生热损伤。

⑤ 操作简单，对操作者的技能要求低，易于熟练掌握，成本低。

缺点是对接线柱有特殊要求，且走线方向受到限制；多股线不能绕接，单股线剥头比较长，又容易折断。

2）绕接器的使用：绕接器又称绕枪，由旋转驱动部分和绕接机构（绕头、绕套等）组成。绕头是一个可以旋转的轴，沿轴心开有孔，称为接线柱孔，用来套在固定的接线柱上。绕头有不同的规格，要根据接线柱尺寸的不同及接线柱之间的距离来选用。绕头边缘上有一个较长的用以容纳导线的导线槽，绕头外边为固定的绕套，起约束和限制导线的作用。绕接操作非常简单，选择好适当的绕头和绕套，准备好绕接用的导线并剥去一定长度的绝缘外皮，将导线插入导线槽，并将导线弯曲后嵌在绕套缺口处，即可将绕接器对准接线柱，开动绕线驱动机构，绕头带动绕线旋转，将导线紧密绕接在接线柱上。

（3）胶接　胶接是用胶粘剂将零部件粘在一起的连接方法，属于不可拆卸连接方式。胶接的优点是工艺简单，不需用专用的工艺设备，生产效率高，成本低。在电子产品的装联中，广泛用于小型元器件的固定，不便于铆接、螺纹连接的零件的装配，防止螺纹松动和有气密性要求的场合。

胶接质量的好坏主要取决于胶粘剂的性能。常用胶粘剂的性能特点和用途如下：

1）聚丙烯酸脂胶（501、502胶）：特点是渗透性好，粘接快，可粘接除了某些合成橡胶以外的几乎所有的材料；但有接头韧性差、不耐热等缺点。

2）聚氯乙烯胶：用四氢呋喃作溶剂，并和聚氯乙烯材料配置而成的有毒、易燃的胶粘剂。用于塑料与金属、塑料与木材、塑料与塑料的胶接。特点是固化快，不需加压、加热。

3）222厌氧性密封胶：是以甲基丙烯脂为主的胶粘剂，低强度胶，用于需拆卸零部件的锁紧和密封。特点是渗透性好，定位固连速度快，有一定的胶接力和密封性，拆除后不影响胶接件原有的性能。

4）环氧树脂胶（911、913胶）：以环氧树脂为主，加入填充剂配置而成的胶粘剂。特点是粘结范围广，具有耐热、耐碱、耐潮、耐冲击等优良性能。

（4）螺纹联接　螺纹联接是指用螺栓、螺钉、螺母等紧固件，把电子设备中的各种零部件或元器件连接起来的工艺技术。

螺纹联接的优点是连接可靠，装拆、调节方便；缺点是在振动或冲击严重的情况下，螺纹容易松动；用力集中，在安装薄板或易损件时容易产生形变或压裂。

螺纹联接的工具有普通旋具（不同型号、不同大小的螺钉旋具）、力矩旋具、固定扳手、活动扳手、力矩扳手和套管扳手等。企业生产中，尤其是大批量工业生产中均使用电动或气动紧固工具，以保证每个螺钉都以最佳力矩紧固。

1）常用紧固件的类型。电子产品装配常用的各种紧固件如图7-12所示。螺钉在结构上有一字槽和十字槽两种。十字槽对称性好，安装时旋具不易滑出，得到广泛使用。一字槽沉头螺钉可使螺钉与安装平面保持同高，且使连接件准确定位。自攻螺钉不需要在连接件上攻螺纹，适用于薄铁板与塑料件之间的连接。弹簧垫圈的作用是防止螺钉松动。

2）螺纹的连接方式

① 螺栓联接：用于连接两个或两个以上的被接插件。这种方式需要螺栓与螺母配合使用，才能起到连接作用。被连接件不需要有内螺纹。

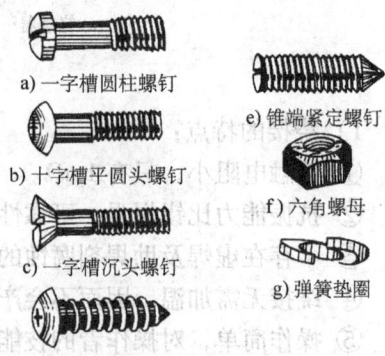

a）一字槽圆柱螺钉
b）十字槽平圆头螺钉
c）一字槽沉头螺钉
d）十字槽平圆头自攻螺钉
e）锥端紧定螺钉
f）六角螺母
g）弹簧垫圈

图7-12　部分常用紧固件示意图

② 螺钉联接：这种连接方式必须先在被接插件之一上制出螺纹孔，然后从没有螺纹孔的一端插入进行连接。一般用于无法放置螺母的场合。

③ 双头螺栓联接：将螺栓插入被连接体，用螺母固定。这种连接方式主要用于厚板零部件的连接，或用于需要经常拆卸、螺纹孔易损坏的连接场合。

④ 紧定螺钉联接：螺钉通过第一个零件的螺纹孔后，顶紧已调好部位的另一个零件，以固定两个零件的相对位置。这种连接方式主要用于各种旋钮和轴柄的固定。

3) 螺钉的紧固顺序。紧固(拆卸)顺序应遵循的原则是：交叉对称，分步拧紧(拆卸)，如图 7-13 所示。

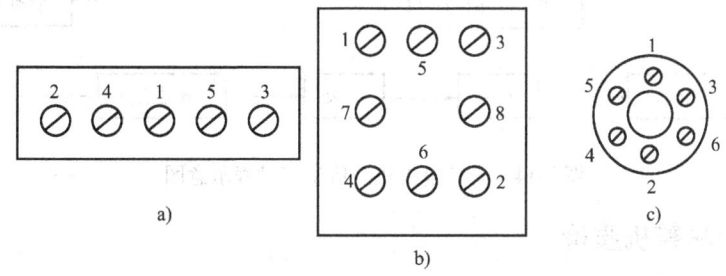

图 7-13 紧固(拆卸)螺钉顺序示意图

3. 整机总装

总装是把半成品装配成合格产品的过程，是电子产品生产过程中一个极其重要的环节。

(1) 总装的顺序　整机总装的顺序一般遵循的工艺原则是：先轻后重、先小后大、先铆后装、先里后外、先低后高、易碎后装、上道工序不影响下道工序的安装。

(2) 总装的基本要求

1) 总装的有关零部件或组件必须经过调试、检验，检验合格的装配件必须保持清洁。

2) 总装过程中要应用合理的安装工艺，采用经济、高效、先进的装配技术，使产品符合图样和工艺文件的要求。

3) 严格遵守总装的顺序要求，注意前后工序的衔接，使操作者感到方便、省力和省时。

4) 总装过程中不损伤元器件和零部件，不破坏整机的绝缘性；保证产品的电气性能稳定、有足够的机械强度和稳定度。

5) 严格执行自检、互检与专职检验的"三检"原则。

(3) 整机总装的流水作业法　总装过程中要根据整机的结构情况、生产规模和工艺装备等，采用合理的总装工艺，使产品在功能、技术指标等方面满足设计要求。整机总装是在装配车间(亦称总装车间)完成的。对于批量生产的电子整机产品，目前大都采用流水作业法(又称流水线生产方式)。

1) 流水作业法的过程。流水作业法是指把电子整机产品的装联、调试等工作划分成若干简单的操作项目，每位操作者完成各自负责的操作项目，并按规定顺序把机件传输到下一道工序，形似流水般不停地自首至尾逐步地完成整机总装的生产作业法。

2) 流水作业法的特点。在流水线上，每位操作者都必须在规定的时间内完成指定的操作内容，所操作的时间为流水节拍，它是工艺技术人员根据该产品每天在生产流水线上的产量与工作时间的比例来制定每一个工位操作任务的依据。

彩色电视机一般生产过程如图7-14所示。

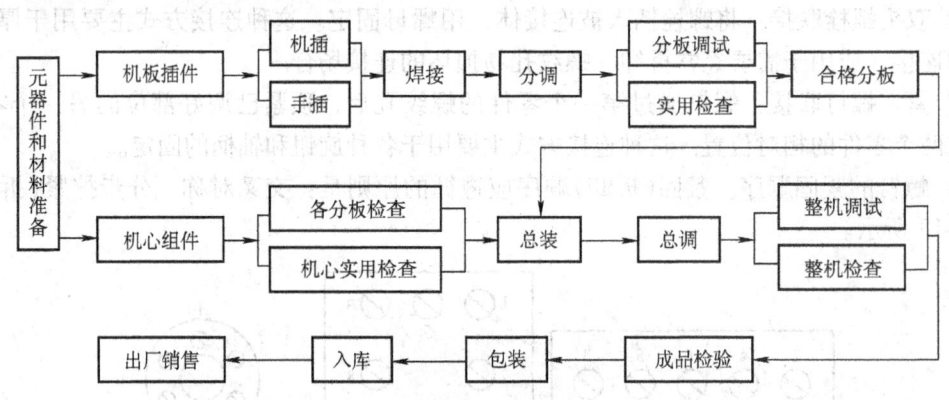

图7-14 彩色电视机一般生产过程示意图

7.2.4 电子产品整机质检

产品的质量检查，是保证产品质量的重要手段。电子产品整机组装完成后，按配套的工艺和技术文件的要求进行质量检查。

检验工作应始终坚持自检、互检、专职检验的"三检"原则。先自检，再互检，最后由专职检验人员检验。

整机的质量检查包括外观检查、装联的正确性检查、安全性检查和型式试验等几个方面。

1. 外观检查

装配好的整机，应该有可靠的总体结构和牢固的机箱外壳；整机表面无损伤，涂层无划痕、脱落，金属结构无开裂、脱焊现象，导线无损伤，元器件安装牢固且符合产品设计文件的规定；整机的活动部分活动自如；机内无多余物。

2. 装联的正确性检查（电路检查）

装联的正确性检查主要是指对整机电气性能方面的检查。检查各装配件（印制电路板、电气连接线）是否安装正确，是否符合电路原理图和接线图的要求，导电性能是否良好等。通常用万用表欧姆档对各检查点进行检查。批量生产时，可根据预先编好的电路检查程序表，对照电路图进行检查。

3. 安全性检查

电子产品的安全性检查主要有两个方面，即绝缘电阻和绝缘强度。

（1）绝缘电阻的检查 整机的绝缘电阻是指电路的导电部分与整机外壳之间的电阻值。在相对湿度不大于80%、温度为25℃±5℃的条件下，绝缘电阻应不小于10MΩ；在相对湿度为25%±5%、温度为25℃±5℃的条件下，绝缘电阻应不小于2MΩ。一般使用绝缘电阻表测量整机的绝缘电阻。

（2）绝缘强度的检查 整机的绝缘强度是指电路的导电部分与整机外壳之间所能承受的外加电压的大小。一般要求电子设备的耐压应大于电子设备最高工作电压的两倍以上。

4. 型式试验

型式试验是对产品的全面考核，包括产品的性能指标，对环境条件的适应度，工作的稳定性等。试验项目有高低温、高湿度循环使用和存放试验、振动实验、跌落试验、运输试验等，对产品有一定的破坏性，一般在新产品试制定型，或客户认为有必要时进行抽样试验。

7.3 任务实施

7.3.1 整机装配的工艺设计

DT-830B 数字万用表由机壳塑料件（包括前后盖和旋钮）、印制电路板部件（包括插口）、液晶屏及表笔等组成，整机装配应先从电路板组装开始，然后进行整机组装。组装是否成功的关键是装配印制电路板部件，整机装配工艺流程如图 7-15 所示。

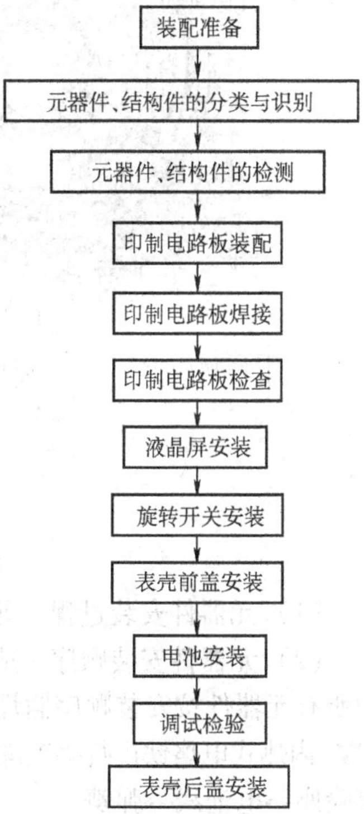

7.3.2 元器件的检测与准备

1. 元器件、结构件的分类与识别

按照 DT-830B 数字万用表的"元器件装配清单"中列出的元器件、结构件，对元器件和结构件进行分类和识别。

1）元器件的分类与识别。电阻器类 23 只，电容器类 6 只，电感器类 1 只，二极管类 1 只，晶体管类 1 只，液晶屏 1 块，导电胶条 1 条，保险管 1 只，电池 1 块。

2）结构件的分类与识别。印制电路板 1 块（集成电路已绑定好），保险管卡 2 只，电池扣 1 个，晶体管插座 1 只，表笔插管 3 只，五金配件钢珠 2 只，五金配件弹簧 2 只，V 形弹片 6 只，螺钉 7 只，EVA 单面胶垫 1 只，表笔 1 套，前后面壳各 1 个，旋钮 1 个，电池盖 1 个。

2. 元器件、结构件的检测

1）元器件的检测。利用万用表等测量仪器完成对元器件的检测，具体方法参阅第 1 章内容。

2）结构件的检测。除印制电路板的印制导线可通过万用表对其通断进行检测之外，其余各结构件只能用肉眼直观检查。

图 7-15　DT-830B 数字万用表整机装配工艺流程图

7.3.3 电路板的装配焊接

按照给出的 DT-830B 数字万用表印制电路板和元器件分布图，对照"元器件装配清单"进行元器件装配焊接。DT-830B 数字万用表印制板图如图 7-16 所示。

DT-830B 数字万用表印制电路板是一块双面板，双面板的 A 面是焊接面，中间环形印制铜导线是万用表的功能和量程转换开关电路部分，这部分在装配时需要加以保护，不得划伤或有污渍。

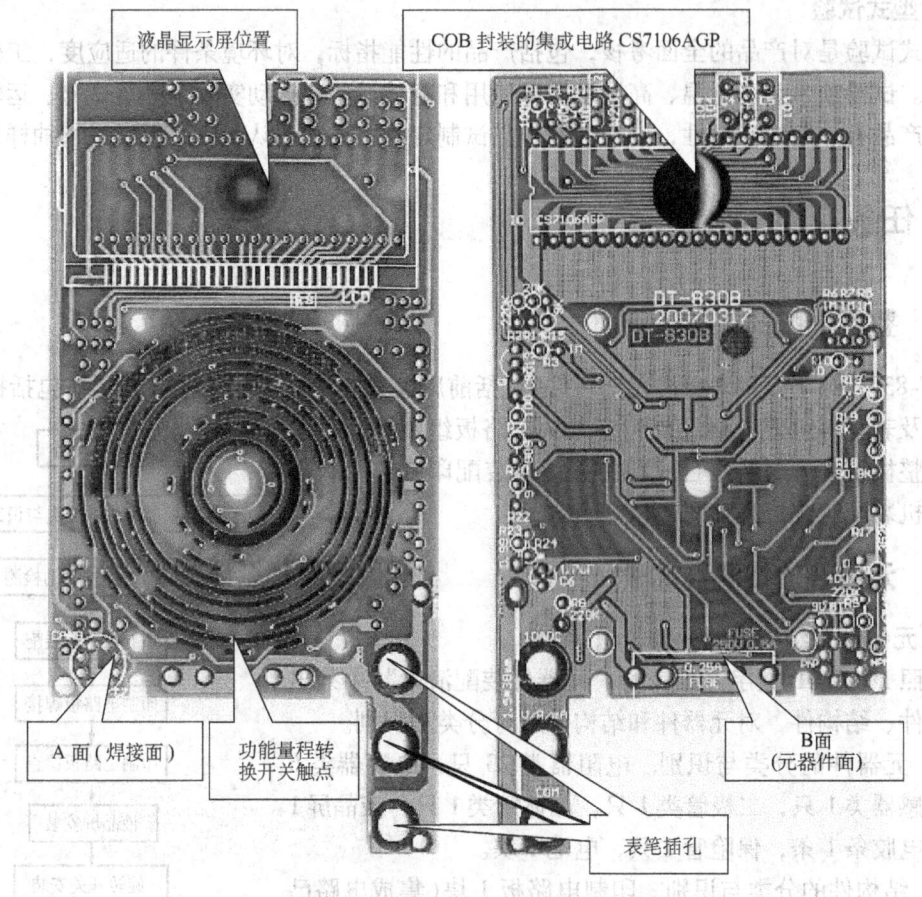

图7-16 DT-830B数字万用表印制板图

（1）元器件安装过程　元器件引线成形→元器件插装→元器件引线焊接。

（2）元器件安装顺序　应从小到大，从低到高，将DT-830B数字万用表元器件清单上的所有元器件按安装顺序插焊到印制电路板的相应位置上。采用手工独立插装方式，并采用20W内热式电烙铁进行手工焊接。安装顺序为电阻器→二极管→电容器→晶体管→电感器→保险座→电池线→弹簧。

（3）元器件安装步骤

1）安装电阻器、二极管和电容器。安装电阻器、电容器、二极管时，如果安装孔距较大，宜采用卧式安装（如R13、R16、R17），如果孔距器较小，则采用立式安装（如R8、R9、R18等）。一般的片状电容器宜采用立式安装，电解电容器、二极管、晶体管宜采用立式安装，安装时注意极性。

2）安装电位器、晶体管插座。晶体管插座安装在A面而且应使定位凸点与外壳对准，要注意安装方向，在B面焊接。

3）安装保险座、电感器、弹簧。这些件的焊点较大，注意预焊和焊接的时间。电感器的安装高度不要超过7mm。

4）安装电池线。电池线由A面（焊接面）晶体管插座旁边的孔穿过到B面（元器件面），再插入焊孔，在A面进行焊接。红线接"+"，黑线接"-"。

7.3.4 整机装配

1. 液晶屏组件的安装

液晶屏组件由液晶屏、导电胶条和 EVA 单面胶垫组成。液晶屏的镜面为正面，用来显示字符，白色面为背面，在两个透明条上可见条状的引线为引出电极，通过导电胶条与印制电路板上镀金的印制导线实现电气连接。由于这种连接靠表面接触导电，因此导电面若被污染或接触不良都会引起电路故障，表现为显示缺笔划或显示乱字符，所以在进行安装时，务必要保持清洁并仔细对准引线位置。EVA 胶垫是用来固定液晶屏和导电胶条的。

安装时，将万用表前壳平面向下置于桌面，从旋钮圆孔两边垫起约 5mm。将液晶屏放入窗口内，白面向上，方向标记在右方。用镊子（不要用手拿）把导电胶条放入液晶屏 PIN 脚处，注意保持导电胶条的

图 7-17 安装液晶屏和导电胶条

清洁。再用 EVA 胶垫紧靠导电胶条贴在液晶屏上，固定住导电胶条，如图 7-17 所示。

2. 转换开关的安装

转换开关由塑壳和簧片组成，要使用镊子将 V 形簧片装到塑壳旋钮内，注意两个簧片的位置是不对称的。弹簧易变形，因此用力要轻。

装完簧片后把旋钮翻面，经两个小弹簧沾少许凡士林放入旋钮两圆孔，再把两个小钢珠放在合适的位置上。

将装好弹簧的旋钮按正确方向放入表壳。小弹簧和 V 形簧片的安装如图 7-18 所示。

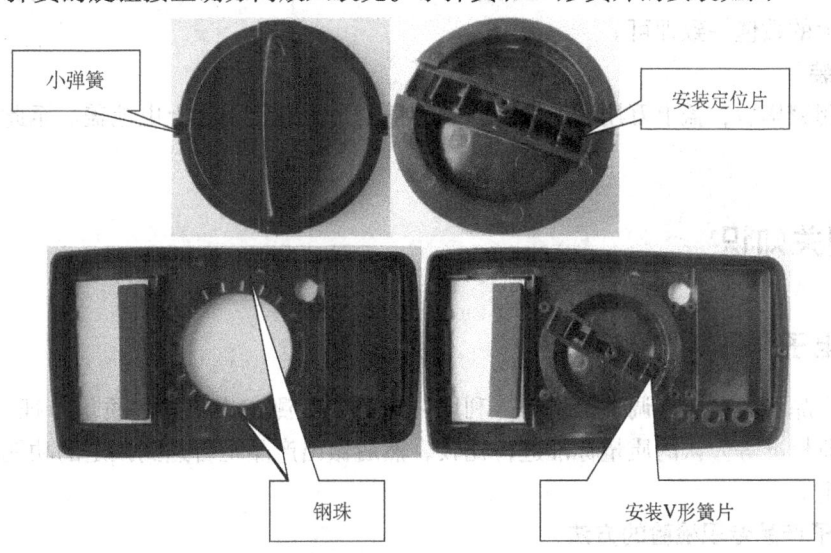

图 7-18 小弹簧和 V 形簧片的安装图

3. 固定印制电路板及安装其他部件

1）将印制电路板对准位置，B 面朝上装入表前壳，注意要对准螺孔和转换开关轴的定

位孔，并用四个螺钉紧固好。

2）装上保险管和电池，转动旋钮，液晶屏应正常显示。装好印制电路板和电池的表体如图7-19所示。

4. 校准检验

数字万用表的功能和性能指标由集成电路的指标和合理选择外围元器件得到保证，只要安装无误，仅作简单调整即可达到设计指标。

以集成电路 GS7106AGP 为核心构成的数字万用表的基本量程为 200mV 档，其他量程和功能均为基本量程通过相应转

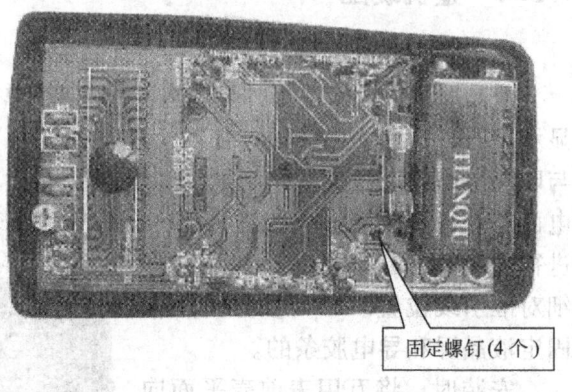

图7-19 装好印制电路板和电池的表体

换电路得到。故校准时只需对参考电压 100mV 进行校准即可保证基本精度。其他功能和量程的准确度由相应元器件的精度和正确安装与否来保证。

具体校准操作：在装万用表后盖前将转换开关置于 200mV 电压档，注意此时固定转换开关的四个螺钉还有两个未装，转动开关时应按住保险管座附近的印制电路板，防止在开关转动时将滚珠滑出。

将红、黑表笔分别插入面板上的"VΩ"和"COM"孔内，测量集成电路第35脚和第36脚之间的基准电压，具体操作时可将表笔接到电阻 R2 和 R11 引线上测量，调节表内的电位器 R12（W201），使万用表显示为 100mV 即可。

也可采用另一种校准方法：在装万用表的后盖前，将转换开关置于 2V 电压档（注意防止开关转动时将滚珠滑出），此时，用待校准表和另一个已校准好的或4位半以上的数字万用表测量同一个电压值（例如测量直流稳压电源的电压），仔细调节表内的电位器 R12，使两块表显示的数值一致即可。

5. 总装

在检测完毕后，盖上万用表后盖，安装后盖的三个螺钉，合上电池盖。至此，整机装配完毕。

7.4 相关知识

7.4.1 电子产品专职检验工艺

电子产品经过总装、调试合格后，利用一定的手段测定出产品的质量特征，并与国标、部标、企业标准等公认的质量标准进行比较，然后做出产品是否达到预定的功能要求和技术指标的判定。

1. 电子产品专职检验的方法

电子产品专职检验分为全数检验和抽样检验。

（1）全数检验　简称全检，是对产品进行 100% 的逐个检验。全检后的产品可靠性高，但消耗的人力、物力大，造成生产成本的增加。因此，一般的电子产品不需要进行全数检

验，只对可靠性要求特别高的产品（如军工、航天产品等）、试制品及在生产条件、生产工艺改变后生产的部分产品进行全数检验。

（2）抽样检验 简称抽检，是根据数理统计的原则所预先制订的方案，从待检验产品中抽取部分样品检验，根据部分样品的检验结果，按照抽样方案确定的判断规则，判定整批产品的质量水平，从而得出该产品是否合格的结论。在电子产品的批量生产过程中，不可能也没有必要对生产出的产品都采用全数检验，故抽样检验是目前生产中广泛采用的一种检验方法。抽样检验应在产品成熟、定型、工艺规范、设备稳定、工装可靠的前提下进行。

2. 电子产品专职检验的内容

电子产品专职检验的内容主要包括直观检验、功能检验和主要性能指标测试等。

（1）直观检验 产品是否整洁；板面、机壳表面的涂覆层及装饰件、标志、铭牌等是否齐全，有无损伤；产品的各种连接装置是否完好；各金属件有无锈斑；结构件有无变形、断裂；表面丝印、字迹是否完整、清晰；量程是否符合要求；转动机构是否灵活；控制开关是否操作正常、到位等。

（2）功能检验 是对产品设计所要求的各项功能进行检查。不同的产品有不同的检验内容和要求，例如对电视机应检验节目选择、图像质量、亮度、颜色及伴音等功能。

（3）主要性能指标测试 指通过使用符合规定精度的仪器和设备，测试产品的技术指标，判断产品是否达到国家或行业技术标准。现行国家标准规定了各种电子产品的基本参数及测量方法，检验时一般只对如安全性能、通用性能、使用性能等主要性能指标进行测试。

3. 电子产品专职例行试验

例行试验是为了全面了解产品的特殊性能，对于定型产品或长期生产的产品所进行的试验。为了能如实反映产品质量，达到例行试验的目的，试验的样品应在检验合格的整机中随机抽取。例行试验包括环境试验和寿命试验。

（1）环境试验 环境试验是一种检验产品适应环境能力的方法，是评价、分析环境对产品性能影响的试验，通常在产品可能遇到的各种自然条件下进行。环境试验的项目是从实际环境中抽象、概括出来的。因此，可以是模拟一种环境因素的单一试验，也可以是同时模拟多种环境因素的综合试验。环境试验的内容包括机械试验、气候试验、运输试验和特殊试验。

1）机械试验是检验电子产品内部元器件的电气参数对振动、冲击、离心加速度以及碰撞、摇摆、静力负荷、爆炸等机械力的作用的抵抗能力，包括振动试验、冲击试验、离心加速度试验等项目。

2）气候试验是用来检查产品在设计、工艺、结构上所采取的防止或减弱恶劣气候环境条件对原材料、元器件和整机参数影响的措施，包括高温试验、低温试验、温度循环试验、潮湿试验和低气压试验等项目。

3）运输试验是检验产品对包装、储存、运输环境条件的适应能力，可在运输试验台上进行，也可直接以行车试验作为运输试验。通过运输试验测试产品的主要技术指标是否符合整机技术条件。

4）特殊试验是检查产品适应特殊工作环境的能力，包括烟雾试验、防尘试验、抗霉菌试验和抗辐射试验等。特殊试验只对一些在特殊环境条件下使用的产品或按用户的特殊要求进行的试验。

(2) 寿命试验　寿命试验是考察产品寿命规律性的试验，是产品最后阶段的试验。它是在规定条件下，模拟产品实际工作状态和储存状态，投入一定样品进行的试验。试验中要记录样品失效的时间，并对这些失效时间进行统计分析，以评估产品的可靠性、失效率、平均寿命等参数。寿命试验分为工作寿命试验和储存寿命试验两种。因储存寿命试验时间太长，故通常采用工作寿命试验，即功率老化试验。

7.4.2 电子产品包装工艺

对于进入流通领域中的电子产品来说，包装是必不可少的一道工序，是产品生产过程中的重要组成部分。包装是为了在物流运输、储存和装卸等流通过程中避免机械物理损伤，确保其质量而对部件或成品进行的合理打包。一方面起保护产品的作用，另一方面起促销产品、宣传企业的作用。

1. 电子产品包装要求

（1）对电子产品本身的要求　在进行产品包装前，应按照有关规定对产品进行外表面处理，如消除油污、指印、汗渍等。在包装过程中保证机壳、荧光屏、旋钮、装饰件等部分不被损伤或污染。

（2）电子产品的防护要求　合适的包装应能承受一定的挤压和冲击，外包装的强度要与内装产品相适应；应具有足够的缓冲能力，要合理压缩包装体积，应考虑到产品的特点及对产品质量和销售的影响，还要考虑是否便于集装箱运输；要具备防尘功能，进行整体防尘；还要有防湿条件，必要时进行防潮处理；还要有防静电、防高温措施。

（3）电子产品的装箱要求　装箱时应清除包装箱内的异物和尘土，装入箱内的产品不得倒置，装入箱内的产品、附件、衬垫以及使用说明书、装箱明细表、装箱单等内装物必须齐全。装入箱内的产品、附件和衬垫不得在箱内任意移动。

2. 电子产品包装技术措施

（1）防振包装工艺　电子产品包装就是要达到最大限度地保护产品的目的，防振包装是最基本的技术措施。防振包装又称为缓冲包装，缓冲包装的主要材料包括蜂窝纸板、护角纸板、瓦楞纸板、塑料泡沫、气泡薄膜、皱纹纸等。电子产品缓冲包装一般是在瓦楞纸箱、纸盒的基础上，在内包装增加塑料泡沫、气泡薄膜或瓦楞垫片等缓冲材料，达到防振的目的。

电子产品的防振包装分为外包装和内包装两种：

1）外包装。它是保护产品免受损坏的有效方法，最典型和最常用的外包装是瓦楞纸箱，部分大而重的产品采用蜂窝纸板包装箱或木箱。

木箱用材主要有木材（红松、白松、落叶松、马尾松等）、胶合板、纤维板、刨花板等，用来包装体积大、笨重或存放时间长、运输路途远的产品，要求含水量在20%以下。由于木材为国家紧缺资源，同时受绿色生态环保限制，因此，木箱包装在现代化产品包装中已日趋减少。外包装的缓冲材料宜选择密度为$(20\sim30)\,kg/m^3$，压缩强度（压缩50%时）大于或等于$2.0\times10^5 Pa$的聚苯乙烯泡沫塑料。衬垫结构一般以成形衬垫结构形式对电子产品进行局部缓冲包装，有助于增强包装箱的抗压性能，有利于保护产品的凸出部分和脆弱部分。若在一个外包装中装有若干小包装，则在外包装中应使产品振动时应力分散；棱边应有垫条、垫块、垫片等保护；在外包装箱内填充碎纸屑、碎泡沫等缓冲。缓冲材料要填满包装箱，不留空隙，可以减少晃动，提高防潮、防振效果。

2) 内包装。它提供内装物的固定和缓冲，有多种内包装材料及方法。

① 发泡塑料。传统缓冲包装材料质量轻、保护性能好、适用范围广，可以根据产品形状预制成相应的缓冲模块，应用起来十分方便。目前，电子产品包装材料以 EPS 和 EPE 为主。EPE 是目前国际上比较认可的环保材料，主要用于易碎品的包装，成本比较高。EPS 可以模塑成形，因此成本很低，但是回收率太低，不太环保。

② 气垫薄膜。也称气泡薄膜，是在两层塑料薄膜之间采用特殊的方法封入空气，使薄膜之间连续均匀地形成气泡。气泡薄膜对于轻型物品能提供很好的保护效果。作为软性缓冲材料，气泡薄膜可被剪成各种规格，可以包装几乎任何形状或大小的产品。

③ 包装纸盒。一般用于包装体积较小、重量较轻的产品（如家用电器、印制电路板等）。纸盒的材料有单芯、双芯瓦楞纸板和硬纸板。纸盒的含水率小于 12%。使用瓦楞纸箱轻便牢固、弹性好，运输费用、包装费用低，材料利用率高，便于实现现代化包装。

(2) 防潮包装工艺　电子产品的防潮包装，可选用性能稳定、机械强度大、透湿率小的有机塑料薄膜、有机塑料袋、发泡塑料纸等与产品外表面不发生化学反应的材料，为了使包装内空气干燥，可以使用硅胶等吸湿干燥剂。

(3) 防静电包装工艺　对静电比较敏感的电子产品采用防静电屏蔽袋进行包装，采用防静电屏蔽袋包装后，能有效抑制静电的产生，可防止静电释放给电子产品带来的损害。防静电屏蔽袋的原理是多层复合结构形成效应，以保护袋内物品与静电场隔离。防静电屏蔽袋的里层由聚乙烯组成，可以防止在袋内产生静电。

(4) 防热包装工艺　电子产品的防热包装可采用铝箔纸材料，铝箔纸能起反辐射隔热作用，抵抗外界热能的传导，并具有良好的防潮功能。还可以在包装上涂布丙烯酸纳米微乳液制成的水性热反应隔热涂料，这种涂料能有效反射红外线，减少包装材料对热能的吸收，并具有防腐、防水功能。

3. 电子产品整机包装工艺

电子产品经整机组装、调试、检验合格后，就进入了最后一道工序——包装。在包装工序中，每个工位的操作内容、方法、步骤、注意事项、所用辅助材料、工装设备等都做了详细规定，操作者只需按包装工艺指导卡进行操作即可。

现以彩色电视机的流水线生产方式为例，说明电子产品的整机包装工艺过程。

共安排 8 个工位来完成整机包装操作，其包装工艺流程如图 7-20 所示。在将包装用的纸箱、封箱钉、胶带等准备好后，8 个工位的操作内容如下：

1) 将产品说明书、合格证、维修点地址簿、三联保修卡、用户意见书装入胶袋中，用胶纸封口。

2) 分别将串号条形码标签贴在随机卡、后壳和保修卡（两张）上；用透明胶纸把三联保修卡贴在电视机的后上方；将电源线折弯理好装入胶袋，用透明胶纸封口，摆放在工装板上。

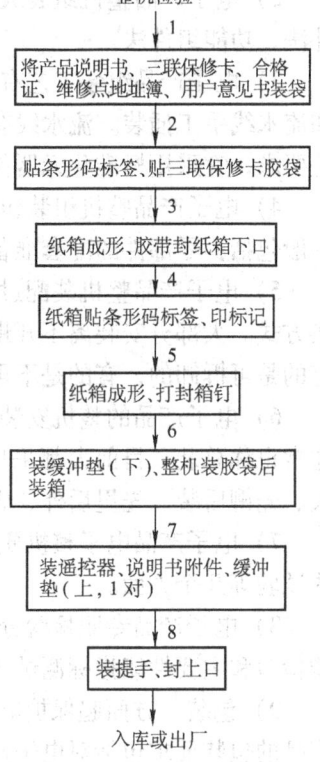

图 7-20　彩色电视机包装工艺流程

3）将下包装纸箱成形；用胶纸封贴四个接口边；将其放在送箱的拉体上。

4）取上包装纸箱；在指定位置贴上串号条形码标签；用印台打印生产日期，整机颜色栏用印章打印。

5）将上包装纸箱成形；在上部两边用打钉机各打一颗封箱钉；将其放在送箱的拉体上。

6）将下缓冲垫放入下纸箱内；将胶袋放入纸箱上；自动吊机；将胶袋打开扶整机入箱后，封好胶袋。

7）将上缓冲垫按左右方向放在电视机上；将配套遥控器放入缓冲垫指定位置，并用胶纸贴牢；将附件袋放入电视机下面，并盖好纸板。

8）将上纸箱套入包装整机的下纸箱上；将四个提手分别装入纸箱两边指定位置；将箱体送入自动封胶机封胶带。

最后，将已包装好的产品搬运到物料区放好，等待入库或出厂。

7.5 任务总结

1）电子产品整机组装是指将组成整机的各种电子元器件、组件、机电元件以及结构件，按照设计要求，在规定的位置上进行装配、连接，组成具有一定功能的完整的电子产品的过程。

2）电子产品整机组装级别分为元件级、插件级和系统级组装。组装方法有功能法、组件法、功能组件法。

3）电子产品组装工艺有手工装配方式和自动装配方式。手工装配方式分手工独立插装和流水线手工插装。流水线有自由节拍和强制节拍两种形式。自动装配对元器件有一定的工艺要求，宜采用标准化元器件和尺寸，被装配的元器件的外形和尺寸尽量简单、一致。

4）电子产品整机组装包括机械装联和电气装联两部分，电子产品的整机组装工艺过程一般包括：零部件的配套准备→零部件的装联→整机调试→总装检验→包装→入库或出厂。

5）电子产品整机装配过程中，除了焊接之外，还有压接、绕接、胶接、螺纹联接等连接方式。大部分安装离不开螺钉紧固，也有些零部件仅需要简单的插接即可。这些连接中，有的是可拆卸的，有的是不可拆卸的。

6）电子产品的整机安装是指在各部件和组件安装检验合格的基础上，进行整机装联，通常也称总装。目前大都采用流水作业法。电子产品整机总装的顺序是先轻后重、先小后大、先铆后装、先里后外、先低后高、易碎后装、上道工序不影响下道工序的安装。

7）电子产品电子整机质量的检查包括外观检查、装联的正确性检查、安全性检查和型式试验等几个方面。

8）电子产品专职检验分为全数检验和抽样检验。专职检验内容主要包括直观检验、功能检验和主要性能指标测试等。例行试验包括环境试验和寿命试验。

9）包装一方面起保护电子产品的作用，另一方面起促销产品、宣传企业的作用。电子产品的包装要求包括对电子产品本身的要求、电子产品的防护要求、电子产品的装箱要求。

10）电子产品包装技术措施包括防振、防潮、防静电、防热，包装工艺技术材料有瓦楞纸箱、木箱、纸板包装箱、缓冲材（塑料泡沫、气泡薄膜、皱纹纸等）、防潮材料、防静电、防热材料。

7.6 练习与巩固

1. 电子产品组装的内容和特点是什么？整机装配的方法有哪些？
2. 什么是电子产品的总装？电子产品整机总装的基本要求有哪些？
3. 电子产品整机组装的工艺过程大致可分为哪几个阶段？
4. 生产流水线有什么特征？什么是流水节拍？设置流水节拍有何意义？
5. 整机组装过程中常用的连接方式有哪些？各自有何特点？
6. 元器件安装有哪些技术要求？
7. 元器件安装的形式有哪些？各自适用于何场合？
8. 总装的质量检查应坚持哪"三检"原则？应从哪几方面检查总装的质量？
9. 包装的作用及包装要求是什么？
10. 包装的种类有哪些？结合实际简述包装的一般工艺流程。

第8章 电子产品的调试工艺

8.1 任务驱动：调幅收音机的调试

8.1.1 任务描述

电子产品装配完成之后，必须通过调试才能达到规定的技术要求。装配工作仅仅是把电子元器件按照电路要求连接起来，由于电路设计的近似性、元器件的离散性，以及在装配过程中产生的各种参数的影响，使整机电路的各项技术指标达不到设计要求，因此，在电子产品的生产过程中，调试是一个非常重要的环节。调试既是实现电子设备功能和保证电子设备质量的重要工序，又是发现电子设备设计、工艺的缺陷和不足的重要环节。本章通过对六管超外差调幅收音机的调试工作的具体实施完成，使学生了解电子产品的生产调试过程，学习调试电子产品的方法。掌握电子产品调试的基本理论知识和技能知识，能够熟练规范地进行电子产品的调试，掌握整机调试的技巧和方法。

8.1.2 任务目标

1. 知识目标

1）熟悉电子产品的技术条件及相关指标。
2）掌握电子产品的组成结构及工作原理。
3）掌握电子产品元器件的检测方法。
4）掌握收音机静态及动态调试方法。
5）掌握收音机的统调方法。
6）掌握电子产品的故障检测方法。

2. 技能目标

1）能正确使用常用的电子产品调试仪器进行元器件的检测与调试。
2）能根据电子产品的原理图及相关资料对整机进行分析检测，对各单元电路进行调整与测试。
3）能遵守电子产品的安全操作规范，正确选择各种调试仪器，熟练整机的调试技巧。

8.1.3 任务要求

1）首先对已装配完成的六管超外差调幅收音机进行通电前的检测工作和通电后的初步检测。
2）对六管超外差调幅收音机进行静态调试。
3）对六管超外差调幅收音机进行动态调试。
4）对六管超外差调幅收音机进行统调，使其达到要求的性能指标。

8.2 任务资讯

8.2.1 电子产品调试设备与内容

在调试工作中,调试质量的好坏,与调试仪器的正确选择与使用密切相关。在开始调试之前,调试人员应仔细阅读调试说明及调试工艺文件,熟悉整机的工作原理、技术指标,并能根据具体要求正确选择和使用调试仪器仪表。

1. 电子产品的调试仪器选用原则

1)测量仪器的工作误差应远小于被测参数所要求的误差,一般要求仪器误差小于被测参数所要求误差的1/10。

2)仪器的测量范围和灵敏度应符合被测量的数值范围。

3)调试仪器量程的选择,应满足测量准确度的要求。

4)测试仪器输入、输出阻抗的选择,应符合被测电路的要求。

5)仪器输出功率应大于被测电路的最大功率,一般应大于一倍以上。

6)测试仪器的测量频率范围(或频率响应),应符合被测电量的频率范围(或频率响应)。

2. 电子产品的调试设备配置方案

常规的电子产品调试可配置下列设备:

1)信号发生器:用于产生各种测试信号,根据工作性质选频率及档次。普通1Hz~1MHz的低频函数信号发生器即可满足一般测试需要。

2)万用表:模拟表及数字表各一台。

3)示波器:普通20Hz~40MHz的双踪示波器可完成一般测试工作。

4)可调稳压电源:电压至少为双路0~24V或0~31V可调,电流为1~3A。稳压稳流可自动转换。

5)其他:扫描仪、频谱分析仪和集中参数测试仪等。

6)调试工具。

3. 特定电子产品所需要的检测仪器

对于特定电子产品的调试,又可分为两种情况:

1)小批量多品种:一般以通用或专用仪器组合,再加上少量自制接口、辅助电路构成,即可完成对产品的调试工作。

2)大批量生产:应以专用和自制设备为主,强调高效和操作简单。

专用调试仪器是为一个或几个电子产品进行调试而专门设计的,其功能单一,可检测产品的一项或几项参数,如电冰箱测漏仪等。

通用调试仪器是针对电子设备的一项电参数或多项电参数的测试而设计的,可检测多种产品的参数,例如示波器、函数发生器等。

4. 电子产品的调试内容

调试工作包括调整和测试两个部分。调整主要是指对电路参数的调整。即对整机内可调元器件及与电气指标有关的调谐系统、机械传动部分进行调整,使之达到预定的功能和性能要求。测试是在调整的基础上，对整机的各项技术指标进行系统地测试，判断电子产品各项技术指标是否符合规定的要求，不符合要求时再进行调整。调整与测试是相互依赖、相互补充的，在实际工作中，两者是一项工作的两个方面，测试、调整、再测试、再调整，直到实现电路的设计指标为止。具体来说，调试工作的内容有以下几点：

1）明确电子产品调试的目的和要求。
2）正确合理地选择和使用测试仪器仪表。
3）按照调试工艺对电子产品进行调整和测试。
4）运用电路和元器件的基础理论知识去分析和排除调试中出现的故障。
5）对调试数据进行分析和处理。
6）编写调试工作报告，提出改进意见。

调试是对装配技术的总检查，装配质量越高，调试的直通率就越高，各种装配缺陷和错误都会在调试中暴露。调试又是对设计工作的检验，凡是在设计时考虑不周或存在工艺缺陷的地方，都可以通过调试来发现，并为改进和完善产品质量提供依据。

简单的小型整机，比如后续要调试的半导体收音机，调试工作简便，一般在装配完成之后，可直接进行整机调试。而复杂的整机，调试工作较为繁重，通常先对单元板或分机进行调试，达到要求后，再进行总装，最后进行整机总调。

调试工作一般在装配车间进行，严格按照调试工艺文件进行调试。比较复杂的大型产品，根据设计要求，可在生产厂进行部分调试工作或粗调，然后，在安装场地或试验基地，按照技术的要求进行最后安装及全面调试工作。

5. 电子产品的调试程序

由于电子产品种类繁多，电路复杂，各种单元电路的种类及数量也不同，所以调试程序也不尽相同。但对于一般的电子产品来说，调试程序大致如下：

（1）通电前的检查工作　对照原理图对装配好的整机再次进行检查，检查插件是否正确，焊接是否虚焊或短路，各仪器连接及工作状态是否正确，从而有效地减少元器件损坏，提高调试效率。首次调试，还要检查各仪器能否正常工作，验证其准确度。

（2）通电检查　先置电源开关于"关"位置，检查电源变换开关是否符合要求（是交流 220V 还是 110V）、熔丝是否装入，输入电压是否正确，然后插上电源插头，接通电源开关。

接通电源后，电源指示灯亮，此时应注意有无放电、打火、冒烟现象，有无异常气味，手摸电源变压器有无过热现象，若有这些异常现象，应立即停电检查，直到排除故障后方能重新通电。另外，还应检查各种保险、开关、控制系统是否起作用，各种风冷水冷系统能否正常工作。

（3）电源调试　电子产品中大都具有电源电路，调试工作首先要进行电源部分的调试，才能顺利进行其他项目的调试。电源调试通常分为两个步骤：

1）电源空载初调。电源电路的调试通常在空载状态下进行，切断该电源的一切负载进行初调。其目的是避免因电源电路未经调试而加负载，引起部分电子元器件的损坏。

调试时，插上电源部分的印制电路板，测量有无稳定的直流电压输出，其值是否符合设计要求或调节取样电位器使达到预定的设计值。测量电源各级的直流工作点和电压波形，检查工作状态是否正常，有无自激振荡等。

2) 电源加负载时的细调。在初调正常的情况下,加额定负载,再测量各项性能指标,观察是否符合额定的设计要求,当达到要求的最佳值时,选定有关调试元器件,锁定有关电位器等调整元件,使电源电路具有加负载时所需的最佳功能状态。

有时为了确保负载电路的安全,在加负载调试之前,先在等效负载下对电源电路进行调试,以防忙忙接入负载电路可能会受到的冲击。

(4) 分级、分板调试　电源电路调好后,可进行其他电路的调试。这些电路通常按单元电路的顺序,根据调试的需要和方便,由前到后或由后到前依次插入各部件或印制电路板,分别进行调试。首先检查和调整静态工作点,然后进行各参数的调整,直到各部分电路均符合技术文件规定的各项技术指标为止。**注意:**在调整高频部件时,为了防止工业干扰和强电磁场的干扰,调整工作最好在屏蔽室内进行。

(5) 整机调整　各部件调整好之后,把所有的部件及印制电路板全部插上,进行整机调整。检查各部分连接是否良好以及机械结构对电气性能的影响等。整机电路调整好之后,测试整机总的消耗电流和功率。

(6) 整机性能指标的测试　经过调整和测试,确定并紧固各调整元件。在对整机装调质量进一步检查后,对设备进行全参数测试,各项参数的测试结果均应符合技术文件规定的各项技术指标。

(7) 环境试验　有些电子产品在调试完成之后,需要进行环境试验,以考验其在相应环境下正常工作的能力。环境试验有温度、湿度、气压、振动、冲击和其他环境试验,应严格按技术文件规定执行。

(8) 整机通电老化　大多数的电子产品在测试完成之后,均进行整机通电老化试验,其目的是提高电子产品工作的可靠性。老化试验应按产品技术条件的规定进行。

(9) 参数复调　经整机通电老化后,各项技术性能指标会有一定程度的变化,通常还需要进行参数复调,以便交付使用的产品具有最佳的技术状态。

8.2.2　电子产品的检测方法

检测电子产品的关键在于采用合适的检测方法,以便发现、查找、判断和确定故障具体部位及其原因,这样就可以对产品进行维修。检测故障的方法有很多,下面介绍的是最基本的检测方法。

1. 观察法

观察法是通过人感官的感觉对故障原因进行判断的方法。这是一种最简单、最安全的方法,也是各种电子设备通用的检测过程的第一步。观察法又可分为静态观察法和动态观察法两种。

(1) 静态观察法　静态观察法又称为不通电观察法。静态观察,要先外后内,循序渐进。在不通电的情况下,电子设备面板上的开关、旋钮、刻度盘、插口、接线柱、探测器、指示电表、显示装置、电源插线和熔丝管等都可以用观察法来判断有无故障。对电子设备的内部元器件、零部件、插座、电路连线、电源变压器和排气风扇等也可以用观察法来判断有无故障。观察元器件有无烧焦、变色、漏液、发霉、击穿、松脱、开焊和短路等故障,一经发现,应立即予以排除,通常就能修复设备。

(2) 动态观察法　动态观察法也称通电观察法。即在电子设备通电的情况下凭感官的感觉对故障部位及原因进行判断，是查找故障的重要检测方法。

通电观察法特别适用于检查元器件跳火、冒烟、有异味、烧毁熔丝等故障。为了防止故障的扩大，以及便于反复观察，通常要采用逐步加压法来进行通电观察。

2. 测量电阻法

测量电阻法是在设备不通电的情况下，利用万用表的欧姆档对设备进行检查，通过测量电子元器件或电路各点之间电阻值来判断故障的方法。

对电路中的晶体管、场效应晶体管、开关、接插件、导线、印制电路板导电图形的通断及电阻器的变质、电容器短路、电感线圈断路等故障都可以用测量电阻法进行判断。维修时，先采用"测量电阻法"，对有疑问的电路元器件进行电阻检测，可以直接发现损坏和变质的元器件，对元器件和导线虚焊等故障也是非常有效而且快捷的检测方法。

采用"测量电阻法"时，可以用万用表的 $R \times 1$ 档检测通路电阻，必要时应将被测点用小刀刮干净后再进行检测，以防止因接触电阻过大造成错误判断。

采用"测量电阻法"时应注意以下情况：

1）不能在电子设备接通电源的情况下检测各种电阻。

2）检测电容器时应先对电容器进行放电，然后脱开电容器的一端再进行检测。

3）测量电阻元件时，如电阻和其他电路连通的情况下，应脱开被测电阻的一端，然后再进行检测。

4）对于电解电容和晶体管的检测，应注意测试表笔的极性，不能接错。

5）万用表欧姆档的档位选择要适当，否则不但检测结果不正确，甚至会损坏被测元器件。

3. 测量电压法

测量电压法是指用万用表的电压档测量被测电子设备的各部分电路电压、元器件的工作电压并与设备正常运行时的电压值进行比较，以判断故障所在部位的检测方法。

检查电子设备的交流供电电源电压和内部的直流电源电压是否正常，是分析故障原因的基础，所以在检测电子设备时，应先测量电源电压，往往会发现问题，查出故障。

对于已确定电路故障的部位，也需要进一步测量相应电路中的晶体管、集成电路等各引脚的工作电压，或测量电路中主要节点的电压，看数据是否正常，也有利于发现故障和分析故障原因。

4. 波形观察法

对于直流状态正常而交流状态不正常的电子设备，采用示波器观察信号通路各点的波形，以此来判断电路中各元器件是否损坏或变质是最直观、最有效的故障检测方法。

波形法能够检测电路的动态是否正常。用波形法检测振荡电路时不需要外加任何信号，而检查放大、整形、变频、调制和检波等有源电路时，则需要把信号源的标准信号反馈到电路的输入端。通过波形法检查多级放大器是否有增益下降、波形失真、波形参数等故障并找出故障原因。用扫频仪来观察频率特性也可以归属为波形法。

应用波形观察法时要注意：

1）对电路高压和大幅度脉冲部位的检测一定要注意不能超过示波器的允许电压范围，必要时采用高压探头或对电路观测点采用分压取样等措施。

2）示波器接入电路时其本身输入阻抗对电路也有一定的影响，特别在测量脉冲电路时，要采用有补偿作用的10∶1探头，否则观测的波形与实际不符。

5. 替代法

替代法是指对可疑的元器件、部件、插板、插件等用同类型的部件通过替换来查找故障的检测方法。

在检测电子设备时，如果怀疑某个元器件有问题但又不能通过检测给出明确的判断，就可以使用与被怀疑器件同型号的元器件，暂时替代有疑问的元器件。若设备的故障现象消失，说明被替代元器件有问题。若替换的是某一个部件或某一块电路板，则需要再进一步检查，以确定故障的原因和元器件。替代法对于缩小检测范围和确定元器件的好坏很有效果，特别是对于结构复杂的电子设备进行检查时最为有效。

替代法比较适用于电容器失效及参数下降、晶体管性能变坏、电阻器变值及电感线圈 Q 值下降等故障的排除。

随着电子设备所用元器件的集成度增大，智能化设备迅速增多，使用替代法进行检查越来越具有重要的地位。在进行具体操作时，要脱开有疑问的有源元器件，使用好的元器件来替代，然后开机观察电子设备的反应。对于开路有疑问的电阻和电容等元件，可使用好的元件直接在板上进行并联焊接，以确定该元件的好坏。

在进行元器件替代后，若故障现象仍存在，说明被替代的元器件或单元部件没有问题，这也是确定某个元器件或某个部件正常的一种方法。

在进行替代元器件的过程中，要切断电子设备的电源，严禁带电进行操作，以免发生危险。

6. 信号注入法

信号注入法是将一定频率和幅度的信号逐级输入到被检测的电路中，或注入到电子设备可能存在故障的有关电路中，然后利用外接示波器、电压表等测出输出的波形或数据，作出逻辑判断的一种检测方法。在检测中哪一级没有通过信号，故障就在该级单元电路中。

对于本身不带信号产生电路或信号产生电路有故障的电子设备，采用信号注入法是有效的检测方法。

用信号注入法检测故障时有两种检测方法：

1) 顺向注入法：它是将信号从电路的输入端输入，然后用示波器、电压表逐级进行检测，测量出各级电路的输出波形和输出电压，从而判断出故障部位。

2) 逆向注入法：它是将信号从后级逐级往前输入，示波器、电压表接在输出端，从而查出故障部位。

在检测故障的过程中，有时只用一种方法不能解决问题，要根据具体情况采用不同的检测方法。无论采用哪种方法，都应遵循以下的顺序原则：先外后内、先粗后细、先易后难、先常见后稀少。

8.2.3 电子产品静态调试

电子产品装配完成后要进行各级电路的调整，首先是各级直流工作状态(静态)的调整，测量各级直流工作点是否符合设计要求。检查静态工作点也是分析判断电路故障的一种常用方法。

测量静态工作点就是测量各级直流工作电压和电流。由于测量电流时，要将电流表串入电路中,需要改动电路板的连接,很不方便。而测量电压,只要将电压表并联在电路两端就行了。所以一般静态工作点的测量,都是测量直流电压,若需知道直流电流的大小,可根据阻值的大小计算出来。也有些电路根据测试需要,在印制电路板上留有测试用的中断点,待接入电流表测量出电流数值后,再用焊锡连接好。

1. 供电电源静态电压调试

电源电压是各级电路静态工作点是否正常的前提,若电源电压偏高或偏低都不能测量出准确的静态工作点。电源电压若可能有较大起伏,最好先不要接入电路,测量其空载和接入假负载时的电压,待电源电压输出正常后再接入电路。

2. 晶体管静态工作点的调整

调整晶体管的静态工作点就是调整它的偏置电阻,使它的集电极电流达到电路设计要求的数值。调整一般是从最后一级开始,逐级往前进行。调试时要注意静态工作点的调整应在无信号输入时进行,特别是变频级,为避免产生误差,可采取临时短路振荡的措施。各级调整完毕后,接通所有各级的集电极电流检测点,即可用电流表检测整机静态电流。

集电极静态电流的测量方法有两种:

1)直接测量法:把集电极焊接铜皮断开,然后串入万用表,用电流档测量其电流。

2)间接测量法:通过测量晶体管集电极电阻或发射极电阻的电压,然后根据欧姆定律 $I=U/R$,计算出集电极静态电流。

3. 集成电路静态的调整

由于集成电路本身的特点,其静态工作点与晶体管不同,一般情况下,集成电路各脚对地电压反映了其内部工作状态是否正常,因此只要测量各脚对地电压值,与正常数值进行比较,就可判断其工作点是否正常。有时还需要对整个集成块的功耗进行测试,除判断其能否正常工作外,还能避免可能造成的电路元器件损坏。这需要测量其静态工作电流,再计算出功耗。测量时可断开集成电路供电引脚铜皮,串入万用表,使用电流档来测量出电流值,计算出耗散功率。若集成块用双电源供电(即正负电源),则应分别进行测量,得出总的耗散功率。

对于数字集成电路往往还要测量其输出电平的大小,来判断其性能的好坏。

模拟集成电路种类繁多,调整方法不一,以使用最广泛的集成运算放大器为例,除一般直流电压测试外,使用中还要进行零位调整。

8.2.4 电子产品动态调试

电子产品的动态调试是保证电路各项参数、性能、指标的重要步骤。

1. 测试电路动态工作电压

测试晶体管b、e、c极和集成电路各引脚对地的动态工作电压,动态电压与静态电压同样是判断电路是否正常工作的重要依据,例如有些振荡电路,当电路起振时测量 U_{be} 直流电压,万用表指针会出现反偏现象,利用这一点可判断振荡电路是否起振。

2. 波形的观察与测试

波形的测试与调整是电子产品调试工作的一项重要内容。各种整机电路中都有波形产生、变换和传输的电路。通过对波形的观测来判断电路工作是否正常,已成为测试与维修中的主要方法。观察波形使用的仪器是示波器。通常观测的波形是电压波形,有时为了观察电流波形,可通过测量其限流电阻的电压,再转成电流的方法来测量,也可使用电流探头。

利用示波器进行调试的基本方法,是通过观测各级电路的输入端和输出端或某些点的信号波形,来确定各级电路工作是否正常。若电路对信号变换处理不符合技术要求的,则要通过调整电路元器件的参数,使其达到预定的技术要求。

这里需要注意的是,电路在调整过程中,相互之间是有影响的。例如在调整动态电流时,中点电位可能会发生变化,这就需要反复调整,以求达到最佳状态。

示波器不仅可以观察各种波形,而且还可以测试波形的各项参数,如幅度、周期、频率、相位、脉冲信号的前后沿时间、脉冲宽度以及调幅信号的调制等。

用示波器观测波形时,示波器上限频率应高于测试波形的频率。对于脉冲波形,示波器的上升时间还必须满足要求。

3. 频率特性的测试与调整

频率特性的测试是整机测试中的一项主要内容,如收音机中频放大器频率特性测试的结果反映收音机选择性的好坏;电视机接收图像质量的好坏主要取决于高频调谐器及中放通道频率特性。所谓频率特性是指一个电路对于不同频率、相同幅度的输入信号(通常是电压)在输出端产生的响应。

(1) 频率特性的测试 测试电路频率特性的方法一般有两种:一是点频法(又称插点法);二是扫频法。

1) 点频法:测试时需要保持输入电压不变,逐点改变信号发生器的频率,并记录各点对应输出幅度的数值。在直角坐标平面内描绘出的幅度—频率曲线,就是被测网络的幅频特性。点频法的优点是准确度高,缺点是繁琐费时,而且可能因频率间隔不够密,而漏掉被测频率中的某些细节。

2) 扫频法:这种方法是利用扫频仪来实现频率特性的自动或半自动测试。把扫频仪输入端和输出端分别与被测电路的输出端和输入端连接,在扫频仪的显示屏上就可以看出电路对各点频率的响应幅度曲线。采用扫频仪测试频率特性,具有测试简便、快速、直观、易于调整等特点,常用于各种中频特性调试、带通调试等。如收音机的 AM 465kHz(或 455kHz)和 FM 10.7MHz 中频特性常使用扫频仪(或中频特性测试仪)来调试。

(2) 瞬态过程的观测 分析和调整电路时,有些情况下,为了观测脉冲信号通过电路后的畸变,就会感到应用测量其频率特性的方法有些繁琐,不够直观。而采用观测电路的过渡特性(瞬态过程)的方法,则比较直观,而且能直接观察到输出信号的形状,适合于电路调整。

8.3 任务实施

8.3.1 整机调试的工艺设计

1. 六管超外差调幅收音机调试前的准备工作

1) 读懂六管超外差调幅收音机的原理框图及电路原理图。

2) 了解收音机各部分组成。

2. 六管超外差调幅收音机的调试

1) 各级静态工作点的调整。
2) 中频特性的调试。
3) 频率范围的调试。
4) 收音机的统调。

六管超外差调幅收音机的原理框图如图 8-1 所示。天线将接收到的高频调幅波信号通过调谐输入电路与收音机的本振频率一起送入变频级内混合变频,即本机振荡信号与接收到的信号进行差频,变换成固定的频率为 465kHz 的中频信号,然后将固定的中频信号经中频放大级进行放大。放大的中频信号经检波级检波,检出低频信号即还原成原调制音频信号,再经低频放大级和功率放大级放大后,推动扬声器发出声音。

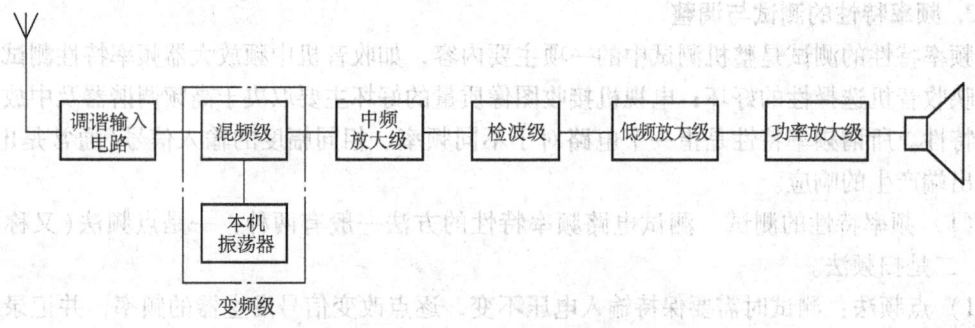

图 8-1 六管超外差调幅收音机原理框图

1270 六管超外差调幅收音机电路原理图如图 8-2 所示。输入电路由可变电容 CA1、补偿电容 CAT1 和线圈 L101 组成。VT101、L102、CAT2、T301 组成变频级。VT101 为变频管,T301 一次侧为变频级负载,CAT2、L102 组成本机振荡回路。T301、VT301、VT302 组成一级中放晶体管检波电路,T301、T302 为中频变压器,VD301 为检波二极管。VT701 为低频放大管,其负载是 T701 的一次绕组。T701 为音频推挽输入变压器,T702 为自耦式功率输出变压器。

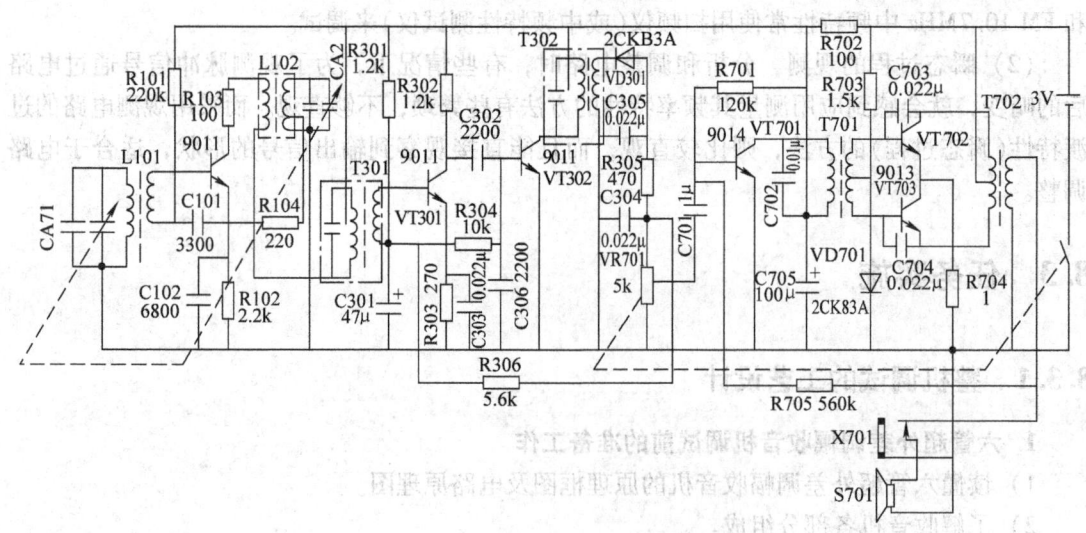

图 8-2 1270 六管超外差调幅收音机电路原理图

8.3.2 静态调试

1. 通电前的检测工作

1) 对安装好的收音机进行检查,检查焊接质量是否达到要求,各电阻、晶体管和二极管是否焊接良好。

2) 在收音机接入电源前,检查电源有无输出电压(3V),引出线的极性是否正确。

3) 通电后的初步检测:将收音机接入电源,将频率盘拨到530kHz附近的无台区,在收音机开关未开的情况下,首先测量整机静态工作的总电流 I_o,然后将收音机开关打开,测量各晶体管基极、集电极对地电压值(即静态工作点)。1270六管超外差调幅收音机在无信号状态下测量的参考电压见表8-1。1270六管超外差调幅收音机在有信号状态下测量的参考电压值见表8-2。

表8-1 无信号时晶体管基极、集电极对地电压的参考值 (单位:V)

晶体管	工作电压:$U_{CC}=3V$			整机工作电流:$I_o=10mA$		
	VT101	VT301	VT302	VT701	VT702	VT703
B	1.31	0.95	0.76	0.67	0.64	0.64
C	2.45	1.11	2.56	2.28	2.89	2.89

表8-2 有信号时晶体管基极、集电极对地电压的参考值 (单位:V)

晶体管	工作电压:$U_{CC}=3V$			整机工作电流:$I_o=10mA$		
	VT101	VT301	VT302	VT701	VT702	VT703
B	1.28	0.88	0.7	0.67	0.56	0.56
C	2.39	1.28	2.42	2.22	2.8	2.8

2. 调整收音机晶体管的直流工作点

就是通过调整晶体管的偏置电阻(通常是上偏电阻),使它的集电极电流满足电路设计的要求。只有各级的工作点调到最佳位置,才能保证信号不失真传输。静态调试方法如下:

1) 将双联电容器全部旋入或旋出,或找一个没有电台的位置,此时扬声器应无声。

2) 各级静态工作点的调整一般是从最后一级开始,逐级向前进行,防止前级有信号输入使后级处于工作状态,将动态电流误认为静态电流。

3) 在调整时,先断开被调晶体管基极的上偏置电阻,可用一只电位器(100kΩ)串接一只固定电阻(300Ω~10kΩ)来代替原上偏置电阻。断开被调晶体管集电极的电流检测点,将电流表或万用表的毫安档串接在被测晶体管的集电极回路,再调节电位器,使晶体管的集电极电流为正常值。

4) 调整完集电极电流后,用万用表测出电位器的阻值,并换上一只固定电阻(固定电阻的电阻值应等于电位器电阻值与其串联电阻的电阻值之和)。再重复检测一下被调晶体管的集电极电流,若电流正常,则可将其集电极电流的检测点接通。

8.3.3 动态调试

1. 中频频率的调试

中频变压器安装好后通常需要调整,这是因为与它并联的调谐电容的容量总有误差,底板布线间也存在着大小不等的分布电容，这些因素会使中频变压器失调。中频变压器的调试主要是调整中频放大电路的中频变压器(中周)磁心，应采用无电感调节杆慢慢旋转磁心。

调试的设备有两种：一种是用高频信号发生器进行调试；另一种是用中频图示仪进行调试。

1) 用高频信号发生器进行调试的方法，是一种精确的调试方法。高频信号发生器输出标准的调幅信号($f=465kHz$)，将输出信号幅度由小到大调节，当从扬声器听到声音时，再开始调节中周 T302、T301 的磁心，从后级向前级逐步反复调整，直到波形失真最小，幅度指标最大时为止，此时收音机收到的信号最强。

2) 用中频图示仪进行调试的方法，是目前广泛使用的一种方法，如图 8-3 所示。将中频图示仪输出的扫频信号加到收音机的输入天线，调整中周 T302、T301 的磁心(由后级向前级反复调整)，使荧光屏上出现符合要求的中频谐振曲线为止。

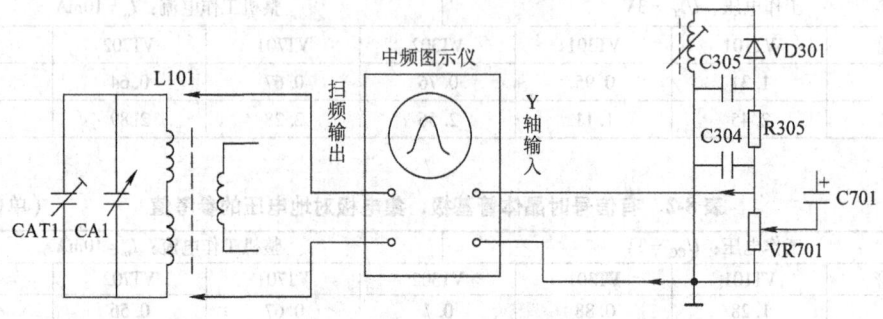

图 8-3 用中频图示仪进行调试

2. 频率范围的调试(调频率覆盖或对刻度)

收音机中波段频率范围是 535~1605kHz，为了满足频率覆盖要求，一般实际的频率调整到 525~1605kHz 范围内。调整频率范围也称为对刻度，它是靠调整本机振荡频率来实现的。

调试方法如下：

1) 将双联电容器全部旋入，指针应在刻度盘的起始点。

2) 调高频信号发生器，使其输出 525kHz 调幅信号，用无感调节杆调整振荡线圈的磁心，使毫伏表读数达到最大，此时收音机接收到的信号最强。

3) 调高频信号发生器，使其输出频率为 1640kHz，将双联电容器全部旋出，用无感调节杆并联在补偿电容 CAT2 上，使毫伏表读数达到最大，使收音机接收到的信号最强。

4) 按以上步骤如此反复调整几次，直到频率范围调准为止。

8.3.4 统调

统调是通过调节双联电容器使输入调谐回路与振荡回路的频率差值保持在 465kHz，统调一般在频率低、中、高三端各取一个频率进行调整，也称三点统调。

调试方法如下：

1) 低端调整：调节高频信号发生器，使其输出 600kHz 的频率信号，调节收音机的双联电容器使其指针在刻度盘 600Hz 的位置上,改变磁棒上输入线圈的位置,使毫伏表读数达到最大,此时接收到的信号最强。

2) 高端调整:调节高频信号发生器,使其输出 1500kHz 信号,调节收音机的双联电容器使其指针在刻度盘 1500Hz 的位置上,调节输入电路的补偿电容 CAT1,使毫伏表读数达到最大,即收音机在高端接收的信号最强。

3) 按上述步骤如此反复调整,直到两个统调点 600kHz、1500kHz 调准为止。

4) 检查两点统调中间一点是否在 1000kHz,将高频信号发生器调至 1000kHz,调节收音机的双联电容器使其指针在刻度盘 1000kHz 的位置上,若收音机能收到此信号,说明三点统调正确。

8.4 相关知识

在调试过程中,要接触各种电路和仪器设备,特别是各种电源以及可能遇到高压电路、高电压、大容量电容器等。为保护调试人员的人身安全,防止测试仪器设备和元器件的损坏,必须严格遵守安全操作规程,还必须遵守以下各项安全措施。

1. 测试周围环境的安全

测试场所除注意整洁外,室内要保持适当的温度、湿度,场地内外,不应有激烈的振荡和很强的电磁干扰,测试台及部分工作场所必须铺设绝缘橡胶垫。在调试大型机高压部分时,应在机器周围铺设合乎规定的地板或绝缘胶垫,并将场地用拉网围好,必要时可加"高压危险"警告牌,并应放好放电棒。工作场地必须有消防设备,灭火器应适用于灭电气起火,不会腐蚀仪器的灭火器(如四氯化碳灭火器)。

在使用及调试 MOS 器件时,由于 MOS 器件输入阻抗很高,容易因静电感应高电势而被击穿,因此,必须防静电。操作工作台面不宜使用良好的绝缘材料,最好使用防静电垫板,操作人员需手戴静电接地环。使用或存放 MOS 器件,不能使用尼龙及化纤等材料的容器,周围空气不能太干燥,否则各种材料的绝缘电阻会很大,加剧静电的产生和积累。

2. 供电设备的安全

1) 调试检测场所应有漏电保护开关和过载保护装置,所有的电源开关、熔丝、插头插座和电源线必须符合安全用电要求,任何带电导体不得裸露。所用电气材料的工作电压和工作电流不能超过额定值。检测场所的总电源开关,应放在明显且易于操作的位置,并设置相应的指示灯。

2) 当调试设备使用调压变压器时,应注意调压器的接法。由于输入端与输出端不隔离,因此接到电网时必须使公共端接零线,比较安全。

3) 在调试检测场所最好装备隔离变压器,一方面可以保证检测人员操作安全,另一方面防止检测设备故障与电网之间相互影响。隔离变压器之后,再接调压器,这样做则无论如何接线均可保证安全。

3. 测量仪器的安全措施

1) 所用测试仪器设备要定期检查,仪器外壳及可接触部分不应带电。非带电不可时,应加以绝缘覆盖层防护,仪器外部超过安全低电压的接线端口不应裸露,以防止使用者触摸到。

2）仪器及附件的金属外壳都应良好地接地，与机壳相通的接线柱的标志为"⊥"，不与机壳通用的公用接线柱或插孔的标志为"*"。仪器电源线必须采用三芯的，地线必须与机壳相连，电缆长度应不短于2m，电源插头外壳应采用橡胶或软塑料绝缘材料。

3）测试仪器通电时如熔丝烧断，应更换同规格熔丝后方可通电，若第二次再烧断则必须停机检查，不得更换更大容量熔丝。

4）带有风扇的仪器如通电后风扇不转或有故障，应停机检查。

5）功耗较大的仪器(大于500W)断电后应冷却一段时间再通电，避免烧断熔丝或仪器零件。

4. 操作安全措施

1）操作环境保持整洁，检测大型高压线路时，工作场地应铺设绝缘胶垫，工作人员应穿绝缘鞋。

2）在接通电源前，应检查电路及连线有无短路等情况。接通后，若发现冒烟、打火和异常发热等现象，应立即关掉电源，由维修人员来检查并排除故障。

3）调试时，至少应由两人以上进行，以防不测。

4）操作人员不允许带电操作，若必须带电操作时，应使用带有绝缘保护的工具操作。

5）调试时，应尽量学会单手操作，避免双手同时触及裸露导体，以防触电。

6）在要更换元器件或改变连接线之前，应关掉电源，待滤波电容放电完毕后再进行相应的操作。

7）调试工作结束或离开工作场所前应将所有仪器设备关掉，并关掉电源总闸，方可离去。

8.5 任务总结

1）正确选择调试仪器，满足测量误差、测量准确度、灵敏度、测量量程、输入输出阻抗及功率和频率范围的要求。

2）常规的电子产品调试可配备信号发生器、万用表、示波器、可调稳压电源、扫描仪、频谱分析仪和集中参数测试仪等调试仪器，就可以满足一般的测试需要。

3）特定电子产品所需要的检测仪器可配备通用或专用仪器组合，专用和自制设备等可以满足小批量多品种和大批量生产的电子产品的调试工作。

4）调试工作是按照调试工艺对电子产品进行调整和测试，从而使电子产品达到技术指标。调试能发现电子设备的设计、工艺的缺陷和不足并为完善产品提供依据。简单的小型整机可直接进行调试。复杂的整机，先分机进行调试然后整机总调。复杂的大型产品，先在生产厂进行粗调然后在安装场地按照技术指标全面调试。

5）对一般电子产品的调试程序通常由通电前的检查、通电检查、电源调试、分级分板调试、整机调试、整机性能指标的测试、环境试验、整机通电老化、参数复调等几部分组成。

6）检测电子产品的基本方法有观察法、测量电阻法、测量电压法、波形观察法、替代法、信号注入法等，采用合适的检测方法是检测电子产品的关键。

7）电子产品的静态调试首先对供电电源静态电压进行调试，调整晶体管静态工作点需要调整晶体管的偏置电阻，使它的集电极电流达到电路设计要求的数值，集成电路静态的调整需要测量集成电路各脚对地电压值以及功耗。

8）电子产品的动态调试首先测试电路动态工作电压，再进行波形的观察与测试、频率特性的测试与调整。测试电路频率特性的方法有点频法和扫频法以及瞬态过程的观测。

9）六管超外差调幅收音机的静态调试；六管超外差调幅收音机的动态调试；统调的低端调试和高端调试。

8.6 练习与巩固

1. 电子产品的调试仪器的选用原则？
2. 常用电子产品的调试仪器有哪些？
3. 电子产品为什么要进行调试？调试工作的主要内容是什么？
4. 电子产品的调试程序有哪些？
5. 电子产品的检测方法有哪些？
6. 波形观测法适用于哪些故障检测？
7. 信号注入法的两种检测方法是什么？如何进行检测？
8. 以收音机为例，说明静态工作点的调整方法。
9. 进行动态特性的测试，主要应用哪些方法？
10. 以收音机为例，说明整机动态工作特性调试的方法。
11. 比较法包括哪些方法？
12. 在电子产品调试中，一般采用哪些安全措施？
13. 实操练习：安装调试一台调幅收音机。

第 9 章 电子工艺文件的识读与编制

9.1 任务驱动：电视机基板工艺文件的识读与编制

9.1.1 任务描述

现代工业产品最重要的特点是产品的生产制造是由企业团队共同协作完成的。产品的技术人员必须提供详细准确的技术资料给计划、财务、采购等部门，这些资料就是技术文件。电子产品加工过程中需要的主要技术文件有两个即设计文件和工艺文件，前者表述了电子产品的电路和结构的原理、功能及质量指标；后者则是电子产品加工过程中必须遵照执行的指导性文件。两者都是把设计目标转换成生产过程的操作控制文件，在生产中有极其重要的指导作用。从事电子制造行业的技术人员首先必须能够读懂这两类文件，然后才能够写出符合规范的设计文件和工艺文件。本章通过识读电子产品的技术文件的工作任务，引出电子产品技术文件的种类、特点和成套性要求。通过编制电视机基板的插件工艺流程、装配工艺卡片和作业指导书，使学生掌握电子产品生产工艺流程设计和工艺文件编制的原则和方法，能够编制简单电子产品的生产工艺流程和工艺文件。

9.1.2 任务目标

1. 知识目标

1）熟悉电子工艺文件的种类、格式与成套性要求。
2）掌握电子工艺流程与工艺文件的识读及编制方法。
3）掌握电子产品的生产组织与质量管理知识。

2. 技能目标

1）能够正确识读电子产品的设计文件（原理图、明细表、装配图、线扎图等）。
2）能够正确识读电子产品的工艺文件（工艺流程、工艺说明、检验说明、工艺过程卡片、导线加工表、作业指导书等）。
3）能够进行电子产品工艺流程设计和工艺文件编制。
4）能够按技术文件成套性要求进行文件归档。
5）能够初步依据 ISO 9000 质量管理体系对产品进行质量跟踪管理。
6）能够正确识读各种知名产品质量认证的标志。

9.1.3 任务要求

1. 识读下列提供的技术资料

1）电视机基板元器件面装配图（见图 9-1）。
2）插件标准工时定额（见表 9-1）。

第9章 电子工艺文件的识读与编制

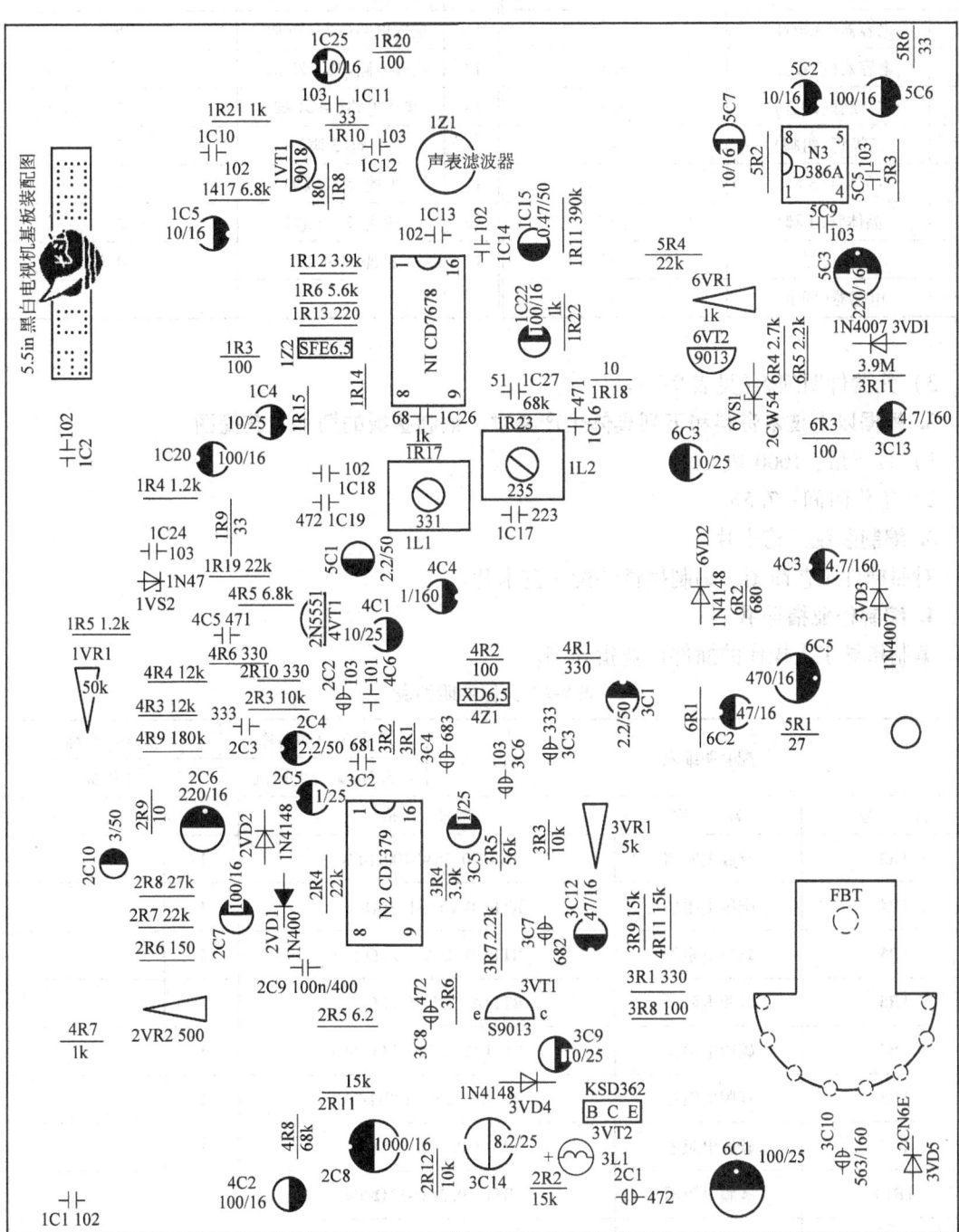

图 9-1 电视机基板元器件面装配图

表 9-1 插件标准工时定额

序号	名称	标准工时/(s/只)	序号	名称	标准工时/(s/只)
1	电阻器(小功率)	3	10	集成电路(8~10脚)	4
2	电容器(无极性)	3	11	集成电路(12~16脚)	5
3	电容器(有极性)	3.5	12	集成电路(18~22脚)	6
4	二极管(细脚)	3.5	13	集成电路(≥24脚)	7
5	二极管(粗脚)	4	14	中周(3脚)	3
6	晶体管(3脚)	5	15	中周(5~7脚)	4
7	晶体管(4脚)	6	16	插座(2~3芯)	3
8	电位器	4	17	插座(≥4芯)	4
9	电感器(固定)	3			

3) 元器件明细表(见表9-2)。

2. 根据以上技术资料和下列具体生产要求,编制基板的插件工艺简图

1) 日产量:1000块。

2) 工作时间:7.5h。

3. 编制装配工艺卡片

对照插件工艺简图,编制插件装配工艺卡片。

4. 编制作业指导书

编制指导工人操作的插件作业指导书。

表 9-2 元器件明细表

配套明细表		产品型号和名称	整体名称
		5.5in 黑白电视机	主机板
位号	名称	型号、规格	数量	备注
1R3	碳膜电阻器	RT14-0.25W-100Ω-5%	1	
1R4	碳膜电阻器	RT14-0.25W-1.2kΩ-5%	1	
1R5	碳膜电阻器	RT14-0.25W-1.2kΩ-5%	1	
1R6	碳膜电阻器	RT14-0.25W-5.6kΩ-5%	1	
1R7	碳膜电阻器	RT14-0.25W-6.8kΩ-5%	1	
1R8	碳膜电阻器	RT14-0.25W-180Ω-5%	1	
1R9	碳膜电阻器	RT14-0.25W-33Ω-5%	1	
1R10	碳膜电阻器	RT14-0.25W-33Ω-5%	1	
1R11	碳膜电阻器	RT14-0.25W-390kΩ-5%	1	
1R12	碳膜电阻器	RT14-0.25W-3.9kΩ-5%	1	
1R13	碳膜电阻器	RT14-0.25W-220Ω-5%	1	

(续)

配套明细表			产品型号和名称		整体名称	
			5.5in 黑白电视机		主机板	
位 号	名 称		型号、规格	数量	备 注	
1R14	碳膜电阻器		RT14-0.25W-680Ω-5%	1		
1R15	碳膜电阻器		RT14-0.25W-1kΩ-5%	1		
1R17	碳膜电阻器		RT14-0.25W-1kΩ-5%	1		
1R18	碳膜电阻器		RT14-0.25W-10Ω-5%	1		
1R19	碳膜电阻器		RT14-0.25W-22kΩ-5%	1		
1R20	碳膜电阻器		RT14-0.25W-100Ω-5%	1		
1R21	碳膜电阻器		RT14-0.25W-1kΩ-5%	1		
1R22	碳膜电阻器		RT14-0.25W-1kΩ-5%	1		
1R23	碳膜电阻器		RT14-0.25W-68kΩ-5%	1		
2R1	碳膜电阻器		RT14-0.25W-4.7kΩ-5%	1		
2R2	碳膜电阻器		RT14-0.25W-15kΩ-5%	1		
2R3	碳膜电阻器		RT14-0.25W-10kΩ-5%	1		
2R4	碳膜电阻器		RT14-0.25W-22kΩ-5%	1		
2R5	碳膜电阻器		RT14-0.25W－6.2Ω-5%	1		
2R6	碳膜电阻器		RT14-0.25W-150Ω-5%	1		
2R7	碳膜电阻器		RT14-0.25W-22kΩ-5%	1		
2R8	碳膜电阻器		RT14-0.25W-27kΩ-5%	1		
2R9	碳膜电阻器		RT14-0.25W-10Ω-5%	1		
2R10	碳膜电阻器		RT14-0.25W-330Ω-5%	1		
2R11	碳膜电阻器		RT14-0.25W-15kΩ-5%	1		
更改标记	数量	更改单号	签名	日期	签名	日期	第1页
					设计 ××	××	
					审核 ××	××	共5页
					会签 ××	××	
					标准化 ××	××	第×册
					批准 ××	××	

(续)

配套明细表		产品型号和名称	整体名称
		5.5in 黑白电视机	主机板
位号	名称	型号、规格	数量	备注
---	---	---	---	---
2R12	碳膜电阻器	RT14-0.25W-10kΩ-5%	1	
3R1	碳膜电阻器	RT14-0.25W-330Ω-5%	1	
3R2	碳膜电阻器	RT14-0.25W-330Ω-5%	1	
3R3	碳膜电阻器	RT14-0.25W-10kΩ-5%	1	
3R4	碳膜电阻器	RT14-0.25W-3.9kΩ-5%	1	
3R5	碳膜电阻器	RT14-0.25W-56kΩ-5%	1	
3R6	碳膜电阻器	RT14-0.25W-1kΩ-5%	1	
3R7	碳膜电阻器	RT14-0.25W-2.2kΩ-5%	1	
3R8	碳膜电阻器	RT14-0.25W-100Ω-5%	1	
3R9	碳膜电阻器	RT14-0.25W-15kΩ-5%	1	
3R11	碳膜电阻器	RT14-0.25W-3.9M-5%	1	
4R1	碳膜电阻器	RT14-0.25W-330Ω-5%	1	
4R2	碳膜电阻器	RT14-0.25W-100Ω-5%	1	
4R3	碳膜电阻器	RT14-0.25W-12kΩ-5%	1	
4R4	碳膜电阻器	RT14-0.25W-12kΩ-5%	1	
4R5	碳膜电阻器	RT14-0.25W-6.8kΩ-5%	1	
4R6	碳膜电阻器	RT14-0.25W-330Ω-5%	1	
4R7	碳膜电阻器	RT14-0.25W-1kΩ-5%	1	
4R8	碳膜电阻器	RT14-0.25W-68kΩ-5%	1	
4R9	碳膜电阻器	RT14-0.25W-180kΩ-5%	1	
4R11	碳膜电阻器	RT14-0.25W-15kΩ-5%	1	
5R1	碳膜电阻器	RT14-0.25W-27Ω-5%	1	
5R2	碳膜电阻器	RT14-0.25W-820Ω-5%	1	
5R3	碳膜电阻器	RT14-0.25W-10Ω-5%	1	
5R4	碳膜电阻器	RT14-0.25W-22kΩ-5%	1	
5R6	碳膜电阻器	RT14-0.25W-33Ω-5%	1	
6R1	碳膜电阻器	RT14-0.25W-100Ω-5%	1	
6R2	碳膜电阻器	RT14-0.25W-680Ω-5%	1	
6R3	碳膜电阻器	RT14-0.25W-100Ω-5%	1	
6R4	碳膜电阻器	RT14-0.25W-2.7kΩ-5%	1	
6R5	碳膜电阻器	RT14-0.25W-2.2kΩ-5%	1	

更改标记	数量	更改单号	签名	日期	签名		日期		第2页
					设计	××	××		
					审核	××	××		共5页
					会签	××	××		
					标准化	××	××		第×册
					批准	××	××		

(续)

配套明细表			产品型号和名称		整体名称
			5.5in 黑白电视机		主机板
位 号	名 称	型号、规格		数量	备 注
1C1	瓷片电容器	CC1-63V-1000pF		1	
1C2	瓷片电容器	CC1-63V-1000pF		1	
1C4	电解电容器	CD11-25V-10μF		1	
1C5	电解电容器	CD11-16V-10μF		1	
1C10	瓷片电容器	CC1-63V-1000pF		1	
1C11	瓷片电容器	CC1-63V-0.01μF		1	
1C12	瓷片电容器	CC1-63V-0.01μF		1	
1C13	瓷片电容器	CC1-63V-1000pF		1	
1C14	瓷片电容器	CC1-63V-1000pF		1	
1C15	电解电容器	CD11-50V-0.47μF		1	
1C16	瓷片电容器	CC1-63V-470pF		1	
1C17	瓷片电容器	CC1-63V-0.022μF		1	
1C18	瓷片电容器	CC1-63V-1000pF		1	
1C19	瓷片电容器	CC1-63V-4700pF		1	
1C20	电解电容器	CD11-16V-100μF		1	
1C22	电解电容器	CD11-16V-100μF		1	
1C24	瓷片电容器	CC1-63V-0.01μF		1	
1C25	电解电容器	CD11-16V-10μF		1	
1C26	瓷片电容器	CC1-63V-68pF		1	
1C27	瓷片电容器	CC1-63V-51pF		1	
2C1	涤纶电容器	CL11-63V-4700pF		1	
2C2	瓷片电容器	CC1-63V-0.01μF		1	
2C3	瓷片电容器	CC1-63V-0.033μF		1	
2C4	电解电容器	CD11-50V-2.2μF		1	
2C5	电解电容器	CD11-25V-1μF		1	
2C6	电解电容器	CD11-16V-220μF		1	
2C7	电解电容器	CD11-16V-100μF		1	
2C8	电解电容器	CD11-16V-1000μF		1	
2C9	涤纶电容器	CL11-400V-100nF		1	
2C10	电解电容器	CD11-50V-3.3μF		1	
3C1	电解电容器	CD11-50-2.2μF		1	
更改标记	数量	更改单号	签名	日期	签名	日期	第3页
					设计	××	××	
					审核	××	××	共5页
					会签	××	××	
					标准化	××	××	第×册
					批准	××	××	

(续)

配套明细表		产品型号和名称		整体名称
		5.5in 黑白电视机		主机板
位 号	名 称	型号、规格	数量	备 注
3C2	瓷片电容器	CC1-63V-680pF	1	
3C3	瓷片电容器	CC1-63V-0.033μF	1	
3C4	瓷片电容器	CC1-63V-0.068μF	1	
3C5	电解电容器	CD11-25V-1μF	1	
3C6	瓷片电容器	CC1-63V-0.01μF	1	
3C7	瓷片电容器	CC1-63V-6800pF	1	
3C8	涤纶电容器	CC1-63V-4700pF	1	
3C9	电解电容器	CD11-25V-10μF	1	
3C10	电解电容器	CD11-160V-563μF	1	
3C12	电解电容器	CD11-16V-47μF	1	
3C13	电解电容器	CD11-160V-4.7μF	1	
3C14	电解电容器	CD11-25V-8.2μF	1	
4C1	电解电容器	CD11-25V-10μF	1	
4C2	电解电容器	CD11-16V-100μF	1	
4C3	电解电容器	CD11-160V-4.7μF	1	
4C4	电解电容器	CD11-160V-1μF	1	
4C5	电解电容器	CD11-63V-470pF	1	
4C6	瓷片电容器	CC1-63V-100pF	1	
5C1	电解电容器	CD11-50V-2.2μF	1	
5C2	电解电容器	CD11-16V-10μF	1	
5C3	电解电容器	CD11-16V-220μF	1	
5C5	瓷片电容器	CC1-63V-0.01μF	1	
5C6	电解电容器	CD11-16V-100μF	1	
5C7	电解电容器	CD11-16V-10μF	1	
5C8	瓷片电容器	CC1-63V-0.01μF	1	
5C9	瓷片电容器	CC1-63V-0.01μF	1	
6C1	电解电容器	CD11-25V-100μF	1	
6C2	电解电容器	CD11-16V-47μF	1	
6C3	电解电容器	CD11-25V-10μF	1	
6C5	电解电容器	CD11-16V-470pF	1	

更改标记	数量	更改单号	签名	日期	签名	日期	
					设计	××	××	第4页
					审核	××	××	共5页
					会签	××	××	
					标准化	××	××	第×册
					批准	××	××	

(续)

配套明细表			产品型号和名称		整体名称
			5.5in 黑白电视机		主机板
位 号	名 称		型号、规格	数量	备 注
1VS2	稳压二极管		1N47	1	
2VD1	二极管		1N4007	1	
2VD2	二极管		1N4148	1	
3VD1	整流二极管		1N4007	1	
3VD3	二极管		1N4007	1	
3VD4	二极管		1N4148	1	
3VD5	二极管		2CN6E	1	
6VS1	稳压二极管		2CW54	1	
6VD2	二极管		1N4148	1	
1VT1	晶体管		9018	1	
3VT1	晶体管		SP013	1	
3VT2	晶体管		KSD362	1	
4VT1	晶体管		2N5551	1	
6VT2	晶体管		9013	1	
1L1	中周		331	1	
1L2	中周		235	1	
3L1	固定电感器		10mH	1	
1Z2	陷波器		SFE6.5	1	
4Z1	陷波器		XD6.5	1	
4Z2	陷波器		XD6.5	1	
N1	集成电路(16)		CD7678	1	
N2	集成电路(16)		CD1379	1	
N3	集成电路(8)		D386A	1	
1VR1	微调电位器		WH0911-B2-50kΩ	1	
2VR2	微调电位器		WH0911-B2-500Ω	1	
3VR1	微调电位器		WH0911-B2-5kΩ	1	
6VR1	微调电位器		WH0911-B2-1kΩ	1	

更改标记	数量	更改单号	签名	日期	签名		日期		第 5 页
					设计	××	××		
					审核	××	××		共 5 页
					会签	××	××		
					标准化	××	××		第 × 册
					批准	××	××		

9.2 任务资讯

9.2.1 工艺文件基础

1. 基本概念

(1) 工艺　将相应的原材料、半成品加工或装配成为产品或新的半成品的方法和过程。

(2) 典型工艺　根据零件、部件、整件的结构和工艺特征进行分类、分组，对同组零件、部件、整件制定统一的加工或装配工艺。

(3) 成组工艺　将多种产品、整件、部件和零件，按一定的相似性准则分类编组，以这些组为基础，组织各个生产环节进行加工的方法。

(4) 工艺性分析　工艺人员对产品设计的工艺性进行分析和评价，并作出评价结论的过程。

(5) 工艺性审查　工艺人员对产品设计的工艺性进行审查，并签署审查意见的过程。

(6) 工艺质量评审　对工艺总方案、生产说明书等工艺文件，关键件、重要件、关键工序的工艺规程，特种工艺技术文件的正确性、合理性、先进性、可靠性、可行性、安全性和可检验性进行评审、分析与评价的过程。

(7) 工艺流程　劳动者使用设备和工具直接改变生产对象的形状、尺寸和性能，使之成为具有一定使用价值的产品的过程。

(8) 工艺文件　指导工人操作和用于生产、工艺管理等的各种技术文件的统称。

(9) 工艺文件格式　按工艺技术和管理要求规定的工艺文件栏目的编排形式。

(10) 工艺文件成套性　为组织生产、指导生产、进行工艺管理、经济核算和保证产品质量的需要，以产品为单位所应编制的工艺文件的总和。

(11) 工艺设计　设计工艺方案、工艺规程等各种工艺文件和设计工艺装备等的过程。

(12) 工艺方案　工艺准备工作的总纲，又称为工艺过程方案。它指出产品制造过程中的技术关键及其解决方法，规定各项具体工艺工作应遵循的基本原则和应达到的各项先进、合理的技术及经济指标。

(13) 工艺规程　规定产品或零件、部件、整件制造工艺过程和操作方法等的工艺文件。

(14) 工艺规范　对工艺过程中工艺参数、工艺手段、工艺方法等有关技术要求所做的一系列统一规定。

(15) 工序　一个或一组工人在一个工作地对同一个或同时对几个制件所连续完成的一部分工艺过程。

(16) 关键工序　对产品质量起决定性作用的工序。关键工序由工艺部门确定，其范围一般包括：形成关键、重要特性的工序；加工难度大、容易产生质量不稳定、出废品后经济损失较大的工序；关键、重要的外购器材、外协件入厂检验工序。

(17) 工序能力　工序处于稳定状态时，加工误差正常波动的幅度。通常用6倍的质量特性值分布的标准偏差表示。

(18) 工序控制　为确保产品质量，运用科学的管理手段，使工序中影响产品质量的人员、设备、器材、方法和环境等主导因素处于受控状态。

(19) 工序控制点　为保证工序处于受控状态，在一定的时间和一定的条件下，在产品制造过程中需要重点控制质量特性的关键部位或薄弱环节。

(20) 工步　在加工表面(或装配时的连接表面)和加工(装配)工具不变的情况下，所连续完成的一部分工序。

(21) 工位　为了完成一定的工序，一次安装工件后，工件(或装配单元)与夹具或设备的可动部分一起相对刀具或设备的固定部分所占据的位置。

(22) 工时　表示劳动时间的计量单位。一个劳动者工作一小时为一个工时。

(23) 定额　在一定的生产技术条件下，一定的时间内，生产经营活动中，有关人力、物力、财力利用及消耗所应遵守或达到的数量和质量标准。

(24) 工艺流程图　用规定的符号和图形表示生产对象由投入到产出，按一定顺序排列的加工、搬运、检验、停放、储存等生产过程。

(25) 工艺过程卡片　以工序为单位简要说明产品或零、部件的加工(或装配)过程的一种工艺文件。

(26) 工艺卡片　按产品(或零、部件)的某一工艺阶段编制的一种工艺文件。它以工序为单元，详细说明产品(或零、部件)在某一工艺阶段中的工序号、工序名称、工序内容、工序参数、操作要求以及采用的设备和工艺装备等。

(27) 工序卡片　在工艺过程卡片或工艺卡片的基础上，按每道工序所编制的一种工艺文件。一般具有工序简图，并详细说明该工序的每个工步的加工(或装配)内容、工艺参数、操作要求以及所用设备和工艺装备等。

(28) 工艺附图　附在工艺规程上用以说明产品(或零、部件)加工(或装配)的简图或表图。

(29) 工艺说明　用文字或图表等形式对所采用的工艺作出的说明。

(30) 工艺文件目录　按页次编制的产品工艺文件的清单，用于工艺文件装订成册。

(31) 工艺文件明细表　产品工艺文件汇总的清单，它反映产品工艺文件的成套性。

(32) 工艺文件更改通知单　通知和记录工艺文件更改的一种凭证。

2. 工艺文件

产品的技术文件主要分为设计文件和工艺文件两大类，以及为它们服务的质量检验文件和基础技术文件。

1) 设计文件是产品研究、开发、设计、试制与生产实践中所积累而形成的一种技术资料，它规定了产品的组成、形式、结构尺寸、原理以及在制造、验收、使用、维护和修理时，所必须具备的技术数据和有关说明，它是组织生产和使用产品的基本依据。

工艺文件是指导工人操作和用于生产、管理等的技术文件的总称，是指将组织生产、实现工艺过程的程序、方法、手段和标准用文字及图表的形式来表示，用来指导产品制造过程中的一切生产活动，使之纳入规范有序的轨道。企业是否具备先进、科学、合理、齐全的工艺文件是企业能否安全、优质、高产低消耗制造产品的决定条件。

2) 电子产品工艺文件是企业工艺部门根据电子产品的设计，结合本企业的实际情况编制而成的。是实现产品加工、装配和检验的技术依据，也是生产管理的主要依据。只有每一道工序都按照工艺文件的要求去做，才能生产出合格的产品。

工艺文件是带强制性的纪律性文件。不允许用口头的形式来表达，必须采用规范的书面形式，而且任何人不得随意修改，违反工艺文件属违纪行为。凡是工艺部门编制的工艺计划、工艺标准、工艺方案、质量控制规程都属于工艺文件的范畴。

3. 工艺文件的主要作用

1) 组织生产，建立生产秩序。
2) 指导技术，保证产品质量。
3) 编制生产计划，考核工时定额。
4) 调整劳动组织。
5) 安排物资供应。
6) 工具、工装、模具管理。
7) 经济核算的依据。
8) 执行工艺纪律的依据。
9) 历史档案资料。
10) 产品转厂生产时的交换资料。
11) 各企业之间进行经验交流。
12) 对于组织机构健全的电子产品制造企业来说，上述工艺文件的作用也是各部门的职责与工作依据：

① 为生产部门提供规定的流程和工序，便于组织有序的产品生产；按照文件要求组织工艺纪律的管理和员工管理；提出工序和岗位的技术要求和操作方法，保证生产出符合质量要求的产品。

② 质量管理部门依据各工序和岗位的技术要求和操作方法，监督生产符合质量要求的产品。

③ 为生产计划部门制订生产作业计划，为物料供应部门原材料的齐套、流转、外协加工及生产调度提供工作依据。

④ 人力资源部依据工艺文件进行工时定额核定，实行定员定编。

⑤ 财务核算部门确定工时定额和材料定额，控制产品的制造成本。

9.2.2 工艺文件格式

1. 工艺文件格式的标准化

标准化是企业制造产品的法规，是确保产品质量的前提，是实现科学管理、提高经济效益的基础，是信息传递、联合交流的纽带，是产品进入国际市场的重要保证。

我国电子制造企业依照的标准分为三级：国家标准(GB)、专业标准、企业标准。

1) 国家标准是由国家标准化机构制定的、全国统一的标准，主要包括：重要的安全和环境保证标准；有关互换、配合、通用技术语言等方面的重要基础标准；通用的试验和检验方法标准；基本原材料标准；重要的工农业产品标准；通用零件、部件、元件、器件、构件、配件和工具、量具的标准；被采纳的国际标准。

2) 专业标准也称行业标准，行业标准是由专业化标准机构或标准化组织批准、发布，在全国各行业范围内执行的统一标准。专业标准不得与国家标准相抵触。

3) 企业标准是由企业或其上级有关机构批准、发布的标准。企业正式批量生产的一切产品，假如没有国家标准、专业标准的，必须制定企业标准。为提高产品的性能和质量，企业标准的指标一般都高于国家标准和专业标准。

工艺文件格式的统一对加强工艺管理很有意义。在统一过程中，要对原有的文件格式进行整顿，一方面将那些不适用或多余的内容淘汰，使工艺文件简化；另一方面可以补充必要的内容，使必备的项目不致遗漏。经过统一后的格式是经过优化的格式，利于提高工作效率和质量，便于贯彻执行，同时也为逐步实现企业管理现代化打下基础。

2. 工艺文件格式要求

1）工艺文件要有一定的格式和幅面，图幅大小应符合有关标准，并保证工艺文件的成套性。如 SJ-T 10320-92 标准规定的工艺文件格式：

① 工艺文件所用的图纸幅面及字体和尺寸注法，应符合 GB4457.1、GB4457.3 和 GB4458.4 中的规定。

② 工艺文件格式种类及代号如图 9-2 所示。

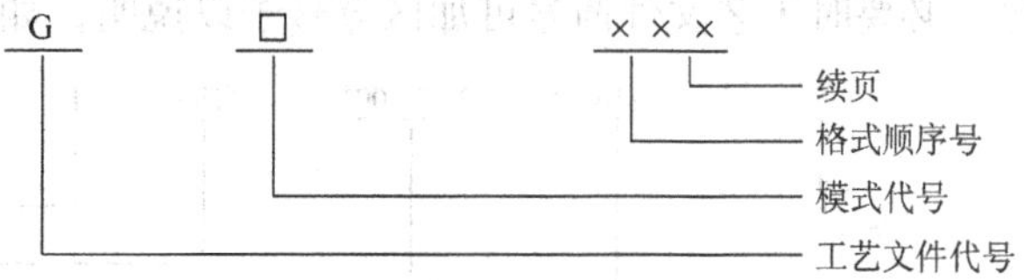

模式代号：S—竖式，H—横式。

图 9-2　工艺文件格式种类及代号示意图

工艺文件格式代号见表 9-3。一个企业只允许采用一种模式的工艺文件。

标准未规定的其他工艺文件格式，各部门、各企业可根据需要自定。但表头、标题栏、登记栏及有关尺寸仍按本标准规定。

表 9-3　工艺文件格式代号

序号	文件格式名称	竖式格式		横式格式		序号	文件格式名称	竖式格式		横式格式	
		代号	幅面	代号	幅面			代号	幅面	代号	幅面
1	工艺文件（封面）	GS1	A4	GH1	A4	18	装配工艺过程卡片（续）	GS16a	A4	GH16a	A4
2	工艺文件明细表	GS2	A4	GH2	A4	19	工艺说明	GS17	A4	GH17	A4
3	工艺流程图Ⅰ	GS3	A4	GH3	A4	20	检验卡片	GS18	A4	GH18	A4
4	工艺流程图Ⅱ	GS4	A4	GH4	A4	21	外协件明细表	GS19	A4	GH19	A4
5	加工工艺过程卡片	GS5	A4	GH5	A4	22	配套明细表	GS20	A4	GH20	A4
6	加工工艺过程卡片（续）	GS5a	A4	GH5a	A4	23	自制工艺装备明细表	GS21	A4	GH21	A4
7	塑料工艺过程卡片	GS6	A4	GH6	A4	24	外购工艺装备明细表	GS22	A4	GH22	A4
8	陶瓷、金属压铸、硬模铸造工艺过程卡片	GS7	A4	GH7	A4	25	材料消耗工艺定额明细表	GS23	A4	GH23	A4
9	热处理工艺卡片	GS8	A4	GH8	A4	26	材料消耗工艺定额汇总表	GS24	A4	GH24	A4
10	电镀及化学涂覆工艺卡片	GS9	A4	GH9	A4	27	能源消耗工艺定额明细表	GS25	A4	GH25	A4
11	涂料涂覆工艺卡片	GS10	A4	GH10	A4	28	工时、设备台时工艺定额明细表	GS26	A4	GH26	A4
12	工艺卡片	GS11	A4	GH11	A4	29	工时、设备台时工艺定额汇总表	GS27	A4	GH27	A4
13	元器件引出端成形工艺表	GS12	A4	GH12	A4	30	明细表	GS28	A4	GH28	A4
14	绕线工艺卡片	GS13	A4	GH13	A4	31	工序控制点明细表	GS29	A3	GH29	A4
15	导线及线扎加工卡片	GS14	A4	GH14	A4	32	工序质量分析表	GS30	A3	GH30	A4
16	贴插编带程序表	GS15	A4	GH15	A4	33	工序控制点操作指导卡片	GS31	A3	GH31	A4
17	装配工艺过程卡片	GS16	A4	GH16	A4	34	工序控制点检验指导卡片	GS32	A3	GH32	A4

注：企业根据需要可以采用其他幅面格式，但必须符合 GB4457.1 的有关规定。

2)文体中的字体要规范,图形要正确,书写应清楚。

3)工艺文件中使用的产品名称、编号、图号、符号、材料和元器件代号等应与设计文件保持一致。

4)工艺文件中应列出工序所需仪器、设备、使用物料、工序作业图、操作步骤与要求。

5)工艺文件应执行审核、会签、标准化、批准等手续。

3. 工艺文件的编号及简号

工艺文件的编号是指工艺文件的代号,简称"文件代号"。它由三个部分组成:企业的区分代号、该工艺文件的编制对象(设计文件)的十进制分类编号和检验规范的工艺文件简号。必要时工艺文件简号可加区分号予以说明,如图9-3所示。

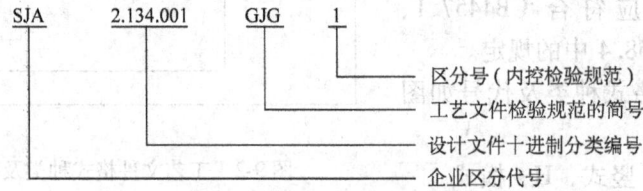

图9-3 工艺文件的编号示例

1)第一部分是企业的区分代号,由大写的汉语拼音字母组成,用以区分编制文件的单位,例如图9-3中的"SJA"是"上海电子计算机厂"的代号。

2)第二部分是设计文件的十进制分类编号。

3)第三部分是检验规范的工艺文件简号,由大写的汉语拼音字母组成,用以区分编制同一种产品的不同种类的工艺文件,如图9-3中的"GJG"即检验规范的工艺文件简号。常见的工艺文件简号规定见表9-4,工艺文件用的各类明细表见表9-5。

表9-4 常见的工艺文件简号规定

序号	工艺文件名称	简号	字母含义	序号	工艺文件名称	简号	字母含义
1	工艺文件目录	GML	工目录	9	塑料压制件工艺卡	GSK	工塑卡
2	工艺路线表	GLB	工路表	10	电镀及化学镀工艺卡	GDK	工镀卡
3	工艺过程卡	GGK	工过卡	11	电化涂覆工艺卡	GQK	工涂卡
4	元器件工艺表	GYB	工元表	12	热处理工艺卡	GRK	工热卡
5	导线及线扎加工表	GZB	工扎表	13	包装工艺卡	GBZ	工包装
6	各类明细表	GMB	工明表	14	调试工艺	GTS	工调试
7	装配工艺过程卡	GZP	工装配	15	检验规范	GJG	工检规
8	工艺说明及简图	GSM	工说明	16	测试工艺	GCS	工测试

4)区分号。当同一简号的工艺文件有两种或两种以上时,可用标注脚号(数字)的方法以区分不同份数的工艺文件。表9-5所列的内容为各类工艺文件用的明细表。

对于填有相同工艺文件名称及简号的各张工艺文件,不管其使用何种格式,都应认为属于同一份独立的工艺文件，应把它们合起来计算页数。

表 9-5　工艺文件用各类明细表

序号	工艺文件各类明细表	简号	序号	工艺文件各类明细表	简号
1	材料消耗工艺定额汇总表	GMB1	7	热处理明细表	GMB7
2	工艺装备综合明细表	GMB2	8	涂覆明细表	GMB8
3	关键件明细表	GMB3	9	工位器具明细表	GMB9
4	外协件明细表	GMB4	10	工量器具明细表	GMB10
5	材料工艺消耗定额综合明细表	GMB5	11	仪器仪表明细表	GMB11
6	配套明细表	GMB6			

4. 设计文件的十进制分类编号

设计文件的十进制分类编号是目前工业和信息化部采用的方法。它是将任何技术文件的图样和设计图（产品标准和通用文件除外），按其产品的种类、功能、用途、结构、材料等技术特征分为 10 级（0~9 级），每级又分为 10 类（0~9 类），每类又分为 10 型（0~9 型），每型又分为 10 种（0~9 种），也就是它主要由级、类、型、种来进行分类编号的。十进制分类编号由企业区分代号、十进制分类特征标记、登记顺序号和文件简号组成，图 9-4 所示为某公司生产的某种通信电源设备的设备明细表的十进制分类编号示意图。

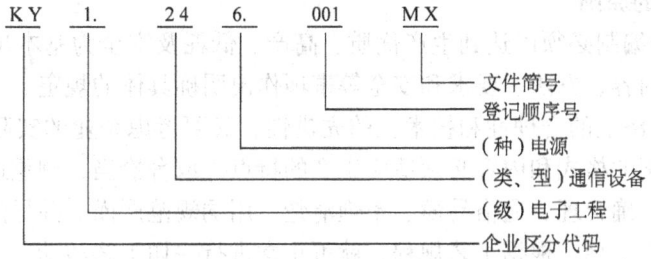

图 9-4　十进制分类编号示意图

1) 企业区分代码一般由 2 位汉语拼音字母组成，由企业的上级主管部门给定。本企业标准产品的文件，在企业代码前要加 "Q/"。

2) 上述 "级" 的分配是：文件以 0 表示；成套设备以 1 表示（如通信电源设备、电力工程电源设备等）；整件以 2、3、4 表示（如电源模块、监控器模块、交流配电单元、UPS 电源等）；部件以 5、6 表示；零件以 7、8 表示；备用以 9 表示。

3) 文件简号以该文件的汉语拼音第一个字母来组合，例如：BZ——标准件汇总表；WG——外购件汇总表；MX——各种明细表；AZ——安装图；JT——技术条件；JS——技术说明书；SY——使用说明书；TS——调试说明书；JZ——技术总结；LS——例行试验报告；BS——标准化审查报告；SR——设计任务书；DL——电原理图；JL——接线图；LL——线缆连接图。

十进制分类编号的最大优点是便于实行通用件、标准件，便于对产品图纸进行抽图。即相同功能的零件，采用借用、沿用，不再画图。从而大大缩短设计、生产加工时间，提高劳动生产率。缺点是编号比较复杂，设计人员必须要了解十进制分类编号方法，图纸管理要按此编号方法进行，同一种整机的图纸需要按文件汇总表予以抽图。设计文件草图完成后统一交标准化人员予以编号后出正式图纸。

9.2.3 工艺文件内容

根据电子产品的特点，工艺文件通常分为工艺管理文件和工艺规程文件两大类。

1. 工艺管理文件

工艺管理文件是企业组织生产、进行生产技术准备工作的文件，它规定了产品的生产条件、工艺路线、工艺流程、工具设备、调试及检验仪器、工艺装置、材料消耗定额和工时消耗定额。

2. 工艺规程文件

工艺规程文件是规定产品制造过程和操作方法的技术文件，它主要包括零件加工工艺、元器件装配工艺、导线加工工艺、调试及检验工艺。

9.2.4 工艺文件编制

1. 编制的依据

1）工艺规程编制的技术依据是全套设计文件、样机及各种工艺标准；
2）工艺规程编制的工作量依据是计划日（月）产量及标准工时定额；
3）工艺规程编制的适用性依据是现有的生产条件及经过努力可能达到的条件。

2. 编制应掌握的原则

1）工艺文件的编制必须以达到生产优质、高产、低耗及安全为基本出发点，对产品生产及检验的程序、内容、方法、要求和安全等事项作出明确具体的规定。

2）既要具有经济上的合理性和技术上的先进性，又要考虑企业的实际情况，具有适用性。即工艺文件编制的格式和内容必须适应生产的特点，取舍恰当，侧重适宜，同时力求文件内容简明扼要、准确合理、通俗易懂、条理清楚、用词规范严谨。并尽量采用视图加以表达。要做到不用口头解释，根据工艺规程，就可正常进行一切工艺活动。

3）应能保证达到产品设计文件所规定的技术要求，内容必须与设计文件保持协调一致，尽量体现设计的意图，最大限度地保证设计质量的实现，并符合有关专业技术标准。

4）要体现质量第一的思想，对质量的关键部位及薄弱环节应重点加以说明，并有预防措施。一般技术指标应前紧后松，有定量要求，无法定量的要以封样为准。

5）尽量提高工艺规程的通用性，对一些通用的工艺要求应上升为通用工艺。

6）表达形式应具有较大的灵活性及适用性，做到当产量发生变化时，文件需要重新编制的比例压缩到最小程度。

7）工艺文件的编制必须完整，满足齐套性要求。齐套性应视产品特点确定，一般可分整机和元器件两种类型。

8）计量单位要采用法定计量单位。

9）引用的标准应是现行有效的。

10）工艺文件的编制还必须进行严格的审批手续，文件一经批准就成为组织生产的基本依据和指导操作的法规，不得随意更改。

3. 工艺文件的编制方法

1)要仔细分析设计文件的技术条件、技术说明、原理图、安装图、接线图、线扎图及有关零、部件图等。将这些图中所表示的零、部件的安装关系与焊接要求仔细弄清楚。

2)根据实际情况确定生产方案,明确工艺流程和工艺路线。

3)编制准备工序的工艺文件,如各种导线的加工、元器件的成形、浸锡、各种组合件的装接、印标记等。凡不适合直接在流水线上装配的元器件,可安排到准备工序里去做。

4)编制总装流水线工序的工艺文件。先确定每个工序所需工时,然后确定需要用几个工序。要仔细考虑流水线各工序的平衡性,安排要顺手,尽可能不要上下翻动机器,正反面都装接。安装与焊接要分开,以简化工人操作。使用的装接工具和材料尽可能种类少,以减少辅助工序时间。

4. 工艺文件的签署规定

1)工艺文件的"签署"栏供有关责任者签署使用。归档产品工艺文件"签署"栏的签署责任人应对所签署的工艺文件负相应的责任。

①"设计"签署栏,一般由拟制工艺文件的各专业工艺师签署,并应负如下责任:

正确性:编制依据、原始数据、公式、符号、术语等,贯彻及选用的标准要正确无误。

合理性:工艺方案、工艺路线、工艺设备、加工方法、加工余量等选择合理。

继承性:工艺方案、典型工艺、工艺装备等的继承性。

经济性:材料的毛坯类型、尺寸、加工总余量和精度、加工方法和手段、工艺装备的选用等,在满足产品要求的前提下,提高经济效益,降低成本。

完整性:工艺文件齐全和配套性,能保证生产出符合设计要求、质量稳定可靠的产品。

协调性:按工艺文件生产时,各生产单位不应产生工艺上的矛盾。

安全性:按工艺文件生产时,操作工人应具有安全性。

标准化:在工艺编制中遵循了工艺标准化要求。

②"审核"签署者的责任:编制依据的正确性、工艺方案的合理性、专用工装设备选用的必要性和是否符合工艺方案的原则;操作的安全性、质量控制的可靠性,材料毛坯类型、尺寸、加工总余量和精度的合理性与经济性;工艺文件的完整性和协调性;是否贯彻了标准和有关规定。

③"批准"签署者的责任:工艺方案的选择是否能生产出质量稳定可靠的产品;工艺文件是否具有完整性、正确性、合理性及协调性;质量控制的可靠性、安全、环境保护是否符合现行规定;工艺文件是否贯彻了现行标准和有关规章制度。

④"标准化"签署者的责任:工艺文件的编制是否贯彻了当前标准、标准化资料和有关规章制度;工艺文件的完整性和签署是否符合规定;工艺文件是否最大限度地采用了典型工艺;工艺说明尽可能采用已有的通用工艺说明;工艺采用的材料、工具是否符合当前标准。

2)签署的要求。工艺文件的签署必须完整,签署人要在规定的"签署"栏中签署,一人只允许在一个栏内签署。各级签署人员应严肃认真,按签署的技术责任履行其职责。签署人书写字体要清楚并用真名,要写明日期,不允许代签或冒名签署。

9.2.5 常见的工艺文件

1. 工艺文件封面

工艺文件封面用于工艺文件的装订成册，其格式见表9-6。简单产品的工艺文件可按整机装订成册，复杂产品可按分机单元装订成若干册。各项目的填写方法如下："共×册"填写工艺文件的总册数；"第×册"、"共×页"填写该册在全套工艺文件中的序号和该册的总页数；"型号"、"名称"、"图号"分别填写产品型号、名称、图号；最后填写批准日期、执行批准手续等。

表9-6 工艺文件封面

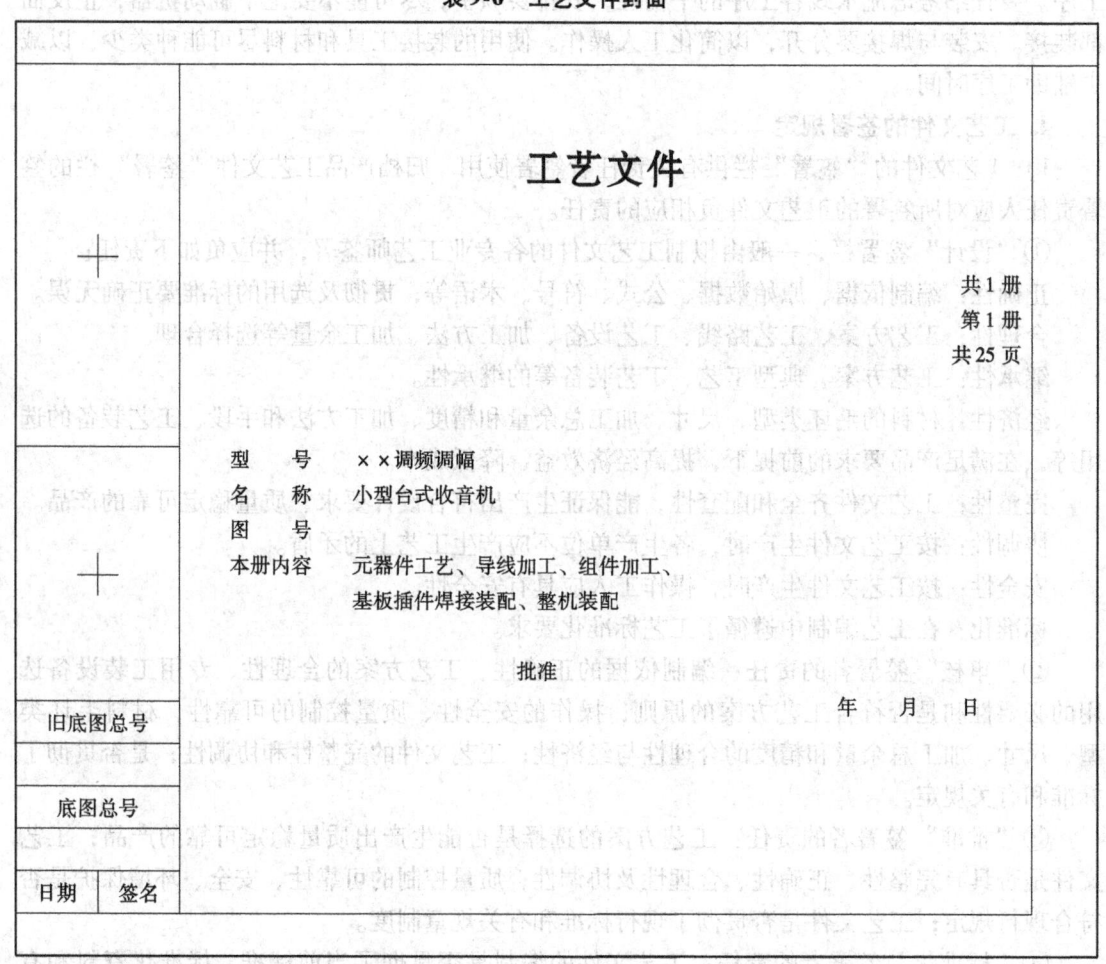

2. 工艺文件目录

工艺文件目录供工艺文件装订成册用，是文件配齐成套归档的依据，其格式见表9-7。填写时，"产品型号或名称"、"产品图号"应与封面内容保持一致；"文件代号"填写文件的简号；"设计"、"审核"栏由有关职能人员签署；其余栏目按有关标题、内容填写。

表 9-7 工艺文件目录

	工艺文件目录			产品型号或名称		产品图号	
				××台式收音机			
	序号	文件代号	零、部、整件图号	零、部、整件名称	页数	备注	
	1	G1		工艺文件封面	1		
	2	G2		工艺文件目录	1		
	3	G3		工艺路线表	1		
	4	G4		工艺流程图	1		
	5	G5		元器件工艺表	1		
	6	G6		导线及线扎加工表	1		
	7	G8-1		电位器组件	1		
	8	G8-1		弦线组件	1		
	9	G8-1		正极片组件	1		
	10	G8-1		负极簧组件	1		
	11	G8-1		旋钮组件	1		
	12	G8-1		天线焊片组件			
	13	G8		基板插件焊接工艺	2		
	14	G9		基板插件工艺图	2		
	15	G8		基板装配工艺	2		
使用性	16	G9		基板装配工艺图	2		
	17	G8-1		调试工艺	1		
旧底图总号	18	G8-1		外壳前框加工	2		
	19	G8-1		整机装配	2		
底图总号				设 计		第 页	
				审 核			
日期	签名					共 页	
				标准化		第 册	第 页
	更改标记	数量	更改单号	签名	日期	批 准	

3. 元器件工艺表

元器件工艺表是为了提高插件的装配效率和适应流水线生产的需要,对采购进来的元器件进行预处理加工(即对元器件引出端进行成形加工)而编制的元器件加工汇总表,所列内容是供整机类产品的分机、整件、部件内部电气连接所准备的元器件。元器件引出端成形工艺表见表 9-8。

表 9-8 元器件引出端成形工艺表

序号	项目代号	名称型号及规格	成型标记代号	长度/mm	数量	设备及工装	工时定额	备注
		元器件工艺表		产品型号或名称 ××台式收音机		产品图号		
1	R1、R2	电阻 RT14-330Ω	图1	10	2			
2	R3	电阻 RT14-100kΩ	图1	10	1			
3	C9	电容器 CC1-2.2μF	图2	6	1			
4	C8、C10	电容器 CC1-18μF	图2	6	2			
5	C1、C3、C5	电容器 CC1-30μF	图2	6	3			
6	C12、C22	电容器 CC1-201	图2	6	2			
7	C2、C16	电容器 CC1-103	图2	6	2			
8	C20、C23	电容器 CC1-104	图2	6	2			
9	C13	电容器 CC1-223	图2	6	1			
10	C17	电容器 CC1-1μF	图3	6	1			
11	C11、C15	电容器 CC1-4.7μF	图3	6	2			
12	C6、C14、C18	电容器 CC1-10μF	图3	6	3			
13	C9、C21	电容器 CC1-220μF	图3	6	2			

使用性

旧底图总号

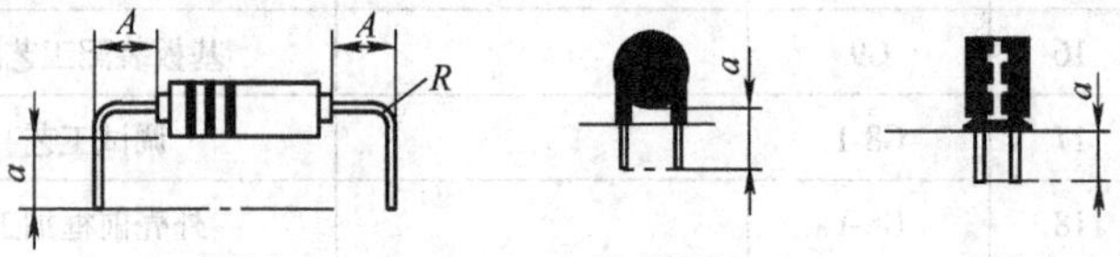

（图1）　（图2）　（图3）

$A \geq 2mm \quad R \geq 2d$（$d$ 为引线直径）　$a=6mm$

底图总号　　设计　　审核　　第 页

日期　签名　　共 页

更改标记　数量　更改单号　签名　日期　标准化　批准　第 册　第 页

4. 导线加工工艺卡

导线及线扎加工卡用于导线和线扎的加工准备及排线等，其格式见表 9-9。填写时"线号"栏填写导线的编号或线扎图中导线的编号；"名称牌号规格"栏填写导线所用材料的名称、牌号、规格；"连接点"填写与导线两端连接的零部件名称；"L 全长"、"A 剥头"、"B 剥头"填写导线的开线尺寸、导线端头的修剪长度。

表 9-9 导线及线扎加工卡

			导线及线扎加工卡片			产品名称或型号			产品图号		
						××台式收音机					
序号	线号	名称牌号规格	颜色	数量	导线长度 mm		连接点Ⅰ	连接点Ⅱ	设备及工装	工时定额	备注
					L全长	A剥头 / B剥头					
1	1-1	UL1007 AWG6 导线	棕	1	160	8 / 8	基板	扬声器			
2	1-2	UL1007 AWG6 导线	黑	1	160	8 / 8	基板	扬声器			
3	1-3	UL1007 AWG6 导线	黑	1	160	8 / 8	基板	夹簧			
4	1-4	UL1007 AWG6 导线	红	1	160	8 / 8	开关	电池板			

线扎示意图

使用性											
旧底图总号											
底图总号							设 计		第 页		
							审 核				
日期	签名								共 页		
							标准化		第 册	第 页	
更改标记	数量	更改单号	签名		日期		批 准				

5. 装配工艺过程卡

装配工艺过程卡片，用于整机装配的准备、装联、调试、检验、包装入库等装配全过程，以之指导工人操作。装配工艺过程卡见表 9-10。填写时"装入件及辅助材料"栏填写本工序所使用的图号、名称和数量；"工序（步）内容及要求"栏填写本工序加工的内容和要求；辅助材料填写在各道工序之后；空白栏供绘制加工装配工序图用。

表 9-10 装配工艺过程卡

装配工艺过程卡				产品名称或型号			产品图号	
				××台式收音机				
装入件及辅助材料			工作地	工序号	工种	工序(步)内容及要求	设备及工装	工时定额
序号	代号、名称、规格	数量						
R5	电阻器 RT14-0.25-470Ω	1				(1)插入位置见"插件工艺简图" (2)插入工艺要求见通用工艺插件工艺规范	镊子	
R8	电阻器 RT14-0.25-470Ω	1					剪刀	
C2	电容器 CC1-63V-0.022μF	1						
C9	电容器 CC1-63V-0.022μF	1						
C10	电容器 CC1-63V-4.7μF	1						
C11	电容器 CC1-63V-4.7μF	1						
VT4	晶体管 3DG201	1						
使用性								
旧底图总号								
底图总号				设计			第 页	
				审核				
日期	签名						共 页	
				标准化			第 第	
更改标记	数量	更改单号	签名	日期	批准		册 页	

6. 工艺说明及简图

工艺说明和工艺简图用来编制重要的、复杂的且在其他文件格式上难以表达清楚的工艺，也可用于对某一具体零部件、整件提出技术要求，作为其他表格的补充说明。因此，这种格式的工艺文件是针对下列明确的产品对象：

1）加工复杂工件时，各工序和工步的技术要求在工艺过程中无法表达清楚时，可用文字和简图作补充说明。

2）对复杂部件或整件产品的装配说明，生产过程中的调整说明或调试说明。

3）为执行某个加工工序对机床设备、工装的调整说明和要求。

4）对其他工艺文件内容需加以说明和提出要求的。

5）对零部件或整件的检验说明和检验规范、调试工艺、元器件老化筛选工艺方案等，以文字说明为主。

6）作为任何一种工艺过程卡的附件，用以绘制加工工序图、装配工艺图、线扎图和线缆图等。使用时以绘制示图为主，也可辅以简要的文字说明和表格。

工艺说明的编制通常应包括如下几个主要内容：目的和用途；使用材料及配方；设备、仪器和工具等；工艺步骤内容和方法；检验；安全、卫生等。

如插件工艺规范，用来详细叙述插件操作的工艺要求，格式见表9-11；插件工艺简图用来表达元器件所插入的区域及位置，如图9-5所示。

表9-11 插件工艺规范

	工艺说明	名称	插件工艺规范	编号	Q/GKB243-1
		图号	××××××		
使用性	一、工具： 镊子　　　　　1把 钢皮尺　　　　1把 二、插件前准备： 1. 核对元器件的型号、规格、标称值是否与配套明细表中规定的相符，并将元器件按插件的顺序放入料盒，要求每天上、下午插件前各核对一次。 2. 核对元器件的形状及引脚的长度是否符合预成形工艺的要求。 三、插装要求： 1. 卧式安装的元器件： 1）一般电阻器、二极管、跨接线要求自然平贴于印制电路板上（见图1），注意用力均匀，以免人为造成电阻器、二极管折断。 2）需要散热器的二极管、大功率电阻引脚需整形或套上黄腊套管，再插入印制电路板相应位置处，不得平贴于印制电路板板面（见图2）。 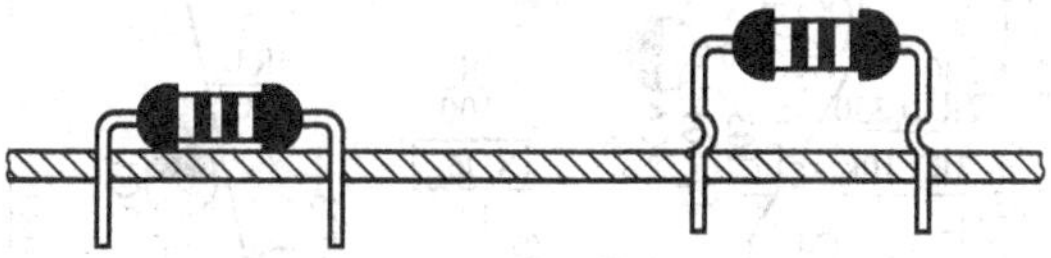				
旧底图总号					
	图1　　　　　　　　　　图2 2. 立式安装的元器件 1）小、中功率的晶体管插入印制电路板后，管座与板面距离为 $a=5\sim7$mm，要求插正，不允许明显歪斜（见图3）。 2）圆片瓷介质电容（包括类似形状的电容）的预成形有单弯曲和双弯曲整形两种，凡属于单弯曲整形的，插入印制电路板后弯曲处底部紧贴印制电路板板面（见图4）。 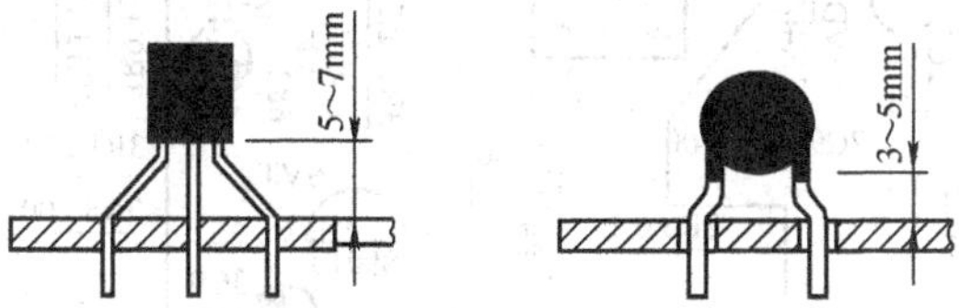 图3　　　　　　　　　　图4					
底图总号			设　计		第1页
			审　核		
日期	签名				共2页
			标准化		第 × 册	第 × 页
更改标记	数量	更改单号	签名	日期	批　准

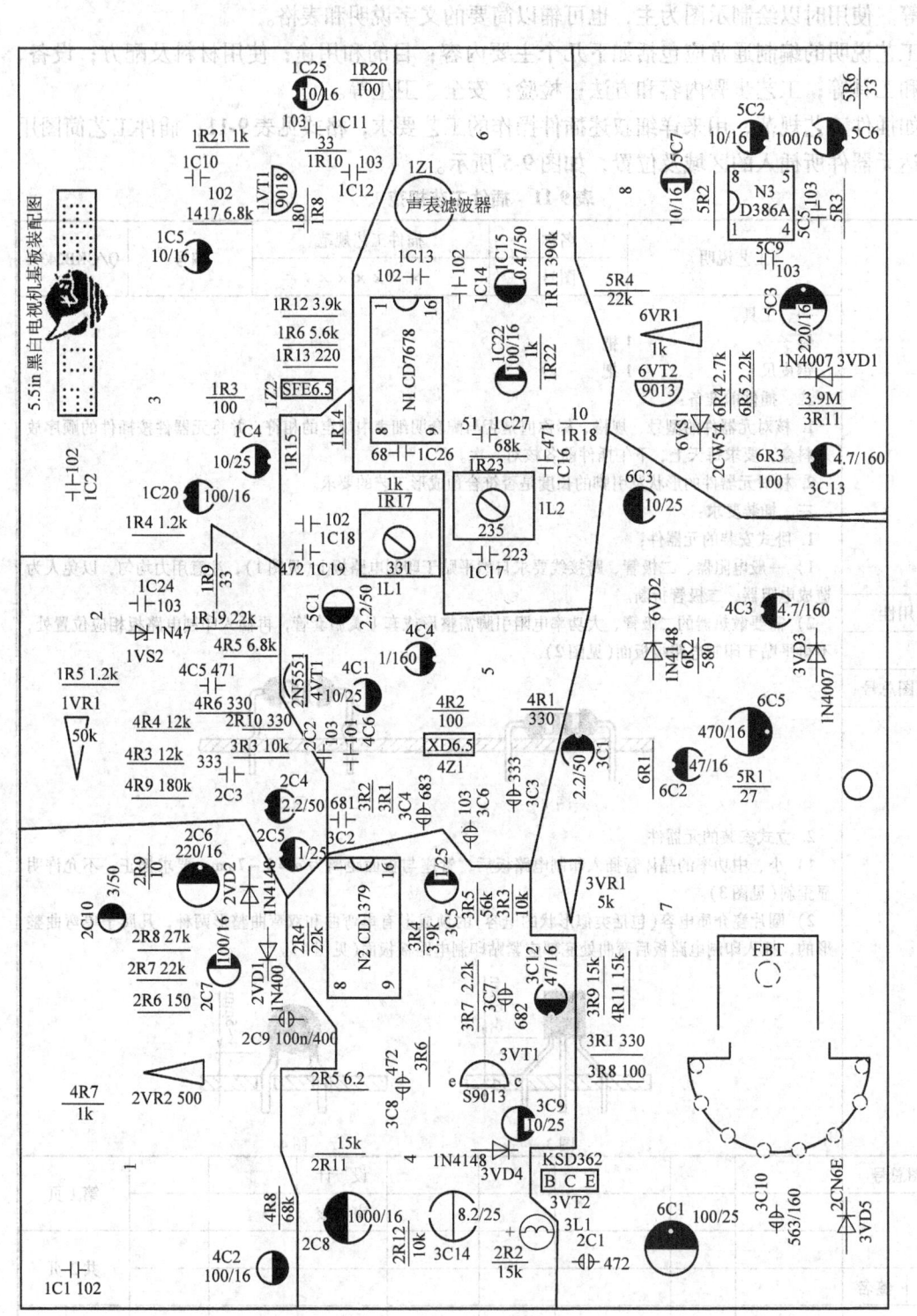

图 9-5 插件工艺简图

7. 岗位作业指导书

岗位作业指导书是指导员工进行生产的工艺文件，其格式见表9-12。编制时应注意以下几个方面：首先必须写明产品名称、规格、型号、该岗位的工序号以及文件编号；其次必须说明本工位操作内容、要求、步骤以及所使用的物料、工具；再次工艺文件必须执行设计、审核、标准化和批准手续。

表 9-12 岗位作业指导书

作业指导书

使用物料				产品名称	S753	工序名称	基板插件	工序编号	04
序号	位号	使用名称	数量						作业图
1	R5	RT14-0.25W-470Ω±5%	1						
2	R8	RT14-0.25W-470Ω±5%	1						
3	C2	CC1-63V-0.022μF	1						
4	C9	CC1-63V-0.022μF	1						
5	C10	CD11-16V-4.7μF	1						
6	C11	CD11-16V-4.7μF	1						
7	VT4	晶体管 3DG201(S11)	1						
[操作要求] 1. 按使用零(部)件栏备齐。 2. 按样件和作业指导书进行插件。 3. 各元器件平整到位、无漏插、错插等不良现象。								××××电子有限公司	
								设 计	
								审 核	
								标准化	
				更改记号	数量	更改单号	签名	日期	批 准

9.3 任务实施

9.3.1 识读电子产品的技术文件

由于电子产品技术文件主要是用图的形式来表达的，所以也常被称为电子工程图。电子产品技术文件是用符合规范的"工程语言"描述产品的设计内容，表达设计思想，指导生产过程。其"词汇"就是各种图形、符号及记号，其"语法"则是有关符号的规则、标准及表达形式的简化方式等。因此识读电子产品技术文件应该做到以下几点：

1) 熟悉并牢记电子工程图中的图形符号。
2) 掌握有关元器件代号、下脚标码及参数标注。
3) 了解电子工程图的种类、特点及作用。
4) 具备一定的电路基础知识；熟悉常用的单元电路。
5) 掌握常用元器件性能、特点与用途。

1. 识读印制电路板组装图

印制电路板组装图是用来表示各种元器件在实际电路板上的具体方位、大小以及各元器件与印制电路板的连接关系的图样，是用来指导工人装配焊接印制电路板的加工工艺图。一般分成两类：画出导线和不画出导线的。现在一般都使用CAD软件设计印制电路板，打印输出图样时，仅打印印制电路板顶层标注层的图样，习惯称之为印制电路板装配图，如图9-1所示，主要用于指导工人进行插装、安排工序。采用叠层打印顶层标注层和焊接面印制导线的图样，称之为检修图，用于指导工人进行装配焊接、调试与维修。识读检修图应配合电路原理图一起完成。

2. 识读元器件明细表

元器件明细表用来指导生产，作为生产线在组织领料、备料、插装时的依据，见表9-2，它应该包括：

1) 元器件的名称及型号。
2) 元器件的规格和档次。
3) 使用的数量。
4) 有无代用型号和规格。
5) 根据元器件的重要程度注明其分类(要求实行 ABC 分类法时)。

3. 识读工艺文件

识读9.2.5章节中的工艺文件，掌握常用工艺文件的格式、内容与编制要求。

9.3.2 编制插件工艺流程和工艺文件

编制插件工艺流程和工艺文件是一项细致而繁琐的工作，必须综合考虑合理的次序、难易的搭配、工作量的均衡等诸多因素，因为插件工人在流水线作业时，每人每天插入的元器件数量高达8000~10000只，在这样大数量的重复操作中，若插件工艺编排不合理，会引起差错率的明显上升，所以合理的编排插件工艺是非常重要的，可使工人在思想比较放松的状态下，也能正确高效地完成作业内容。

1. 编制要领

在编制插件工艺流程前，先要熟悉产品对象(需生产的电路板)，了解产品的构成、复杂程度、印制电路板的尺寸、形状、使用哪些元器件等。然后，根据插件员工人数的多少、员工的操作技能与熟练程度和生产量的多少，确定每位员工的插件数量。一般情况下，每位员工插装元器件的数量为5~7个为宜，这样可避免因为数量或品种太多导致插装错误。在安排各工位插装的元器件时，要遵循下列原则：

1) 使用波峰焊接设备或浸焊机进行焊接时，要考虑高温和助焊剂对元器件的损伤。一些特殊器件可安排在补焊流水线上进行手工插配并补焊。
2) 各道插件工位的工作量安排要均衡，工位间工作量(按标准工时定额计算)差别小于等于3s。
3) 电阻器避免集中在某几个工位安装，应尽量平均分配给各道工位。
4) 外形完全相同而型号规格不同的元器件，绝对不能分配给同一工位安装。
5) 型号规格完全相同的元器件应尽量安排给同一工位。
6) 需识别极性的元器件应平均分配给各道工位。
7) 安装难度高的元器件，也要平均分配。
8) 静电敏感器件、线扎应尽可能安排在最后几道工序。
9) 前道工位插入的元器件不能造成后面工位安装的困难。
10) 插件工位的顺序应掌握先上后下、先左后右，这样可减少前后工位的影响。

11）在满足上述各项要求的情况下，每个工位的插件区域应相对集中，有利于提高插件速度。

2. 编制步骤与方法

1）计算生产节拍时间：

每天工作时间：8h。

上班准备时间：15min。

上、下午休息时间：各15min。

每天实际作业时间为每天工作时间减去准备时间和休息时间则每天实际作业时间为

$$8 \times 60\text{min} - (15+15+15)\text{min} = 435\text{min}$$

节拍时间为

$$节拍时间 = \frac{实际作业时间}{计划日产量} = \frac{435 \times 60}{1000}\text{s} = 26.1\text{s}$$

2）计算印制电路板插件总工时：将元器件分类列在表9-13所示的统计表内，按标准工时定额查出单件的定额时间，最后累计算出印制电路板插件所需的总工时。

表9-13 插件工时统计表

序 号	名 称	标准工时(s/只)	数量	累计工时/s
1	碳膜电阻器	3		
2	瓷片电容器	3		
3	涤纶电容器	3		
4	铝电解电容器	3.5		
5	固定电感器(行线性)	3.5		
6	中周(5脚)	4		
7	滤波器\陷波器(3脚)	3		
8	声表滤波器(5脚)	4		
9	微调电位器(3脚)	4		
10	二极管	3.5		
11	晶体管	5		
12	集成电路(8脚)	4		
13	集成电路(16脚)	5		
合 计				

3）计算插件工位数：假设由表9-13统计出插件总工时是173.5s，则插件工位数可根据下式得出：

$$插件工位数 = \frac{插件总工时}{节拍时间} = \frac{173.5}{26.1} = 6.65$$

插件工位的工作量安排一般应考虑适当的余量，当计算值出现小数时一般总是采取进位的方式，所以根据上式得出，日产1000台收音机的插件工位人数应确定为7人。工艺流程设计时，最后需设置检验人员，目的是检查前道工序的差错率，进行纠错并及时反馈信息。

检验时间视产量和 PCB 复杂程度进行设置。

4) 确定工位工作量时间：

$$工位工作量时间 = \frac{插件总工时}{人数} = 25.74s$$

$$工作允许误差 = 节拍时间 \times 10\% = 26.1 \times 10\% s \approx 2.6s$$

5) 划分插件区域：按编制要领将元器件分配到各工位。

6) 对工作量进行统计分析（见表 9-14）：先统计每个工位的工作量，然后再进行分析，确定是否在允许误差范围之内。

表 9-14 工位工作量统计

类型\工位序号	1	2	3	4	5	6	7
电阻器/个	1	2	2	2	2	2	2
跨接线/个	1				2	1	
晶体管/个	2	1	1	1	1	1	1
瓷片电容器/个	2	2	2	2	1	1	2
电解电容器/个		1		2	1	1	1
中周、线圈/个	1	1	1				
变压器/个						1	1
有极性元器件的总个数/个	2	2	2	3	3	2	2
元器件品种数/种	6	6	5	5	6	7	6
元器件的总个数/个	7	7	7	7	7	7	7
工时数/s	25	25	25	24.5	24	25	25

7) 编写装配工艺卡片和插件工艺说明。

8) 编制岗位作业指导书。

9.4 相关知识

9.4.1 电子产品的生产组织

1. 生产过程

由于观察的角度与考虑的范围不同，生产过程可分为两种：一是产品的生产过程；二是企业的生产过程。

（1）产品的生产过程　这是指从原材料投入生产开始，到产品制造出来的全过程。这个过程要消耗人的劳动，故可按人的劳动消耗的不同情况进一步分解为劳动过程、自然过程和等候过程。

1) 劳动过程。劳动过程就是劳动者直接参与的那部分生产过程。在劳动过程中，劳动者从事生产活动的同时，要消耗自己的体力和脑力。劳动过程是产品生产过程的主要部分，它又可分为：①工艺过程，即直接使劳动对象的形状、尺寸、性质以及相对位置发生预定变化的那部分劳动。②检验过程，即对原材料、半成品以及成品的物理和化学性质进行测量分析和判断的过程。③运输过程，即指将劳动对象从一个地方搬运到另外一个地方的劳动过程。

2) 自然过程。劳动对象向产品变化的过程，主要是靠人的劳动的力量推进的，但除此之外，也可能有部分过程是借助自然界的力量完成的。如冷却、干燥、发酵等。

3) 等候过程。在实际生产过程中，劳动对象并不是总是连续不断地处于被加工状态，常常由于生产技术或生产管理原因，需要停下来等候下一步加工，或检验、运输，这便是等候过程。

(2) 企业的生产过程　产品的生产过程是针对某种产品而言的，它没有考虑这个过程是在一个或多个企业完成的。另一方面，在一个企业中常常并不是只生产一种产品，有时会同时生产多种产品，这些产品在生产管理方面存在着相互联系。显然，在一个企业内的生产过程与某种产品的生产过程通常并不是一回事。企业的生产过程是指在企业范围内各种产品的生产过程和与其直接相连的准备、服务过程的总和。包括：

1) 生产技术准备过程。在产品正式生产之前，需要准备好技术与生产的条件。具体的工作有产品设计、样机试验鉴定、工艺设计、工艺装配的设计、试制与调整、材料与工时定额的制定、设备布置、劳动组织等。这些工作的全过程就是生产技术准备过程。

生产技术准备工作的完善程度和时间长短，直接影响到正式生产的许多方面，特别是产品的质量和竞争能力、生产费用的大小。所以这是一项需要努力搞好的重要工作。

2) 基本生产过程。这是指企业的基本产品在企业内进行的那部分生产过程。企业是根据基本产品生产过程的需要来选择设备、人员、生产组织形式的。因而，基本生产过程是企业生产过程中主要的部分。

3) 辅助生产过程。这是为基本生产过程提供辅助产品与劳务的过程。辅助产品就是基本生产过程需要消耗的产品。此外基本生产过程中使用的设备、厂房等也需要维修，这类劳动也属于辅助生产过程。

4) 生产服务过程。这是为基本生产和辅助生产提供各种服务性活动的过程，如提供生产所需的各类物资的供应、运输与保管。

5) 附属生产过程。这是指利用企业生产基本产品的边角料、其他资源、技术能力等，生产市场所需的不属于企业专业方向的产品的生产过程，如电机厂利用边角余料生产小电器制品的生产过程。

以上5部分，除基本生产过程不可或缺外，其余4个部分对某个企业来说，不一定全部具备，视企业生产规模、专业化协作生产方式以及企业的组织结构而定。

2. 生产类型

不同产品的生产过程是不相同的，即使是同种产品，由于批量不同，它们的生产过程也有很大差别。不同的生产过程需要不同的管理方式。尽管实际生产过程千差万别，但某些生产过程大同小异，可视为一类。因此按生产过程的主要特征可把各种生产过程划分为少数几种典型形式。这些典型形式就是生产类型。

常见的生产类型有：

1) 按工艺过程划分，一般可分为流程式生产和装配式生产两大类。流程式生产是物料均匀、连续地按一定工艺顺序运动，生产流程具有连续性的特点和要求。装配式生产是从零件制造开始，经过部件组装到整台（套）产品总装完成。其特点一是工序有间断，二是零部件的生产可平行进行。电子产品生产过程属于装配式生产。

2）按生产数量划分，可分为大量生产、单件生产和成批生产。

3）按确定生产任务的方式划分，可分为备货型生产、订货型生产。备货型生产——企业根据市场需求（现实需求和潜在需求），有计划地进行产品开发和生产，生产出的产品不断地补充成品库存，通过库存随时满足用户的需求。订货型生产——企业根据用户订单组织产品的设计和生产，企业根据用户在产品结构及性能等方面的要求以合同的方式确定产品的品种、性能、数量及交货期来组织生产。

3. 生产过程的组织

生产过程组织，就是根据顾客需求的特点和生产类型的性质，对加工过程中的各种要素，包括加工设备、运输装置、工序、工作中心、在制品存放地点等进行合理的配置，使得产品在生产过程中的行程最短、通过时间最快和各种耗费最小，并且有利于提高生产效率、满足顾客要求和适应环境变化的柔性。

（1）组织生产过程的原则 为了提高效率，现代化大生产应遵循分工原则，实行专业化生产。组织生产过程原则有两个：工艺专业化原则与对象专业化原则。工艺专业化原则就是由工艺相同的工序或工艺阶段组成一个生产单位。对象专业化原则就是把某种产品的全部或大部分工艺过程集中起来，组成一个生产单位。由于完全按照这两条原则组建车间各有长短，所以实际上不少车间是综合运用这两条原则建立的。

（2）组织生产过程的基本要求 建立某种产品的生产过程，不是能生产出某种产品就行了。为了保证正常的生产秩序，获得更大的经济效益，还必须使生产过程满足多方面的要求，如连续性、平行性、比例性、均衡性（节奏性）与适应性。这些要求是现代化大生产所决定的，只有按这些要求去做，才能取得更好的经济效益。

1）连续性要求。生产过程的连续性是指物料处于不停的运动之中，且流程尽可能短，它包括空间上的连续性与时间上的连续性。时间上的连续性是指物料在生产过程的各个环节的运动，自始至终处于连续状态，没有或很少有不必要的停顿与等待现象。空间上的连续性要求是指生产过程各个环节在空间布置上合理紧凑，使物料的流程尽可能短，没有迂回往返现象。

增加生产过程的连续性，可以缩短产品的生产周期，减少在制品数量，加快资金的流转，提高资金利用率。为此，要从生产组织方面采取措施，努力使产品不停顿地流过生产的各个阶段和工序，尽量做到各工序之间在时间上和空间上紧密衔接。

2）平行性要求。生产过程的平行性是指不同产品（或其组成部分）的生产过程或不同阶段在时间上的重叠程度。在一定时间内同时进行生产的产品（或其组成部分）越多，重叠程度就越高，平行性也就越高，完成同样数量的产品所需的生产周期也就会成倍地减少。因此，在生产组织中常常采用平行作业的方式。

3）比例性要求。生产过程的比例性是指生产过程各环节在生产能力方面相互协调的程度，不同产品的生产，在各环节所需要的生产能力是不相同的。同种产品的生产，在各环节所需要的生产能力也随批量不同而变化。但这些生产能力之间的比例关系却大体保持不变，这个比例关系主要由产品的具体结构与工艺过程决定。因此，生产过程中各环节的生产能力应符合这一比例关系。这就要求生产过程中各环节的劳动人数、设备数量以及生产效益、开动班次都要相互配合，并随着生产技术的进步、产品结构的变化、产品工艺与产量的变化及时进行某些调整，使各环节的生产能力都能得到充分而又合理的利用。

4）均衡性要求。生产过程的均衡性是指在生产过程中各环节生产速度的稳定程度。若生产速度不变或均匀增减，均衡性就高。均衡性越高，生产秩序就越稳定，越容易保证产品的质量、加速流动资金周转、降低生产成本、提高经济效益。而生产不均衡则会造成忙闲不均，既浪费资源，又不能保证产品质量，还易引起设备、人身事故。要保持均衡性，主要靠加强组织管理，如保证毛坯和原材料的供应、强化设备维修保养工作、优化生产作业计划、改进职工考核办法等。

5）适应性要求。生产过程的适应性是指当社会对企业产品的需求发生改变时，企业能够由生产一种产品转到生产另一种产品或改变生产数量的应变能力。企业所做的一切都是为了让用户满意，用户需要什么样的产品，企业就生产什么样的产品，需要多少就生产多少，何时需要，就何时提供。要做到既让用户满意，又同时保持生产过程的比例性和均衡性，就必须有一个柔性很强的生产系统。

4. 流水生产组织

所谓流水生产就是劳动对象按工艺顺序依次流过各工作地，并以预定速度连续完成生产过程的一种生产组织形式。

（1）流水生产的特点

1）流水生产中各个工作地专业程度高，每个工作地固定完成一道或几道工序。
2）各工序的生产能力相互协调一致。
3）工作地按工艺顺序排列，生产过程高度封闭。
4）被加工对象按节拍在工序间单向流动，节奏性强，连续性高。

用这种形式组织生产，生产效率高，产品运输路程短，生产周期短，在制品占用量少，生产成本低，且容易控制产品质量和进行日常生产管理。因而，流水生产是一种先进的生产组织形式。自它出现以来的80多年中，不断发展，形成了多种形式的流水生产线，简称流水线。

（2）流水线的分类　按被加工对象种类分可分为单一对象流水线和多对象流水线；按生产连续程度分，可分为连续流水线和间断流水线；按被加工对象的移动方式分，可分为强制节拍流水线和自由节拍流水线，强制节拍流水线是严格按规定的节奏进行生产的，通常由专门的传送带保证节拍的稳定，自由节拍流水线的节拍由工人自己掌握，在不影响下道工序的前提下，节拍可有所变化。

（3）组织流水生产的条件　组织流水生产时，主要考虑以下条件：一是产品结构与工艺要相对稳定；二是工艺过程既能分解也能合并，不存在加工时间过长或过短的工序，以适应工序同期化的需要；三是产品的年产量要足够大，以保证流水线的负荷率不低于必要的限度。这样，才可能获得较好的经济效益。

（4）流水线的组织设计　各种流水线的设计均包括技术设计与组织设计两个方面。组织设计的内容有：确定流水线节拍、工序同期化；计算设备数量和设备负荷系数；确定用工人数、流水线平面布置；编制流水线标准计划图表等。

9.4.2　电子产品的生产质量管理

质量（Quality）、成本（Cost）和交货期（Time）是衡量生产管理成败的三要素，也是决定市场竞争成败的关键要素,而质量更是企业参与市场竞争的必备条件。

1. 质量

质量是一组固有特性满足要求的程度(GB/T 190003.1.1)。质量的定义涉及两个术语,即特性和要求。

1) 特性是指"可区分的特征"。如物理特性(电子、机械性能)、感官特性(视觉和触觉)、行为特性、时间特性(可靠性)、人体工效特性(生理特性、安全性)和功能特性等。特性可以是固有的或赋予的,固有的就是指某事或某物中本来就有的,而赋予特性不是某事或某物中本来就有的,是完成产品后因不同的要求而对产品所增加的特性,如产品的价格、供货时间、运输要求、售后服务要求等特性。

2) 要求是指"明示的、通常隐含的或必须履行的需求或期望",可由不同的相关方对固有特性提出要求。

"明示的"一般是指规定的要求,如在文件中阐明的要求或顾客明确提出的要求。

"通常隐含的"是指组织、顾客和其他相关方的惯例或一般做法。

"必须履行的"是指法律法规的要求及强制性标准,供方在产品的实现过程中必须严格执行。

3) 质量具有广义性、时效性和相对性。

质量的广义性:这里的质量不仅仅是指实物产品的质量,也可指服务等的质量。不仅指产品质量,还可以指过程和体系的质量。

质量的时效性:因为顾客的要求会随着时间的推移而发生变化。

质量的相对性:顾客或许会对同一产品或同一产品的同一功能提出不同的要求,对不同的顾客而言,质量是有不同的。

2. 工作质量

以上所讲的主要是指产品质量,它是工作质量的综合反映,也是工作质量的结果。所谓工作质量,是指与质量有关的各项工作对产品质量的保证程度。工作质量涉及各个部门、各个岗位工作的有效性,同时决定着产品质量。工作质量能反映企业的组织工作、管理工作与技术工作的水平,它不像产品质量那样直观地表现在人们面前,而是体现在一切生产、技术、经营活动中,并通过企业的工作效率、工作成果和产品质量、经济效果表现出来。产品质量指标可以用产品质量特性值来表示,工作质量指标一般通过产品合格率、废品率和返修率等指标表示。

工作质量取决于人的素质,包括工作人员的质量意识、责任心、业务能力、技术水平和身体与心理素质等。其中高层管理者(决策层)的工作质量起主导作用,一般管理层和执行层的工作质量起保证和落实的作用。

对于生产现场来说,工作质量通常表现为工序质量。所谓工序质量是指操作者、机械设备、材料工艺、检测方法和环境5个因素综合起作用的加工过程的质量。在生产现场抓工作质量,就是要控制这5个因素,保证工序质量,提高产品质量。

3. 质量管理

质量管理是指"在质量方面指挥和控制组织的协调的活动"(GB/T 19000 3.2.8)。在质量方面的指挥和控制活动通常包括制定质量方针和质量目标以及质量策划、质量控制、质量保证和质量改进。生产组织可以通过建立质量管理体系来实施质量管理。

1) 质量方针是指由企业的最高管理者正式颁布的该企业总的质量宗旨和质量方向,是该企业总方针的一个组成部分。

2) 质量目标是指企业在一定时期内,在质量管理方面所要达到的预期成果,是企业在一定时期内通过努力争取达到的理想状态或期望获得的成果。

3) 质量策划是指致力于制定质量目标,并规定必要的运行过程和相关资源以实现质量目标。

4) 质量控制是指为满足质量要求所采取的作业技术和活动,致力于满足质量要求。

5) 质量保证是指为使人们确信某实体能满足质量要求,在质量体系内所开展的并按需要进行证实的有计划、有系统的全部活动,致力于提供让质量要求得到满足的信任。

6) 质量改进,致力于增强满足质量要求的能力。

7) 对电子产品制造过程中质量管理的主要职能活动进行概括,见表 9-15。

表 9-15 电子产品制造过程中质量管理的主要职能活动

阶　段	制造过程的质量管理活动内容
生产技术准备阶段	1. 人员准备 人员组织和技能培训,特殊工序操作人员的认定 2. 物资和能源的准备 原材料、辅助材料、外购件、外协件及能源的组织供应等 3. 装配准备 工艺生产设备的设计和选择,工艺装备(刃具、夹具、模具、量具、检具、辅助工具等)的准备 4. 工艺准备 产品设计工艺性审查,制订工艺方案,工艺(工序)系统设计,单元工艺(工序)设计,编制工艺文件,制订工艺材料和工时定额,设计工艺装配图,新工艺的试验研究等 5. 计量仪器准备 计量检测量具,仪器仪表,试验装备 6. 设计组织生产方案 产品产量,组织生产方式 7. 质量控制系统设计,质量职责确认 8. 验证工艺及装备
生产制造阶段	1. 现场文明生产管理(管理标准和评价方法) 2. 生产工序管理和工序质量改进(作业者技术培训,实施标准化作业,检验,关键工序管理) 3. 作业者自检(自检重点:首检、条件变化、第一次做终检、内控标准、自检结果的确认) 4. 工序审核 5. 不良品处理 6. 计算机辅助质量管理系统(包括监控仪器、设备)

4. ISO 9000 质量标准

质量管理体系是指在质量方面指挥和控制组织的管理体系(GB/T 19000 3.2.3)。主要在质量方面能帮助组织提供持续满足要求的产品,增进顾客和相关方面的满意程度。

(1) 质量管理体系标准的产生　随着地区化、集团化、全球化经济的发展,市场竞争日趋激烈,顾客对质量的期望越来越高,每个组织为了竞争和保持良好的经济效益,努力设法提高自身的竞争能力以适应市场竞争的需要。为了成功地领导和运作一个组织,需要采用一种系统的和透明的方式进行管理。针对所有顾客和相关方的需求，必须建立、实施并保持持续改进其业绩的管理体系，从而使组织获得成功。

顾客要求产品具有满足其需求和期望的特性，这些需求和期望会在产品规范中表述。如果提供和支持产品质量管理体系不完善，那么规范本身就不能始终满足顾客的需要。因此，这方面的关注导致了质量管理体系标准的产生，并以其作为对技术规范中有关产品要求的补充。

国际标准化组织(International Organization for Standardization, ISO)于1979年成立了质量管理和质量保证技术委员会(TC 176)负责制定质量管理和质量保证标准。1986年发布了 ISO 8402《质量——术语》标准，1987年发布了 ISO 9000《质量管理和质量保证标准——选择和使用指南》、ISO 9001《质量体系——设计开发、生产、安装和服务的质量保证模式》、ISO 9002《质量体系——生产和安装的质量保证模式》、ISO 9003《质量体系——最终检验和试验的质量保证模式》、ISO 9004《质量管理和质量体系要素——指南》等6项标准，通称为 ISO 9000 系列标准。

ISO 9000 系列标准的颁布，使各国的质量管理和质量保证活动统一在 ISO 9000 标准的基础之上，标准总结了工业发达国家先进企业的质量管理的实践经验，统一了质量管理和质量保证的术语和概念，并对推动组织的质量管理、实现组织的质量目标、消除贸易壁垒、提高产品质量和顾客的满意程度等产生了积极的影响，受到了世界各国的普遍关注和采用。迄今为止，它已被全世界150多个国家和地区等同采用为国家标准，并广泛用于工业、经济和政府的管理领域，有50多个国家建立了质量体系认证制度，世界各国质量管理体系审核员注册的互认和质量体系认证互认制度也在广泛范围内得以建立和实施。

(2) 质量管理体系标准的修订和发展　为了使1987年版的 ISO 9000 系列标准更加协调和完善，ISO/TC 176 质量管理和质量保证技术委员会于1990年决定对标准进行修订。

分两阶段修改。第一阶段修改称为："有限修改"，即为1994年版本的 ISO 9000 族标准。第二阶段修改是在总体结构和技术内容上作较大的改动。其主要任务是："识别并理解质量保证及质量管理领域中顾客的需求，制订有效反映顾客期望的标准；支持这些标准的实施，并促进对实施效果的评价"，该标准在2000年正式颁布。

第一阶段修改是主要对质量保证要求(ISO 9001、ISO 9002、ISO 9003)和质量管理指南(ISO 9004)的技术内容作局部修改。标准的总体结构和思路不变，通过 ISO 9000-1 与 ISO 8402 两项标准，引入了为第二阶段修改提供过渡的理论基础。1994年，ISO/TC 176 完成了对标准第一阶段的修订工作，发布了1994年版的 ISO 8402、ISO 9000-1、ISO 9001、ISO 9002、ISO 9003、和 ISO 9004-1 等6项国际标准。

为了提高标准使用者的竞争力，促进组织内部工作的持续改进，并适合于各种规模(尤其是中小企业)和类型(服务业和软件)组织的需要，以适应科学技术和社会经济发展，ISO/TC 176 对 ISO 9000 族标准的修订工作进行了策划，成立了战略规划咨询组(SPAG)，负责收集和分析标准修订的战略性观点。1997年，ISO/TC 176 在总结质量管理实践经验的基础上，吸纳了国际上一批质量管理专家的意见，整理并编撰了八项质量管理原则，为2000年版 ISO 9000 族标准的修订奠定了理论基础。2000年12月15日，ISO/TC 176 正式发布了新版本的 ISO 9000 族标准。

其中四个核心标准是：

ISO 9000—2000 基本原理和术语。

ISO 9001—2000 质量管理体系——要求。

ISO 9004—2000 质量管理体系——业绩改进指南。

ISO 19011—2000 质量和环境审核指南。

其中 ISO 9004 和 ISO 9001 是一对协调使用的质量管理体系标准。ISO 19011—2000 标准是 ISO TC176 与 ISO TC207（环境管理技术委员会）联合制订的，以遵循"不同管理体系，可以共同管理和审核的要求"的原则。

该标准的修订充分考虑了 1987 年版和 1994 年版标准，以及现有其他管理体系标准的使用经验，因此，它将使质量管理体系更加适合组织需要。新版标准加强了顾客满意及监视和测量的重要性，以及质量管理体系要求标准和指南标准的一致性，促进了质量管理原则在各类组织中的应用，并满足了标准应更通俗易懂的要求。新版标准反映了当今世界科学技术和经济贸易的发展以及"变革"和"创新"这一 21 世纪企业经营的主题。

(3) 实施 GB/T 19000 族标准的意义　ISO 9000 族标准的诞生是世界上许多经济发达国家质量管理实践经验的科学总结，具有通用性和指导性。我国于 1992 年 10 月发布文件，决定等同采用 ISO 9000，颁布了 GB/T 19000 质量管理和质量保证标准系列。实施该标准系列，可以促进组织质量管理体系向国际标准靠拢，对参与国际经济活动，消除贸易技术壁垒，提高组织的管理水平都能起到良好的作用。概括起来，可以有以下几方面的主要的作用和意义：

1）实施 GB/T 19000-ISO 9000 族标准有利于保护消费者的利益。现代科学技术的飞速发展，使产品向高科技、多功能、精细化和复杂化发展。但是，消费者在采购或使用这些产品时，一般很难从技术上对产品加以鉴别。即使产品是按照技术规范生产的，但当技术规范本身不完善或组织质量管理水平不健全时，无法达到提供持续满足要求的产品。按 GB/T 19000-ISO 9000 族标准建立质量管理体系，通过体系的有效运行，能够促进持续地改进产品和过程，也是对消费者利益的一种最有效的保护。

2）为提高组织的运作能力提供了有效的方法。GB/T 19000-ISO 9000 族标准鼓励组织在制定、实施质量管理体系时，采用过程方法，通过识别和管理众多相互关联的活动，以及对这些活动进行系统的管理和连续的监视和控制，以实现顾客能接受的产品。此外，质量管理体系提供了持续改进的框架，并增加顾客和其他相关方满意的机会。因此，GB/T 19000-ISO 9000 族标准对有效提高组织的运作能力和增强市场竞争能力，提供了有效的方法。

3）有利于增进国际贸易，消除技术壁垒。在国际经济技术活动中，ISO 9000 族标准被作为相互认可的技术基础。ISO 9000 的质量体系认证制度在国际范围内得到互认，并纳入合格评定的程序之中。世界贸易组织/技术壁垒协定（WTO/TBT）是 WTO 达成的一系列协定之一，它涉及技术法规、标准和技术合格评定程序。ISO 9000 族标准为国际经济技术合作提供了国际通用的共同语言和标准。取得质量体系认证，已成为参与国内和国际贸易，增强竞争能力的有力武器。因此贯彻 GB/T 19000 族标准对消除技术壁垒，排除贸易障碍起到了十分积极的作用。

5. 产品认证与认证机构

(1) 认证的概念及其起源　产品认证起源于市场经济、贸易活动和政府法规的要求。

国际标准化组织（ISO）对"认证"一词进行了三次定义：

1)"用合格证书或合格标志证明某一产品或服务符合特定标准或其他技术规范的活动"(1983年);

2)"由可以充分信任的第三方证实某一鉴定的产品或服务充分符合特定的标准或全部的技术规范的活动"(1986年);

3)"由第三方确认产品、过程或服务符合特定要求并给以书面保证的程序"(1996年)。

(2) 产品质量认证与质量体系认证的联系 产品质量认证与质量体系认证同属质量认证的范畴,都具质量认证的特征:

1)两种认证类型都有具体的认证对象。

2)产品质量认证与质量体系认证都是以特定的标准作为认证的基础。

3)两种认证类型都是第三方所从事的活动。

产品质量认证与质量体系认证除具以上几点相似点外,两者之间的联系还在于:

产品质量认证与质量体系认证都要求企业建立质量体系,都要求对企业质量体系进行检查评定,产品认证进行质量体系审核时应充分利用质量体系认证的审核结果,质量体系认证进行质量体系审核时也应充分利用产品认证的质量体系审核结果,这不仅体现了认证工作的科学性,也保证了认证工作的质量。

从理论上讲,产品质量认证之所以要检查评定企业的质量体系,目的是评定工厂是否具有持续生产符合技术规范的产品的能力,评定的主要因素是工厂的质量管理体系(ISO 出版的《质量认证的原则与实践》)。

从实践的角度分析,仅仅依据产品技术标准对产品进行抽样检验,作出认证合格的结论是不够全面的,不科学的,具有较大的风险性,这是由于:

1)质量的形成与完善是和产品形成全过程密不可分的。从市场调研、设计控制到产品的生产、交付发运,每一过程的输入和输出都在影响着产品质量。

2)质量的形成和与质量有关的管理人员的素质和行为有关,这些人员素质的高低,行为的失误与否,都会影响到产品质量的优劣。

3)由于标准本身的局限性、滞后性,不可能把所有影响产品质量的因素都反映在标准内。而以标准为依据的检验试验又受到抽样方法等多方面随机性的制约,即使按标准检验试验,也未必能反映全部产品的质量状况。

4)第三方认证最重要的目的在于使购买者购买的产品的质量真正可靠,这就需要解决证明产品质量持续符合标准要求的问题,解决方法之一就是检查评定企业的质量体系。

(3) 产品质量认证与质量体系认证的区别

1)认证对象不同。产品质量认证的对象是批量生产的定型产品,质量体系认证的对象是企业的质量体系,确切地说,是"企业质量体系中影响持续按需方的要求提出产品或服务的能力和某些要素",即质量保证体系。

2)证明的方式不同。产品质量认证的证明方式是产品认证证书及产品认证标志,证书和标志证明产品质量符合产品标准,质量体系认证的证明方式是质量体系认证证书和体系认证标记,证书和标记只证明该企业的质量体系符合某一质量保证标准,不证明该企业生产的任何产品符合产品标准。

3)证明的使用有区别。产品质量认证证书不能用于产品,标志可用于获准认证的产品上，质量体系认证证书和标记都不能在产品上使用。

4) 实施质量体系审核的依据不同。产品质量认证一般按 GB/T 19002 检查体系；质量体系认证依据审核企业要求，可能是 GB/T 19001、GB/T 19002、GB/T 19003 其中之一。如果企业具有产品设计/开发功能，同时又希望对外承揽设计任务，可申请 GB/T 19001 的体系认证；如果企业虽然具备设计/开发功能，但不对外承揽设计任务，或者没有设计功能，但产品的制造比较复杂，可申请 GB/T 19002 的体系认证；如果企业生产的产品十分简单，则申请 GB/T 19003 的体系认证。

5) 申请企业类型不同。要求申请产品质量认证的企业是生产特定的产品型企业，申请质量体系认证的企业可以是生产、安装型企业，可以是设计/开发、制造、安装服务型企业，也可以是出厂检查和检验型企业。

综上所述，产品质量认证与质量体系认证既有区别，又互相利用。企业应清楚了解两类认证的区别和互相关系，以确定应该实施产品质量认证，还是应该实施质量体系认证。

(4) 认证机构

1) 美国 UL 认证。UL(Underwriter Laboratories Inc.，保险商试验所，又称安全试验所)是美国最有权威的从事安全试验和鉴定的、独立的、非营利的、为公共安全做试验的民间专业机构。

它主要从事产品的安全认证和经营安全证明业务，其最终目的是为市场得到具有相当安全水准的商品，为人身健康和财产安全得到保证做出贡献。

UL 采用科学的测试方法来研究各种材料、装置、产品、设备、建筑等，确定它们对生命、财产有无危害和危害的程度；编写、发行相应的标准和有助于减少、防止造成生命财产受到损失的资料，同时开展实情调研业务。

2) 欧盟 CE 认证。1985 年 5 月 7 日，欧洲理事会批准了《技术协调与标准化新方法》决议。该决议指出，只规定产品所应达到的卫生和安全方面的基本要求，另外再制定协调标准来满足这些基本要求。欧洲标准为指令的基本要求提供了技术规范，是在欧洲委员会一致通过的基础上由标准化组织批准的，这种标准被称为"协调标准"。

1989 年欧盟理事会批准了关于《全球合格评定方法》的决定。提出了合格评定的综合政策和基本框架，规定了控制欧洲单一市场中工业品合格评定的原则和目标，还规定了在技术协调指令中规定的合格评定方法及 CE 标志的原则。

合格评定可细分为 8 种基本模式，即生产内部控制、EEC 形式检验、符合形式要求、生产质量保证、产品质量保证、产品验证、单件验证及正式质量保证。

产品符合协调标准或经过适当的合格评定程序，即可加贴 CE 标志。希望加贴 CE 标志的企业必须得到欧盟指定机构的帮助。

3) 中国强制认证(China Compulsory Certification)

① 3C 认证的背景。在过去的十几年里，我国曾存在进出口检验和质量检验两套强制性认证管理体系："CCIB"（产品安全认证）用来专门认证进口产品，"CCEE"（长城认证）用于认证在国内销售的产品。入世后，为履行有关承诺，中国在产品认证认可管理方面实施"四个统一"，即统一目录、统一标准(技术法规、合格评定程序)、统一认证标志（图 9-6 为 3C 认证标志)、统一收费。中国强制认证(3C 认证)应运而生。

a) 一般标志　　　b) 安全认证标志　　　c) 电磁兼容性认证标志

图 9-6　3C 认证标志

② 3C 认证的意义。强制性产品认证制度，是为保护广大消费者人身安全、保护动植物生命安全、保护环境、保护国家安全、依照有关法律法规实施的一种对产品是否符合国家强制标准、技术规则的合格评定制度。

③ 3C 认证的流程图。3C 认证的流程图如图 9-7 所示。

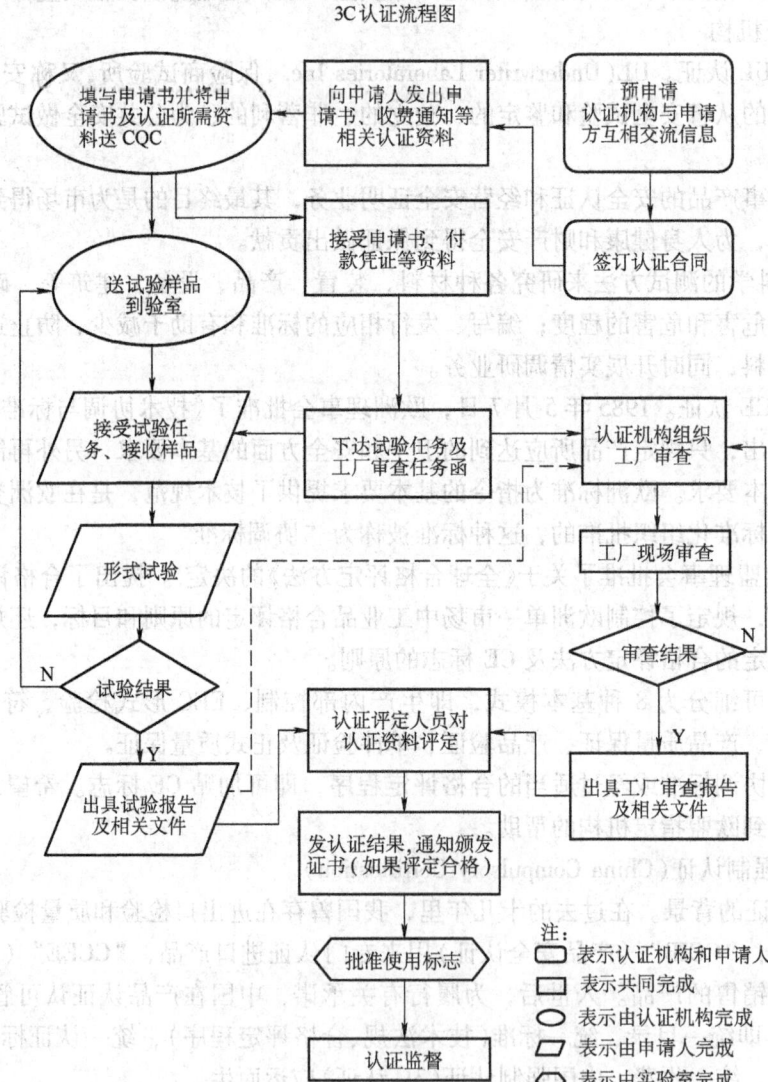

图 9-7　3C 认证流程图

9.5 任务总结

1) 技术文件是产品生产、试验、使用和维修的基本依据。电子产品技术文件主要有设计文件和工艺文件两大类。

2) 设计文件是产品在研究、设计、试制和生产实践过程中形成的文字、图样及技术资料,它规定了产品的组成、型号、结构、原理以及在制造、验收、使用、维修、储存和运输产品过程中,所需要的技术数据和说明,是组织生产和使用产品的基本依据。

3) 常用的设计文件有零件图、装配图、电路原理图、接线图、技术条件、技术说明书及明细表。

4) 工艺文件是指导工人操作和用于生产、工艺管理等的各种技术文件的总称。它是企业组织生产、产品经济核算、质量控制和工人加工产品的技术依据。

5) 工艺文件与设计文件同是指导生产的文件,两者是从不同的角度提出要求的。设计文件是原始文件,是生产的依据,而工艺文件是根据设计文件提出的加工方法,以实现图样上的要求并以工艺规程和整机工艺文件图样指导生产,以保证任务的顺利完成。

6) 工艺文件主要有工艺管理文件和工艺规程两大类。

7) 工艺文件编制应以保证产品质量、稳定生产为原则,以最经济、最合理的工艺手段为进行加工的依据。

8) 常见的工艺文件有工艺路线表、元器件工艺表、导线加工表、配套明细表、装配工艺过程卡、工艺说明及简图。

9) 工艺文件的编制既要具有经济上的合理性、技术上的先进性,又要具有适用性。即工艺文件编制的格式和内容必须适应生产的特点,力求简明扼要,准确合理,通俗易懂,条理清楚,用词规范严谨,并尽量采用视图加以表达。

9.6 练习与巩固

1. 电子产品技术文件有什么作用?它分为几类?
2. 何为设计文件?
3. 何为工艺文件?工艺文件和设计文件有什么不同?
4. 编制工艺文件的方法及要求是什么?
5. 工艺文件有何作用?
6. 编制插件"岗位作业指导书"时,安排所插元器件时应遵守哪些原则?
7. ISO 9000 族标准中的核心标准有哪几个?
8. 实施 ISO 9000 标准的意义有哪些?
9. 八项质量管理原则是哪些?
10. 什么是 3C 认证?3C 认证的关键环节有哪些?
11. 3C 认证的背景和意义是什么?
12. 世界上著名的认证机构有哪些?其认证合格标志是什么?
13. 实操练习 1:识读某企业电子产品的全套设计文件和工艺文件。
14. 实操练习 2:寻找某品牌 DVD 整机,识读其后盖板上各种产品认证标志。

参 考 文 献

[1] 王成安，毕秀梅. 电子产品工艺与实训[M]. 北京：机械工业出版社，2007.
[2] 夏西泉. 电子工艺实训教程[M]. 北京：机械工业出版社，2005.
[3] 卢庆林. 电子产品工艺实训[M]. 西安：西安电子科技大学出版社，2006.
[4] 杨清学. 电子产品组装工艺与设备[M]. 北京：人民邮电出版社，2007.
[5] 杜中一. SMT表面组装技术[M]. 北京：电子工业出版社，2009.
[6] 王卫平，陈粟宋. 电子产品制造工艺[M]. 北京：高等教育出版社，2005.
[7] 孙惠康. 电子工艺实训教程[M]. 北京：机械工业出版社，2001.
[8] 樊会灵. 电子产品工艺[M]. 北京：机械工业出版社，2002.
[9] 蔡建军. 电子产品工艺与标准化[M]. 北京：北京理工大学出版社，2008.
[10] 王扬帆. 电子技术实训教程[M]. 大连：大连理工大学出版社，2008.
[11] 李可为. 集成电路芯片封装技术[M]. 北京：电子工业出版社，2007.
[12] 郎为民. 表面组装技术(SMT)及其应用[M]. 北京：机械工业出版社，2007.
[13] 余国兴. 现代电子装联工艺基础[M]. 西安：西安电子科技大学出版社，2007.
[14] 吴懿平. 电子组装技术[M]. 武汉：华中科技大学出版社，2006.
[15] 曹白杨. 电子组装工艺与设备[M]. 北京：电子工业出版社，2007.
[16] 宣大荣. 袖珍表面组装技术(SMT)工程师使用手册[M]. 北京：机械工业出版社，2007.
[17] 张文典. 实用表面组装技术[M]. 北京：电子工业出版社，2006.
[18] 周德俭. SMT组装质量检测与控制[M]. 北京：国防工业出版社，2007.
[19] 范泽良. 电子产品装接工艺[M]. 北京：清华大学出版社．2009.
[20] 龙立钦. 电子产品工艺[M]. 北京：电子工业出版社，2006.